科學百科

科學百科

亞當‧哈特－戴維斯（Adam Hart-Davis）等著

王晉 譯

陳鈞傑 審訂

商務印書館

Original Title: *The Science Book*
Copyright ©2014 Dorling Kindersley Limited, London
A Penguin Random House Company

本書中文繁體版由 DK 授權出版。
本書譯文由電子工業出版社授權使用。

科學百科

作　　者：亞當・哈特–戴維斯（Adam Hart-Davis）　約翰・法登（John Farndon）
　　　　　丹・格林（Dan Green）　　　　　　　　德瑞克・哈維（Derek Harvey）
　　　　　佩尼・約翰遜（Penny Johnson）　　　　德格拉斯・帕爾默（Douglas Palmer）
　　　　　史提夫・帕克（Steve Parker）　　　　　賈爾斯・史派羅（Giles Sparrow）
譯　　者：王　晉
審　　訂：陳鈞傑
責任編輯：蔡柷音　李倖儀
出　　版：商務印書館（香港）有限公司
　　　　　香港筲箕灣耀興道 3 號東滙廣場 8 樓
　　　　　http://www.commercialpress.com.hk
發　　行：香港聯合書刊物流有限公司
　　　　　香港新界荃灣德士古道 220—248 號荃灣工業中心 16 樓
印　　刷：利奧紙品有限公司
　　　　　香港九龍九龍灣宏開道 16 號德福大廈 9 樓
版　　次：2023 年 12 月第 1 版第 2 次印刷
　　　　　© 2018 商務印書館（香港）有限公司
　　　　　ISBN 978 962 07 5780 8
　　　　　Published in Hong Kong
　　　　　版權所有　不得翻印

作者簡介

亞當‧哈特－戴維斯（Adam Hart-Davis）

於牛津大學、約克大學及阿爾伯塔大學攻讀化學碩士及博士課程。曾任出版社科學類書籍編輯 5 年，並曾於電視台及電台製作科學、科技、數學及歷史類節目超過 30 年。其科學、科技及歷史著作有 30 本。他是本書的顧問編輯。

約翰‧法登（John Farndon）

科普作家，作品曾四度入選英國皇家學院青少年科學圖書獎提名，及曾被提名作家協會教育獎。著作包括 *The Great Scientists* 及 *The Oceans Atlas*。他亦為 DK 出版的 *Science* 及 *Science Year by Year* 的作者之一。

丹‧格林（Dan Green）

科普作家，劍橋大學自然科學系碩士。撰寫作品超過四十種，其中兩本作品入選 2013 年英國皇家學院青少年圖書獎的提名。其 *Basher Science* 系列更售出超過二百萬冊。

德瑞克‧哈維（Derek Harvey）

博物學家及作家，對演化生物學特別感興趣。曾撰寫 DK 出版的 *Science* 及 *The Natural History Book*。曾在利物浦大學就讀動物學，教導一代生物學家，並曾帶領考察隊到哥斯達黎加及馬達加斯加。

佩尼‧約翰遜（Penny Johnson）

航空工程師、科學老師及作家。佩尼從事軍事飛機工程工作達十年，後來轉職為科學老師，更為學校開辦各類科學課程。現已為全職教學作家超過十年。

德格拉斯‧帕爾默（Douglas Palmer）

科普作家，居於英國劍橋，以往 14 年出版超過 20 本著作，最近作品有替倫敦自然歷史博物館製作流動應用程式 NHM Evolution 及替 DK 撰寫兒童讀本 *Wow Dinosaur*。他也是劍橋大學持續教育學院的導師。

史提夫‧帕克（Steve Parker）

科普作家、編輯，曾撰寫及編輯超過 300 本關於科學的書籍，特別是生物學及生命相關的科學。他是動物學理學士，倫敦動物學會的高級科學研究員。其著作 *Science Crazy* 獲 2013 年英國圖書館學會圖書獎。

賈爾斯‧史派羅（Giles Sparrow）

著名的科普及天文作家。在倫敦大學學院修讀天文學，倫敦帝國大學修讀科學傳播學。其著作有 *Cosmos*，*Spaceflight*，*The Universe in 100 Key Discoveries*，*Physics in Minutes* 及參與撰寫 DK 的出版，如 *Universe and Space*。

目　錄

巨大的轉變
1900年－1945年

INTRODUCTION

引 言

科學是一個尋找真理的持續過程，一次發現宇宙運行方式的永恆之旅。而人們對宇宙的探索可以追溯到文明伊始。在人類好奇心的驅使下，科學一直依靠的都是人們的推理、觀察和實驗。古希臘最著名的哲學家亞里士多德著作頗豐，涵蓋科學領域的諸多學科，為後來的很多科學成就奠定了基礎。雖然他非常善於觀察自然，但依靠的卻是思考和辯論，從不做任何實驗；因此，他做出了很多錯誤結論。例如，他曾斷言，重的物體比輕的物體下落速度快；如果一個物體比另一個物體重一倍，下落速度也將快一倍。雖然這些結論是錯誤的，但當時並沒有人提出質疑，直到 1590 年才被伽利略·伽利雷推翻。我們現在清楚地知道，一位合格的科學家必須依靠立論依據，但當時還未有人意識到。

科學方法

17 世紀初，英國哲學家弗朗西斯·培根率先提出了一個有關科學的邏輯體系。他的科學方法建立在早他 600 年的阿拉伯科學家阿爾哈曾及之後的法國哲學家勒內·笛卡兒的研究基礎上。該方法要求科學家先進行觀察，然後形成理論，以解釋觀察到的現象，最後再通過實驗驗證理論正確與否。如果理論看似正確，則將實驗結果交給同行評審。這時，會邀請相同或相近領域的人士前來，或指出漏洞，進而證明理論有誤，或重複實驗，以確保實驗結果正確。

做出可以驗證的假設或預測總是不無裨益。1682 年，英國天文學家埃德蒙多·哈雷觀測到一顆彗

一切真相一旦被發現後都會變得通俗易懂，而關鍵在於發現它們的過程。

—— 伽利略·伽利雷

星。他發現，這顆彗星與 1531 年和 1607 年觀測到的彗星很像，並提出這三次出現的彗星其實是同一顆。他預言，這顆彗星將於 1758 年再次出現，結果證明他的預言是正確的（彗星剛好在該年結束前 12 月 25 日再出現）。現在，我們稱這顆彗星為「哈雷彗星」。因為天文學家幾乎無法做實驗，所以證據只能源自觀察。

實驗可以用來檢驗一條理論，也可以完全是推測性的。有一次，生於紐西蘭的物理學家歐內斯特·盧瑟福的學生正在用 α 粒子轟擊金箔，以期觀察到粒子運動方向的輕微偏轉。盧瑟福觀察學生的實驗時，建議他們把探測器放在 α 粒子放射源旁邊，結果竟然發現有些 α 粒子從薄如紙張的金箔上彈了回來。盧瑟福表示，這就彷彿是炮彈從薄紙上彈了回來，由此激發了他對原子結構的猜想。

如果科學家在提出新的原理或理論的同時，能夠預測結果，那麼實驗將會更加引人入勝。如果實驗與預測結果一樣，科學家就有了

支撐該理論的證據。但即便如此，科學永遠無法證明一條理論是正確的。正如 20 世紀的科學哲學家卡爾·波普爾所言，科學只能證明理論是錯誤的。能夠得出預期結果的每項實驗都將成為一個支持性證據，但只要有一項實驗失敗，就足以摧毀整個理論。

數百年來，地心說、四體液說、燃素說以及神奇介質「以太」等人們長期以來一直認為正確的概念都被證明是錯誤的，並被新的理論取代。但是，這些新理論也僅僅是理論而已，有朝一日也有被推翻的可能。不過，這些理論畢竟有證據支撐，所以大多數情況下被推翻的概率較小。

思想的進程

科學很少會按照簡單、有邏輯的步伐前進。幾位獨立工作的科學家有機會各自同時發現同一科學奧秘，但從某種程度上說，幾乎每一項科學進步都有需要利用到前人的研究和理論基礎。建造大型強子對撞機的一個原因是為了尋找希格斯粒子。在此之前的 40 年，也就是

1964 年，物理學家曾預言希格斯粒子的存在。這一預言則建立在對原子結構數十年的理論研究基礎上，可以追溯到盧瑟福以及 20 世紀 20 年代丹麥物理學家尼爾斯·玻爾的研究。而他們的研究則取決於 1897 年電子的發現，而電子的發現又取決於 1869 年陰極射線的發現。但是，若然缺少了真空泵和在 1799 年發明的電池，也就不可能得到上述的發現。如果繼續追憶，這一鏈條還可以再回溯幾十年，甚至上百年。英國偉大的物理學家艾薩克·牛頓有這樣一句名言：「如果説我比別人看得更遠，那是因為我站在巨人的肩膀上。」當時他所指的「巨人」應該是伽利略，但也可能包括《光學之書》的作者阿爾哈曾。

第一批科學家

公元前 6 世紀到 5 世紀，古希臘活躍著史上最早一批擁有科學觀的哲學家。公元前 585 年，米利都的泰勒斯成功預言日食的出現。50 年後，畢達哥拉斯在現為意大利南部的地方建立了一所數學學校。色

諾芬尼在山上發現貝殼後，推論整個地球可能曾經被大海覆蓋。

在公元四世紀的西西里，恩培多克勒則指出萬物皆由水、土、火、氣構成的學說。為了向門生證明自己是不朽身，他跳進埃特納火山口中，因而名留千古。

觀星人

與此同時，印度、中國和地中海的人們正試圖弄清楚天體的運動。他們繪製了星象圖，有時也將其用於航海，還給星星和星羣命名。他們發現，對比那些「位置不

如果你要成為一個真正的真理追尋者，那麼在你一生中，最少要有一次，盡可能地懷疑所有事物。

——勒內·笛卡兒

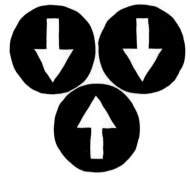

動」的星體，有些星體的運行軌跡是不規則的。希臘人將這些游動的星稱為「行星」。中國人在公元前240年觀測到哈雷彗星，1054年觀測到超新星，也就是我們今天所說的蟹狀星雲。

智慧宮

公元8世紀末，阿巴斯王國在新的都城巴格達建立了智慧宮，這是一座宏偉的圖書館，促進了伊斯蘭科技的快速發展。當時發明了很多精巧的機械裝置，包括利用星位的航海裝置——星盤。煉金術空前繁榮，蒸餾等技術紛紛出現。圖書館的學者從希臘和印度收集了所有最重要的書籍，並將之翻譯成阿拉伯語。這也造就了西方國家在後來再次發現了很多古人的著作，並由此學懂了源自印度包括0在內的阿拉伯數字。

現代科學的誕生

隨着西方基督教會與科學真理的對立開始減弱，1543年出現了兩本開創性的圖書。比利時解剖學家安德烈亞斯・維薩留斯的《人體的構造》一書用精緻繪圖描述了人體解剖。同年，波蘭物理學家尼古拉・哥白尼撰寫了《天體運行論》一書，宣稱太陽是宇宙的中心，從而推翻了托勒密一千多年前在亞歷山大城提出，以地球為中心的論說。

1600年，英國醫生威廉・吉爾伯特撰寫了《論磁》一書，解釋羅盤的指針之所以指向北，是因為地球本身就是一塊巨大的磁石。他甚至認為，地核是由鐵構成的。1623年，另一位英國醫生威廉・哈維首次指出心臟像泵一樣工作，驅動血液在體內循環，從而推翻了可以追溯到1400年前希臘醫生蓋倫的理論。17世紀60年代，英裔愛爾蘭化學家羅伯特・玻意耳出版了多本著作，《懷疑派化學家》就是其中一本。他在此書確立了化學元素的定義，這標誌着化學的誕生。化學雖然源自神秘的煉金術，但作為一門科學自此與之區分開來。

1665年，曾做過玻意耳助手的羅伯特・胡克出版了史上第一本科學暢銷書《顯微術》。書中精美的摺疊式插圖上畫有跳蚤、蒼蠅眼睛等物體，為人們打開了一個聞所未聞的微觀世界。之後，在1687年，一本被很多人視為世上最重要的科學書籍橫空出世，那就是牛頓的《自然哲學的數學原理》，通常簡稱為《原理》。他提出的運動定律和萬有引力定律為經典物理學奠定了基礎。

元素、原子和進化論

18世紀，法國化學家安托萬・拉瓦錫發現了氧氣在燃燒中的作

我好像一直都只是一個在海邊玩耍的孩子，不時為拾到比平常更光滑的石子而歡欣鼓舞……而展現在我面前的卻是完全未探明的真理之海。

——艾薩克・牛頓

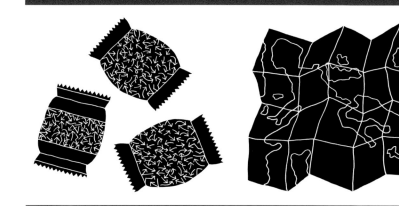

用，推翻了之前的燃素説。隨後，很多氣體及其特性得到了研究。正是受到大氣中氣體的啓發，英國氣象學家約翰・道爾頓提出每種元素都由不同的原子組成，並得出了原子量的概念。後來，德國化學家奧古斯特・凱庫勒建立了分子結構的基礎，而俄國發明家德米特里・門捷列夫列出了第一個人們廣為接受的元素週期表。

1799 年，亞歷山德羅・伏打在意大利發明了電池，為科學開闢了新的領域。在這些領域，丹麥物理學家漢斯・克里斯蒂安・奧斯特以及同一時代的英國人邁克爾・法拉第發現了一些新的元素和電磁學，從而發明了電動機。與此同時，人們用經典物理學原理研究大氣、星體、光速以及熱的本質，最後建立了熱力學這門學科。

研究岩層的地質學家開始重現地球的過去；因為滅絕生物化石的發現，古生物學流行起來；英國一位未受過教育的女孩瑪麗・安寧成為聞名世界的化石收集者。恐龍的發現激發了人們關於進化的想法，生命起源和生態的新理論也隨之出現，其中最著名的當屬英國自然學家查爾斯・達爾文的進化論。

不確定性和無限性

19 世紀和 20 世紀之交，一位名叫阿爾伯特・愛因斯坦的德國年輕人提出了相對論，動搖了經典物理學法則，結束了絕對時空觀的時代。新的原子模型出現，人們證明光既是一種粒子，也是一種波。另一位德國人維爾納・海森堡證明了宇宙的不確定性。

然而，20 世紀最受矚目的卻是技術進步促進科學以史無前例的速度向前發展，並且精準度越來越高。更強大的粒子對撞機發現了更

現實不過是幻象，儘管這幻象揮之不去。

—— 阿爾伯特・愛因斯坦

為基礎的物質組成單元；更強大的望遠鏡告訴我們宇宙在不斷膨脹，且源於大爆炸；黑洞的概念開始根深蒂固；無論暗物質和暗能量為何物，宇宙似乎都被它們所充滿。天文學家開始探索新的世界 —— 圍繞遙遠恆星運動的行星中，或許哪一顆上就有生命存在。英國數學家阿蘭・圖靈提出了圖靈機的概念，50 年後我們就有了個人電腦、萬維網和智能手機。

生命的奧秘

在生物學領域，染色體被證明是遺傳的基礎，DNA 的化學結構也被成功解碼。僅僅 40 年之後，人類基因組計劃就正式啓動，這項計劃最初看起來任重道遠，但在電腦的輔助下，進展越來越快。現在，DNA 測序基本上已屬於一項常規的實驗室操作；基因治療已從希望變為現實；也成功以克隆技術複製出第一隻哺乳類動物。

隨着科學家在各種研究成果的基礎上不斷前進，對真理的探尋也將永不止步。雖然問題似乎永遠都多於答案，但未來的發現肯定會繼續讓人驚嘆不已。∎

THE BEGINNING OF SCIENCE

OF SCIENCE

600 BCE—1400 CE

科學的開端

公元前600年 — 公元1400年

米利都的泰勒斯預言**日食**的出現，從而結束了哈呂斯河之戰。

公元前 **585** 年

色諾芬尼在山上發現貝殼，並推論**整個地球曾經被海水覆蓋**。

約公元前 **500** 年

亞里士多德撰寫了多本著作，題材涵蓋**物理學、生物學和動物學**。

約公元前 **325** 年

薩摩斯的阿利斯塔克提出，**太陽才是宇宙的中心**，而非地球。

約公元前 **250** 年

約公元前 **530** 年

畢達哥拉斯在克羅頓，即如今意大利南部的地方建立了一所**數學學校**。

約公元前 **450** 年

恩培多克勒提出，萬物皆由**土、氣、火和水**組合而成。

約公元前 **300** 年

提奧夫拉斯圖斯撰寫了《植物調查》和《植物成因》，建立了**植物學這一學科**。

約公元前 **240** 年

阿基米德通過**測量排出水的體積**，發現王冠並非純金所製。

人類的科學研究發源於古希臘的兩河文明。農業和文字發明以後，人們不僅有時間致力於研究，還可以將研究結果傳遞給下一代。早期的科學源自人們對夜空的好奇。公元前 4000 年，蘇美爾司祭開始研究星體，並將研究結果記錄在泥板上。他們並沒有留下有關研究方法的任何記錄，但從一塊可以追溯到公元前 1800 年的泥板上的記錄，可得知當時人們對直角三角形的特性有所認識。

古希臘

古希臘人認為，科學並不是獨立於哲學的一門學科。人們公認的第一位從事科學研究的人也許當屬米利都的泰勒斯。可能借助於古巴比倫的數據，泰勒斯於公元前 585 年預測了日食的出現，從而證明了科學方法的力量。按柏拉圖引述，泰勒斯於沉思和觀星上投放的時間驚人，甚至曾因而不慎掉入井中。

古希臘並不是一個單一國家，而是由很多鬆散的城邦組成。米利都 (今屬土耳其) 誕生了數位著名的哲學家，雅典成為很多古希臘早期哲學家的學習之地，亞里士多德便是其中一位。亞里士多德是一位敏銳的觀察家，但他從來不做任何實驗。他認為，只要聚集足夠多的智者，真理自會浮現。住在西西里島錫拉庫扎的工程師阿基米德探索了液體的性質。亞歷山大城出現了新的學術中心，這座古城位於尼羅河口，由亞歷山大大帝建立於公元前 331 年。在這裏，厄拉多塞測量出地球的大小，特西比烏斯製作了精確的水鐘，希羅發明了蒸汽機。與此同時，亞歷山大城圖書館的學者們收集了他們能找到的最好書籍，打造了世界上最好的圖書館。後來，羅馬人和基督徒佔領該城後，這座圖書館在大火中被焚毀。

亞洲的科學

在中國，科學也經歷了繁榮盛世。中國人發明了火藥，繼而發明了煙花、火箭和槍，還製作了鍛造金屬的風箱。他們發明了世界上第一個地震儀和指南針。公元

阿基米德的朋友厄拉多塞根據夏至日正午太陽的影子計算出**地球的赤道周長**。

希帕克發現地球**歲差**，並編製了西方第一個星表。

托勒密的《天文學大成》雖然錯誤很多，但仍是當時西方**天文學的權威著作**。

波斯天文學家阿卜杜勒·拉赫曼·蘇菲修訂了《天文學大成》，並給**諸多星座配以阿拉伯名稱**，這些名稱我們一直沿用至今。

 約公元前 240 年

 **約公元前 130** 年

 約公元 150 年

 964 年

約公元前 230 年

約公元 120 年

628 年

1021 年

 特西比烏斯製作了漏壺，即**水鐘**，隨後的幾百年裏，水鐘一直是世界上最精確的計時器。

 中國的張衡解釋了日食的本質，並在**星表中記錄了2500 顆星體**。

 印度數學家波羅摩笈多率先列出使用**數字「零」**的規則。

 世界上最早的實驗科學家之一阿爾哈曾針對**視覺和光學**做出原創性研究。

1054 年，中國天文學家觀察到了一顆超新星，1731 年被確定為蟹狀星雲。

公元第一個千年裏，印度發明了一些最先進的科技，比如手紡車。中國派使團到印度學習農耕技術。印度數學家發明了我們現在稱之為「阿拉伯」的數字系統，包括負數和零，並定義了正弦、餘弦等三角函數。

伊斯蘭黃金時代

8 世紀中葉，伊斯蘭阿巴斯王朝將首都從大馬士革遷到巴格達。《古蘭經》中有一句聖訓：「學者的墨水比殉教者的血更為神聖」。在這句聖訓的指引下，哈里發·哈倫·拉希德在新的首都建立了智慧宮，希望將其打造成一個圖書館兼研究中心。學者們從古老的希臘城邦收集各種書籍，並將之翻譯成阿拉伯語，所以很多古老的書籍最終才得以到達西方。但在中世紀以前，這些書在西方幾乎聞所未聞。到了 9 世紀中期，這座位於巴格達的圖書館創造了亞歷山大圖書館曾經的輝煌。

受到智慧宮啟發的學者中有幾位天文學家，其中最著名的是阿卜杜勒·拉赫曼·蘇菲，他的成就建立在希帕克和托勒密研究的基礎上。天文學對阿拉伯遊牧民族十分實用，可以幫他們辨別方向，尤其是夜晚在沙漠放牧駱駝的時候。

阿爾哈曾出生於巴士拉，在巴格達接受的教育，是最早的一位實驗科學家。他的光學著作之重要性可以與牛頓的成績比肩。阿拉伯的煉金術士發明了蒸餾法以及其他新技術，並創造了鹼、醛、醇等這些新名詞。醫生拉齊發明了肥皂，並首次將天花和麻疹區分開來。他曾在一本書中寫道：「醫生的目的是做好事，對敵人也一視同仁。」花拉子米和其他數學家一起發明了代數和算法；工程師加扎利發明了曲柄連桿機構，這一發明在今天的自行車和汽車中仍在使用。而在歐洲的科學家則花上足足幾個世紀才追趕上伊斯蘭世界的科學發展水平。■

日食是可以預測的

米利都的泰勒斯（公元前 624－前 546 年）
Thales of Miletus

泰勒斯出生在古希臘殖民地小亞細亞的米利都，他常被譽為西方哲學的始祖，同時也是科學發展初期的一位重要人物。在他的一生中，因在數學、物理學和天文學領域的建樹而聲名遠播。

也許，泰勒斯最著名的成就也是最受爭議的。古希臘歷史學家希羅多德在泰勒斯成功預言日食一個多世紀之後寫道，據說泰勒斯預言了日食的出現，這次可以追溯到公元前 585 年 5 月 28 日的日食成功阻止了呂底亞王國與米底王國之間的戰爭，因此為人所熟知。

歷史的爭議

泰勒斯的成就幾百年來都無人企及，因此科學史學家一直在爭論，泰勒斯是如何取得這些成就的，甚至懷疑這些成就是否歸於泰勒斯一人。有人表示，雖然希羅多德的記述既不準確，也不清楚，但泰勒斯的成就似乎萬人皆知，後來的作家也都將其當作事實，即使他們知道要謹慎對待希羅多德的記述。假設希羅多德所言屬實，泰勒斯很可能發現了太陽和月亮運動的 18 年週期，即沙羅週期。後來，古希臘的天文學家用此週期來預言日食的出現。■

……白天變成黑夜，這種白晝的變化，米利都的泰勒斯曾預言過……

—— 希羅多德

參見：張衡 26~27 頁，尼古拉‧哥白尼 34~39 頁，約翰尼斯‧開普勒 40~41 頁，傑雷米亞‧霍羅克斯 52 頁。

萬物的四根

恩培多克勒（公元前 490－前 430 年）
Empedocles

背景介紹

科學分支
化學

此前
約公元前 585 年　泰勒斯提出，萬物由水組成。

約公元前 535 年　阿那克西米尼認為，氣體是萬物之源，氣體變成水後又變成了石頭。

此後
約公元前 400 年　古希臘思想家德謨克里特斯提出，萬物最終都是由看不見的微粒「原子」構成的。

1661 年　羅伯特‧玻意耳在其著作《懷疑派化學家》中給「元素」下了一個定義。

1808 年　約翰‧道爾頓在原子論中闡明，每種元素都是由不同質量的原子構成的。

1869 年　德米特里‧門捷列夫編制了元素週期表，根據元素的共同性質將其分組列入表中。

物質的性質引起了很多古希臘思想家的關注。米利都的泰勒斯通過觀察液態水、固態冰和氣態霧，認為萬物一定是由水組成的。亞里士多德指出：「萬物都是從濕潤中獲取養分的，即使熱量也源自濕潤，並且離不開濕潤。」在泰勒斯兩代人之後，阿那克西米尼提出，氣體是萬物之源，氣體凝聚後變成霧，繼而形成雨，最後變成了石頭。

　　恩培多克勒出生在西西里島上的阿格里真托，是名醫生，也是位詩人。他提出了一個更為複雜的理論：萬物皆由四根組成，即土、氣、火和水，他當時並沒有使用元素一詞。四根的組合形成熱、濕等性質，進而形成泥土、石頭以及動植物。最初，四根形成了一個完美的氛圍，由向心力「愛」相連，但漸漸地被離心力「恨」分離。恩培多克勒認為，愛和恨是宇宙形成的

恩培多克勒將相互對立的物質之根分為兩組：火和水、氣和土，四根的結合生成了我們所看到的世間萬物。

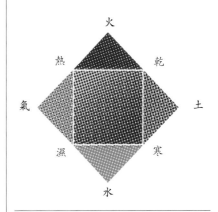

兩種力量。在這個世界上，恨往往佔主導地位，所以世上的生活才如此艱難。

　　這種相對簡單的理論統治了歐洲的思想，即「四體液說」，直到 17 世紀現代化學發展起來後，才有了較大的改進。■

參見：羅伯特‧玻意耳 46~49 頁，約翰‧道爾頓 112~113 頁，德米特里‧門捷列夫 174~179 頁。

測量地球的周長

厄拉多塞（公元前 276－前 194 年）
Eratosthenes

背景介紹

科學分支
地理學

此前

公元前 6 世紀 古希臘數學家畢達哥拉斯提出，地球可能是圓的，而非平的。

公元前 3 世紀 薩摩斯的阿利斯塔克第一個提出太陽是宇宙的中心，並利用三角計算測出了太陽和月亮的相對大小以及太陽和月亮到地球的距離。

公元前 3 世紀末 厄拉多塞在地圖上繪製了經線和緯線。

此後

18 世紀 法國和西班牙科學家經過大量計算，得出地球的實際周長，確定了地球的形狀。

古希臘天文學家及數學家厄拉多塞作為第一個測出地球周長的人而被世人所銘記，但同時他還被譽為「地理學之父」。他不僅創造了「地理學」這一名詞，而且建立了很多用於測量地理位置的基本原則。厄拉多塞出生於昔蘭尼（現屬利比亞），遊歷廣泛，求學於雅典和亞歷山大城，最終成為亞歷山大圖書館的管理者。

厄拉多塞在亞歷山大城聽說，在該城以南的賽伊尼，夏至日中午的陽光直射地面。夏至日是一年當中太陽最高、白晝最長的一天。假設太陽距離地球十分遙遠，陽光射到地球時可看成是平行的。厄拉多塞在亞歷山大城的同一時間豎了一根桿子，即「日晷」，但卻出現了影子。他測量出陽光向南偏了 7.2°，即圓周的 1/50。他推論兩地的經線距離一定是地球周長的 1/50，並由此計算出地球的周長為 39690 千米，與真實距離只有不到 2% 的誤差。■

到達賽伊尼的陽光呈直角，但到達亞歷山大城的陽光卻投出了影子。厄拉多塞利用日晷測量出太陽投影的角度，從而計算出了地球的周長。

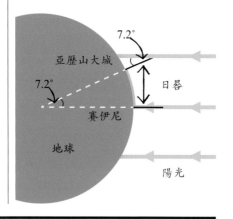

參見：尼古拉・哥白尼 34~39 頁，約翰尼斯・開普勒 40~41 頁。

人類與低等生物的關係

圖西（1201－1274 年）
Al-Tusi

1201 年，納西爾·艾德丁·圖西出生於巴格拉，當時正值伊斯蘭黃金時代。他是一位波斯學者，集詩人、哲學家、數學家和天文學家於一身，並率先提出了一種進化系統。他指出，宇宙曾由相同的元素組成，這些元素漸漸產生了分化，有的變成了礦物質，其他變化更為迅速的元素發展成動植物。

圖西在其著作《納西爾倫理學》(*Akhlaq-i-Nasri*) 中提出了一個有關生命形態的層次結構。其中，動物高於植物，人類高於其他動物。動物能夠有意識地尋找食物，學習新的事物。通過動物的這種學習能力，圖西發現了思考能力：「在動物世界中，馴服的馬或獵鷹的發展程度更高。」他補充道：「人類的完善也從這裏開始。」圖西認為，生物體隨時間而變化，並在變化過程中不斷臻於完美。他認為，

> 能夠更快獲得新特性的生物體更加多變，牠們也因此比其他生物處於更有利的地位。
>
> —— 圖西

人類處於「進化階梯的中間一層」，通過自己的意志有可能達到一個更高的發展水平。他首次提出，不僅生物體隨時間而變化，所有生命都是從無生命存在的時代進化而來的。■

參見：卡爾·林奈 74~75 頁，讓－巴蒂斯特·拉馬克 118 頁，查爾斯·達爾文 142~149 頁，芭芭拉·麥克林托克 271 頁。

浮體排出液體的體積等於其自身的體積

阿基米德（公元前 287–前 212 年）
Archimedes

背景介紹

科學分支
物理學

此前

公元前第三個千年 金屬工匠發現，將多種金屬熔合後可以製成合金，合金比其組分中任何一種金屬都堅固。

公元前 600 年 古希臘用一種稱為琥珀金的金銀合金打造錢幣。

此後

1687 年 艾薩克·牛頓在其《原理》一書中描述了重力理論，解釋了為甚麼會存在地心引力。

1738 年 瑞士數學家丹尼爾·伯努利提出了流體分子運動論，解釋了流體分子的無規則運動對物體產生壓力的原理。

公元前 1 世紀，羅馬作家維特魯威記述了一件可能是虛構的故事，這件事發生在兩個世紀以前。西西里國王希倫二世找金匠做了一頂純金的皇冠。皇冠做好後，希倫二世懷疑金匠並沒有把全部金子用到王冠上，而是摻了一部分銀，他將銀與金熔合在一起，令顏色跟純金一樣。於是國王命令他的首席科學家阿基米德調查一番。

阿基米德很困惑。新皇冠很貴重，絲毫不能受損。有一天，

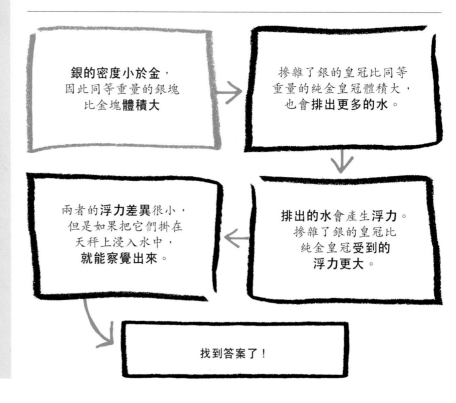

銀的密度小於金，因此同等重量的銀塊比金塊**體積大**

摻雜了銀的皇冠比同等重量的純金皇冠體積大，也會**排出更多的水**。

排出的水會產生浮力。摻雜了銀的皇冠比純金皇冠受到的**浮力更大**。

兩者的**浮力差異**很小，但是如果把它們掛在天秤上浸入水中，**就能察覺出來**。

找到答案了！

參見：尼古拉‧哥白尼 34~39 頁，艾薩克‧牛頓 62~69 頁。

他去錫拉庫扎的公共浴室思考這個問題。浴盆中的水滿滿的，當他爬進去時，發現了兩件事：水位上升，有些水溢出了浴盆；另外，他有種失重的感覺。於是，他大喊「Eureka」，即「找到了！」隨即裸着身子跑回家。

測量體積

阿基米德意識到，如果他將皇冠放入滿滿的一桶水中，有些水將會溢出來，溢出水的體積將與皇冠的體積相等。他可以通過測量溢出水的體積，得出皇冠的體積。銀的密度小於金，相同質量的銀皇冠比金皇冠體積要大，也將溢出更多的水。所以，摻假的皇冠會比純金皇冠溢出更多的水，也會比相同質量的金塊溢出更多的水。實際上，這種差異很小，也難測量。但是阿基米德還意識到，浸入液體中的物體都會受到向上的浮力作用，浮力大小等於溢出液體的重量。

阿基米德可能通過以下方法解決了國王交代的難題：他將皇冠以及相同重量的金塊分別掛在一根木棍的兩端，然後從木棍的中間懸掛起來，以使兩個重物達到平衡。然後，他將皇冠和金塊同時浸到一盆水中，如果皇冠是純金製成，那麼它和金塊將受到同樣的浮力，木棍將會保持平衡。如果皇冠中摻雜了銀，皇冠的體積將大於金塊，皇冠會溢出更多的水，木棍就會發生傾斜。

阿基米德的這一想法被稱為「阿基米德原理」，即物體在液體中受到的浮力等於溢出液體的重量。這個原理解釋了為甚麼密度較大的物體仍可以浮在水面。重達 1 噸的鋼製輪船會不斷下沉，當排水量達 1 噸時，則不再下沉。輪船的中空船體很深，比同等重量的鋼塊體積更大，能夠排出更多的水，因此會被更大的浮力托起。

維特魯威告訴我們，希倫二世的皇冠確實摻雜了銀，金匠也因此受到了懲罰。■

> 如果把一個比流體重的固體放入流體中，它將沉至流體的底部；若在流體中量稱固體，其重量等於其真實重量與排開流體重量之差。

—— 阿基米德

阿基米德

阿基米德很可能是古代最偉大的數學家。公元前 287 年，阿基米德出生於錫拉庫扎。公元前 212 年，羅馬人征服他的故鄉，阿基米德也被羅馬士兵殺死。他發明了多種令人生畏的武器，以抵制羅馬軍艦入侵錫拉庫扎，其中包括投石器、可以將船頭吊離水，還有用鏡子擺成能聚集陽光將軍艦燃着的「死亡之陣」，他可能在埃及停留期間發明了阿基米德螺旋泵，至今仍用於灌溉。他還計算出圓周率 π 的近似值，發現了槓桿和滑輪原理。阿基米德最引以為豪的成就是他通過數學證明了：如果某球體可以放入圓柱體內，那麼該圓柱體的最小體積為球體體積的 1.5 倍。他的墓碑上也刻了一個球體和一個圓柱體。

主要作品

約公元前 250 年 《論浮體》

日譬猶火，月譬猶水

張衡（公元 78–139 年）

因為**陽光**的照射，白天時**地球**是**亮**的，並且有**影子**。

↓

月亮有時也是**亮**的，也有**影子**。

↓

月亮靠反射**太陽光**才**發光**。

↓

故曰日譬猶火，月譬猶水。

希帕克也許是古代最傑出的天文學家。約公元前 140 年，這位古希臘天文學家編制了一個包含大約 850 顆星體的星表。他還解釋了如何預測太陽和月亮的運動，以及日食和月食出現的時間。約公元 150 年，亞歷山大城的托勒密在其著作《天文學大成》（*Almagest*）中列出了 1000 顆星體和 48 個星座。這本書實際上建立在希帕克研究成果的基礎上，但是更為實用。整個中世紀，西方都將《天文學大成》奉為天文學標準。書中的星表涵蓋了一切必要信息，可以用來計算太陽、月亮、行星和重要恆星的未來位置，還可以預測日食和月食的出現時間。

公元 120 年，中國博學多才的張衡撰寫了《渾天儀注》一書。他在書中寫道：「渾天如雞子，天體圓如彈丸。地如雞子中黃，孤居於內，天大地小。」繼希帕克和托勒密之後，張衡也認為，宇宙以地球為中心。他在星表中記

參見：尼古拉·哥白尼 34~39 頁，約翰尼斯·開普勒 40~41 頁，艾薩克·牛頓 62~69 頁。

> 月與星至陰也，有形無光。
>
> ——京房

錄了 2500 顆明亮的星星，124 個星座，還寫道：「微星之數，蓋萬一千五百二十。」

月食和行星

　　張衡對日食和月食現象十分着迷。他曾寫道：「夫日譬猶火，月譬猶水，火則外光，水則含景。故月光生於日之所照，魄生於日之所蔽，當日則光盈，就日則光盡也。」張衡還解釋了月食的成因，即太陽光因為地球的阻擋而無法到達月球。他認識到，行星像水一樣，可以反射日光，所以就會出現掩星現象。「眾星被耀，因水轉光。當日之衝，光常不合者，蔽於地也。是謂暗虛。在星星微，月過則食。」

　　11 世紀，中國另一位天文學家沈括從另一個重要角度拓展了張衡的研究。他指出，月亮的盈虧證明所有天體都是球形的。■

此圖中**月牙狀的金星**即將被月球掩蓋，即月掩金星。張衡通過觀察得出結論，行星像月亮一樣，本身不發光。

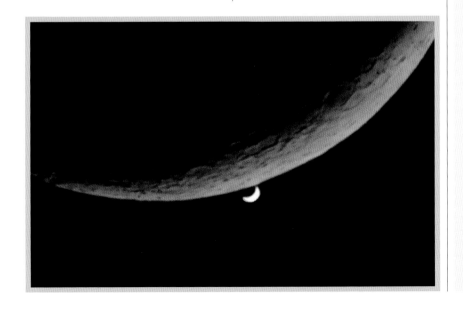

張衡

　　張衡生於公元 78 年，東漢時期南陽西鄂（今河南省）人，17 歲時離開家鄉，開始學習文學和寫作。近 30 歲時，成為才華橫溢的數學家，被漢安帝招入朝廷，並於公元 115 年被任命為太史令，主管天文、曆法。

　　張衡所處年代科技發展異常迅速。除了天文學研究，他還發明了漏水轉渾天儀（一個天體模型）和世界上第一架地動儀。地動儀發明之初，並未受到重視，直到公元 138 年成功預測 400 千米以外的一次地震，才令人信服。他還發明了世界上第一台用來測量車輛里程的計里鼓車，以及由一輛雙輪獨轅車組成的非磁性指南車。張衡還是一位傑出的詩人，他的漢賦形象地描述了當時的文化生活。

主要作品

約公元 120 年　《靈憲》
約公元 120 年　《靈憲圖》

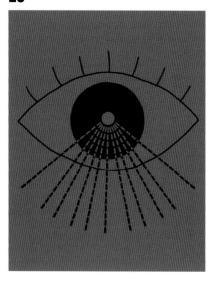

光沿直線射入我們的眼睛

阿爾哈曾（約 965－1040 年）
Alhazen

背景介紹

科學分支
物理學

此前

公元前 350 年 亞里士多德提出，物體發出影像到達人眼產生視覺。

公元前 300 年 歐幾里得提出，眼睛發出光線到達物體後會反射回來。

10 世紀 80 年代 伊本・沙爾研究了光的折射現象，並推論出光的折射定律。

此後

1240 年 英國主教羅伯特・格羅塞特在光學實驗中使用幾何學原理，準確描述了顏色的本質。

1604 年 約翰尼斯・開普勒的視網膜成像理論直接建立在阿爾哈曾研究的基礎上。

17 世紀 20 年代 阿爾哈曾的思想影響了弗朗西斯・培根，後者提倡基於實驗的科學方法。

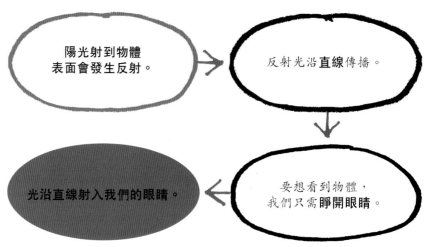

陽光射到物體表面會發生反射。

反射光沿**直線**傳播。

要想看到物體，我們只需**睜開眼睛**。

光沿直線射入我們的眼睛。

在伊斯蘭文明的黃金時代，阿拉伯天文學家、數學家阿爾哈曾居住在巴格達（今屬伊拉克），他可以說是世界上第一位實驗科學家。雖然早期的希臘和波斯思想家用不同方法對自然世界作出解釋，但他們的結論都是通過抽象的推理而非物理實驗得出的。阿爾哈曾所處的年代，伊斯蘭的求知和探索文化十分繁榮。他是第一個使用科學方法的人：提出假設，系統地用實驗進行驗證。正如阿爾哈曾所說：「追求真理的人不應該只研究古人的著作⋯⋯並對其篤信不疑，而應該持懷疑態度，對自己從中得到的信息提出疑問，並訴諸辯論和證明。」

對視覺的理解

如今，阿爾哈曾被人們譽為「光學之父」。他最重要的成就是研究了眼睛的結構以及視覺形成的過程。古希臘學者歐幾里得以及後來的托勒密認為，視覺是眼睛發出的

參見：約翰尼斯·開普勒 40~41 頁，弗朗西斯·培根 45 頁，克里斯蒂安·惠更斯 50~51 頁，艾薩克·牛頓 62~69 頁。

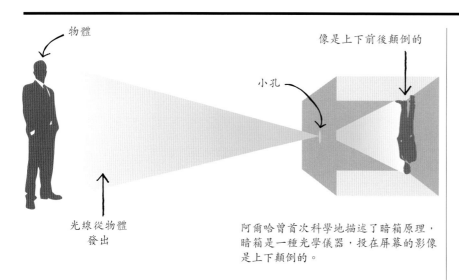

物體

光線從物體發出

小孔

像是上下前後顛倒的

阿爾哈曾首次科學地描述了暗箱原理，暗箱是一種光學儀器，投在屏幕的影像是上下顛倒的。

光線被所看之物反射回來的結果。阿爾哈曾通過觀察影子和反射現象，證明光線經物體反射沿直線進入我們的眼睛。視覺是被動的，而非主動的，至少在到達視網膜之前是這樣的。阿爾哈曾發現：「有顏色的物體受到光照後，物體上的每一個位置都會沿直線反射光線和顏色。」要想看到物體，我們只需要睜開眼睛，讓光線射入。即使眼睛能發射光線，也沒有必要這麼做。

阿爾哈曾通過研究牛的眼睛發現，光線進入了一個小孔（瞳孔），通過晶狀體聚焦於眼睛後部一個敏感的表面（視網膜）上。不過，阿爾哈曾雖然將眼睛視為晶狀體，但他並沒有解釋眼睛或大腦的成像原理。

光的實驗

阿爾哈曾在其七卷本巨著《光學》中闡明他的光學理論以及視覺理論。650 年後，牛頓發表了《原理》一書。但在此之前，阿爾哈曾的《光學》一直是該領域的權威之作。這本書探討了光與透鏡的相互作用，描述了光的折射（改變方向）現象，比荷蘭科學家威里布里德·斯涅耳提出光的折射定律早了 700 年。該書還通過大氣研究了光的折射現象，描述了影子、彩虹和日／月食等現象。《光學》一書極大地影響了後來的西方科學家，其中包括弗朗西斯·培根。培根等科學家讓阿爾哈曾的科學方法在歐洲文藝復興時期再次流行起來。■

任何研究科學家著作的人，如果以追求真理為目標，那麼責任就是與所有讀到的內容為敵。

——阿爾哈曾

阿爾哈曾

阿布·阿里·哈桑·伊本·海賽姆（西方稱為「阿爾哈曾」）出生於巴士拉（今屬伊拉克），求學於巴格達。年輕時，在巴士拉謀了一份官職，但很快就厭煩了。有一種說法是，他聽說埃及尼羅河每年洪水泛濫會做成很多問題，於是寫信給埃及的哈里發哈基姆，說自己可以建立一座大壩控制洪水，因此在開羅受到了很高的禮遇。然而，他到達開羅南部後，親眼目睹了尼羅河的規模，約 1.6 千米長，如阿斯旺城市那麼寬。他認為這項任務憑藉當時的科技是無法完成的。為了避免哈里發的懲罰，他裝瘋賣傻，被監禁了 12 年。也正是在此期間，他完成了自己最重要的研究。

主要作品

1011－1021 年　《光學》

約 1030 年　《論光》

約 1030 年　《論月光》

SCIENTIFIC REVOLUTION
1400–1700

科學革命
1400年 — 1700年

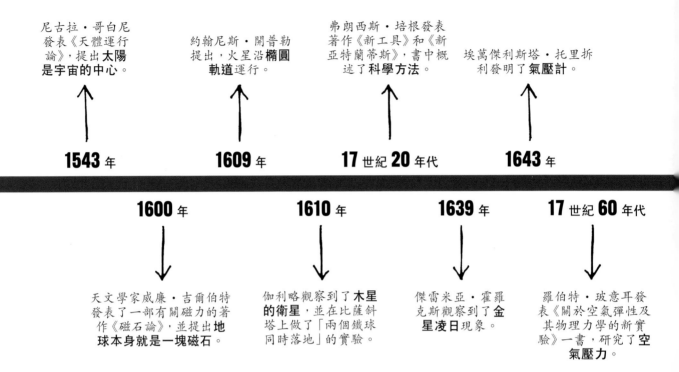

尼古拉‧哥白尼發表《天體運行論》，提出**太陽是宇宙的中心**。

1543 年

天文學家威廉‧吉爾伯特發表了一部有關磁力的著作《磁石論》，並提出**地球本身就是一塊磁石**。

1600 年

約翰尼斯‧開普勒提出，火星沿**橢圓軌道**運行。

1609 年

伽利略觀察到了**木星的衛星**，並在比薩斜塔上做了「兩個鐵球同時落地」的實驗。

1610 年

弗朗西斯‧培根發表著作《新工具》和《新亞特蘭蒂斯》，書中概述了**科學方法**。

17 世紀 **20** 年代

傑雷米亞‧霍羅克斯觀察到了**金星凌日**現象。

1639 年

埃萬傑利斯塔‧托里拆利發明了**氣壓計**。

1643 年

羅伯特‧玻意耳發表《關於空氣彈性及其物理力學的新實驗》一書，研究了**空氣壓力**。

17 世紀 **60** 年代

伊斯蘭黃金時代從 8 世紀中葉開始於阿巴斯王朝的首都巴格達，共經歷了大約 500 年，見證了科學和藝術的繁榮發展，為實驗法和現代科學方法奠定了基礎。然而，同一時期，歐洲的科學方法還受制於宗教的教條，直到數百年後才得以掙脫。

危險的思想

幾百年來，天主教的宇宙觀一直建立在亞里士多德的地心說的基礎上。後來，波蘭物理學家尼古拉‧哥白尼通過多年的複雜數學計算，大約於 1532 年完成了日心說模型。他知道教會會視之為異端學說，所以十分謹慎，表示這只是一個數學模型，並在臨終前才將其發表。不過，哥白尼的理論很快便贏得了很多人的支持。德國占星家約翰尼斯‧開普勒根據老師第谷‧布拉赫（Tycho Brahe）的觀察完善了哥白尼的理論，並計算出火星的軌道是橢圓形的。他由此推論，其他行星的軌道也是橢圓形的。通過望遠鏡技術的不斷進步，意大利科學家伽利略於 1610 年發現了木星的四顆衛星。新宇宙學的解釋力變得無可爭辯。

伽利略還證明了科學實驗的重要性，研究了物體下落的物理規律，發明了鐘擺這一有效的計時器。在此基礎上，1657 年，荷蘭人克里斯蒂安‧惠更斯（Christiaan Huygens）發明了世界上第一個鐘錶。英國哲學家弗朗西斯‧培根在兩本著作中列出了他對科學方法的認識，為以實驗、觀察、測量為基礎的現代科學奠定了理論基礎。

新的發現接踵而至。羅伯特‧玻意耳利用氣泵研究了氣體的性質，惠更斯和英國物理學家艾薩克‧牛頓提出了新的光的傳播理論，從而建立了光學。丹麥天文學家奧勒‧羅默（Ole Rømer）發現，木星的衛星每次出現掩食現象的時間都有差異，他利用這一差異計算出了光速的近似值。羅默的同胞尼古拉斯‧斯丹諾（Nicolas Steno）主教對遠古的智慧大多持懷疑態

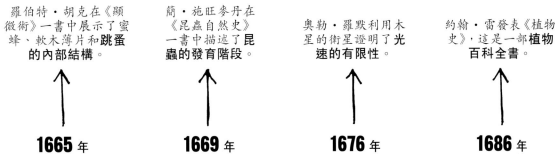

羅伯特·胡克在《顯微術》一書中展示了蜜蜂、軟木薄片和**跳蚤的內部結構**。

簡·施旺麥丹在《昆蟲自然史》一書中描述了**昆蟲的發育階段**。

奧勒·羅默利用木星的衛星證明了**光速的有限性**。

約翰·雷發表《植物史》，這是一部**植物百科全書**。

1665 年　　**1669** 年　　**1676** 年　　**1686** 年

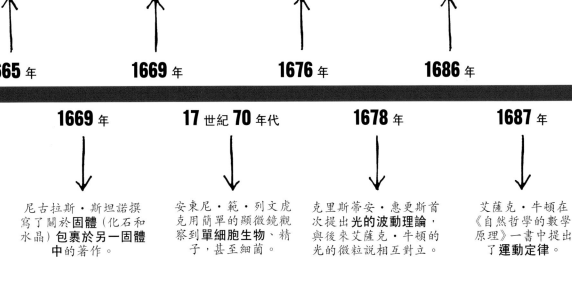

1669 年　　**17** 世紀 **70** 年代　　**1678** 年　　**1687** 年

尼古拉斯·斯坦諾撰寫了關於**固體**（化石和水晶）**包裹於另一固體中**的著作。

安東尼·範·列文虎克用簡單的顯微鏡觀察到**單細胞生物**、精子，甚至細菌。

克里斯蒂安·惠更斯首次提出**光的波動理論**，與後來艾薩克·牛頓的光的微粒說相互對立。

艾薩克·牛頓在《自然哲學的數學原理》一書中提出了**運動定律**。

度，他提出了自己的解剖學和地理學觀點。斯丹諾發現了地層學（岩石層的研究）定律，為地理學奠定了新的科學基礎。

微觀世界

　　縱觀 17 世紀，科技的發展促進了微觀領域的科學發現。17 世紀初，荷蘭的眼鏡製造商發明了顯微鏡。17 世紀末，羅伯特·胡克自己做了一台顯微鏡，並把觀察結果繪製成精美的圖畫，首次揭示了跳蚤等小蟲子的複雜結構。也許是在胡可圖畫的啓發下，荷蘭布商安東尼·範·列文虎克（Antonie van Leeuwenhoek）製作了幾百台顯微鏡，在別人以前從未想過的地方，比如水中，發現了微小的生命形態。列文虎克發現了原生生物、細菌等單細胞生物，他稱其為「微生物」。他將自己的發現報告給了英國皇家學會，學會派來三位牧師證實他所見為實。荷蘭顯微鏡學家簡·施旺麥丹（Jan Swammerdam）指出，卵、幼蟲、蛹、成蟲是昆蟲發育的不同階段，而非上帝創造的不同動物。這些新發現將可以追溯到亞里士多德的舊思想都一掃而淨。與此同時，英國生物學家約翰·雷（John Ray）編寫了一部宏大的植物百科全書，這是第一次對植物進行嚴格的系統分類。

數學分析

　　這些發現為天文學、化學、地理學、物理學和生物學等現代科學分支奠定了基礎，預示着啓蒙運動的到來。17 世紀最偉大的成就當屬牛頓的《自然哲學的數學原理》。這部著作展示了他的運動定律和萬有引力定律。接下來的兩個多世紀，牛頓物理學一直是描述物理世界的最佳理論，再加上牛頓和戈特弗里德·威廉·萊布尼茨（Gottfried Wilhelm Leibniz）獨立發明的微積分分析方法，它們將成為未來科學研究的有力工具。■

太陽是萬物
的中心

尼古拉・哥白尼（1473－1543 年）
Nicolaus Copernicus

背景介紹

科學分支
天文學

此前

公元前 3 世紀 阿基米德在《數沙器》一書中介紹了阿利斯塔克的觀點,即宇宙比人們通常認為的大很多,而太陽是宇宙的中心。

公元 150 年 亞歷山大城的托勒密運用數學方法描述了以地球為中心的宇宙模型。

此後

1609 年 約翰尼斯·開普勒提出行星沿橢圓軌道運行,從而解決了太陽系日心模型中的矛盾問題。

1610 年 伽利略通過觀察木星的衛星,堅信哥白尼是正確的。

西方思想的萌芽階段一直被地心說所統治。這種以地球為中心的模型似乎一開始就植根於我們的日常觀察以及生活中,我們感覺不到地面的運動,表面上看,似乎也找不到證據證明行星在運動。最簡單的解釋自然是太陽、月球、行星和恆星分別以不同的速率圍繞地球轉動,但真的是這樣嗎?這個體系古時候似乎得到了普遍認可,並且通過公元前 4 世紀柏拉圖和亞里士多德的著作而在經典哲學中根深蒂固。

然而,當古希臘人測量行星的運動時,他們發現地心說顯然存在問題。當時已知的五顆行星在天空中沿着複雜的軌道運行。人們總是在早上和晚上看到水星和金星,它們緊緊地圍繞太陽轉動。以恆星為參照物,火星、木星和土星繞日一周的時間分別是 780 天、12 年和 30 年。它們有時速度會變慢,暫時改變運行的大方向,即所謂的

> 如果全能的主在創造萬物之前先和我商量,我能提供更簡單的方案。
> —— 卡斯蒂利亞國王阿方索十世

「逆行」現象,這就使它們的運行方式變得更加複雜。

托勒密體系

為了解釋這些複雜現象,古希臘天文學家引入了「本輪」的概念,即行星運行的「亞軌道」,而同時本輪的中心還圍繞地球轉動。公元 2 世紀,亞歷山大城偉大的古希臘天文學家和地理學家托勒密

地球似乎是靜止的,太陽、月球、行星和恆星圍繞地球轉動。

將太陽置於中心會得到一個更加完美的模型,其中地球和行星圍繞太陽運轉,恆星則離得很遠。

然而,**以地球為中心的宇宙模型**要想解釋**行星運動**,只能借助於極為複雜的系統。

太陽才是宇宙的中心。

參見：張衡 26~27 頁，約翰尼斯·開普勒 40~41 頁，伽利略·伽利雷 42~43 頁，威廉·赫歇爾 86~87 頁，
埃德溫·哈勃 236~241 頁。

對這一體系做了最佳改進。

然而，即使在古希臘和羅馬時期，也存在意見分歧。例如，薩摩斯的古希臘思想家阿利斯塔克在公元前 3 世紀，用其獨創的三角計算測出了太陽和月亮的相對距離。他發現，太陽十分巨大，並據此提出太陽更可能是宇宙運行的中心。

然而，托勒密體系最終勝出，並產生了深遠影響。隨着後來羅馬帝國的衰落，基督教繼承了這一體系的很多假設。地心說成為基督宗教的核心教義，此外該教還認為，在上帝所造之物中，人的地位最高，管理着地球的一切事物。16 世紀之前，這些教義一直盛行於歐洲。

然而，這並不是說在托勒密之後的 1500 年裏，天文學一直停滯不前。能夠精確預測行星運動不僅成為科學和哲學研究的問題，還因為占星術的迷信說法有了所謂的實際用途。各個學派的觀星者都有充分的理由，試圖找到測量行星運動的更精確方法。

阿拉伯的學術研究

第一個千年的最後幾個世紀，阿拉伯科學經歷了史上的第一次綻放。從公元 7 世紀開始，伊斯蘭教在中東和北非迅速傳播，阿拉伯思想家得以接觸到古希臘和古羅馬的書籍，其中包括托勒密等人的天文學著作。

「方位天文學」是一門測量天體位置的學科，其運用在西班牙達到了巔峰，而這裏也成為一個不斷變化的熔爐，融合了伊斯蘭教、猶太教和基督宗教思想。13 世紀末，卡斯蒂利亞國王阿方索十世出資編撰了阿方索星表（Alfonsine Tables）。此表不僅涵蓋了伊斯蘭世界幾個世紀以來的星象記錄，還加入了新的發現，使托勒密體系更加精準，其提供的數據 17 世紀初被用來計算行星的位置。

質疑托勒密

不過，到了這一時期，托勒密的模型已經極為複雜，為了保證預測與觀察到的結果一致，又加入了更多的「本輪」。1377 年，法國城市利雪的主教、哲學家尼克爾·奧里斯姆（Nicole Oresme）在其著作《天地通論》（*Livre du Ciel et du Monde*）中直接解決了這個問題。他證明，地球是靜止的這一說法缺乏觀察證據，並指出沒有任何理由假設地球是不動的。不過，雖然奧里斯姆推翻了支持托勒密體系的證據，但他總結說自己也不相信地球是運動的。

在**托勒密的宇宙模型**中，地球居於中心，靜止不動，太陽、月亮以及其他五顆已知的行星沿圓形軌道繞地球轉動。為了使它們的軌道與觀察結果一致，托勒密在模型中加入本輪，每顆行星還繞着本輪的小圓運行。

到了 16 世紀初，情況則大為改變。在文藝復興和宗教改革這兩股勢力的影響下，很多古老的宗教信條遭到質疑。正是在這種大環境下，在波蘭瓦爾半亞省份，一位天主教的詠禱司鐸尼古拉・哥白尼神父首次提出了現代的日心理論，認為宇宙的中心是太陽，而非地球。

哥白尼最先在一本小冊子《要釋》(Commentariolus) 上發表了這一理論，並從大約 1514 年起在朋友間流傳。從本質上講，他的理論與阿利斯塔克提出的體系十分相像。雖然該理論克服了之前模型的諸多缺陷，但並沒有脫離托勒密體系的核心觀點，其中最重要的就是，天體在水晶天球上面沿圓形軌道運行。因此，哥白尼自己也不得不引入「本輪」，以調整行星在軌道特定位置的運行速度。哥白尼的模型有一個重要用途，那就是極大地增加了宇宙的大小。如果地球圍繞太陽轉動，那麼由於視差效應，我們從不同的點觀察恆星，它們應該

> 既然太陽一直保持靜止不動，那麼只要太陽看起來在動，那肯定是因為地球在運行的緣故。
>
> ——尼古拉・哥白尼

17世紀的哥白尼日心體系圖顯示，行星沿圓形軌道圍繞太陽運轉。哥白尼認為，行星依附在天球上。

全年都在天空中不停地變換位置。但事實並非如此，所以它們之間的距離必定十分遙遠。

雖然托勒密體系幾經改進，但哥白尼的模型很快就證明比所有的改進都更為精確。這一消息在歐洲學界廣泛傳開，甚至傳到了羅馬。雖然這一模型與羅馬當時流行的觀點相左，但一開始仍受到天主教內某些圈子的歡迎。新的模型造成了極大轟動，德國數學家喬治・約希姆・雷蒂庫斯 (George Joachim Rheticus) 也因此來到瓦爾米亞拜哥白尼為師，並從 1539 年開始擔任哥白尼的助手。1540 年，雷蒂庫斯發表了《首論》(Narratio Prima)，首次解釋了哥白尼體系，被人廣為

流傳。雷蒂庫斯勸説年邁的哥白尼神父將自己的研究全部發表，這件事哥白尼已經思考了很多年，但直到 1543 年在病榻上時才作出讓步。

數學工具

《天體運行論》在哥白尼死後才正式出版。雖然當時任何有關地球是運動的説法都與《聖經》的經文相悖，因此被天主教和基督教的神學家視為異端學説，但這本書最開始並沒有引起眾怒。為了迴避這個問題，書的序言中解釋説，日心模型純粹是用來預測的數學工具，

並不是在描述真實的宇宙。但是，哥白尼在世時並未持這種保留態度。儘管哥白尼的模型存在異端成分，但是 1582 年教皇額我略八世進行曆法改革時，計算中還是運用了哥白尼模型。

丹麥天文學家第谷·布拉赫通過細緻觀察發現，這個模型的預測精準度存在問題。布拉赫指出，哥白尼模型對行星運行的描述並不充分。布拉赫試圖用自己的模型解決其中的矛盾之處，在他的模型中，行星圍繞太陽運轉，但太陽和月亮還是圍繞地球轉動。真正的解決方法其實是橢圓軌道，但這是他的學生約翰尼斯·開普勒後來發現的。

哥白尼學說問世 60 年後才成為歐洲宗教改革分裂的標誌，這主要歸因於意大利科學家伽利略·伽利雷引發的爭論。1610 年，伽利略觀察到金星會出現盈虧現象，而且木星擁有衛星，他因此確信日心說是正確的。他對日心說的熱心支持最終體現在他的《關於托勒

> 太陽彷彿坐在國王的寶座上，管理着圍繞其轉動的行星家族。
>
> ——尼古拉·哥白尼

密和哥白尼兩大世界體系的對話》（1632 年）一書中。伽利略身處天主教的中心意大利，這本書使他陷入了與天主教教廷的衝突中，結果導致哥白尼的《天體運行論》於 1616 年重遭審查，直到 200 多年後才被解禁。■

尼古拉·哥白尼

1473 年，尼古拉·哥白尼出生在波蘭托倫市的一個富商家庭，家中共有四個孩子，哥白尼最小。哥白尼十歲時，父親去世，由一位舅舅接去撫養，並監督他在克拉科夫大學的學習。哥白尼在意大利花費了數年時間學習醫學和法律，於 1503 年回到波蘭。當時，他的舅舅已經成為瓦爾米亞的采邑主教，哥白尼在舅舅手下的詠禱司鐸團擔任神職。

哥白尼既是一位語言大師，也是一位數學大師。他翻譯了多部重要著作，提出了經濟學觀點，並致力於研究天文學理論。他在《天體運行論》中敍述了自己的理論，但其中數學計算的複雜程度讓人望而卻步，所以雖然很多人認可其理論的重要性，卻鮮有天文學家在日常實踐中進行廣泛利用。

主要作品

1514 年 《要釋》

1543 年 《天體運行論》

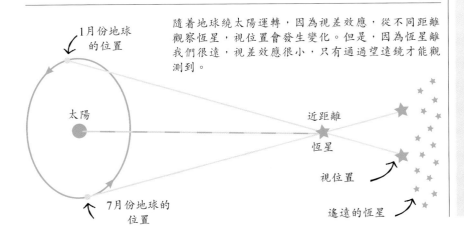

隨着地球繞太陽運轉，因為視差效應，從不同距離觀察恆星，視位置會發生變化。但是，因為恆星離我們很遠，視差效應很小，只有通過望遠鏡才能觀測到。

1 月份地球的位置

太陽

7 月份地球的位置

近距離

恆星

視位置

遙遠的恆星

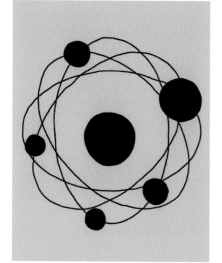

行星沿橢圓軌道運行

約翰尼斯·開普勒（1571－1630 年）
Johannes Kepler

背景介紹

科學分支
天文學

此前

公元 150 年 亞歷山大城的托勒密撰寫《天文學大成》一書，其中描述的宇宙模型假設，地球處於宇宙中心，太陽、月亮、行星和恆星在固定的天球上沿圓形軌道繞地球運行。

16 世紀 通過哥白尼的學說，人們開始相信太陽為中心的宇宙論。

此後

1639 年 傑雷米亞·霍羅克斯運用開普勒的理論預測了金星凌日的出現，並觀察到了這一現象。

1687 年 艾薩克·牛頓提出運動定律和萬有引力定律，揭示了開普勒定律的物理原理。

1543 年，尼古拉·哥白尼發表了有關天體運行軌道的著作，創立了以太陽為中心的宇宙模型。該模型雖然令人信服，但卻存在很多重大問題。哥白尼沒有擺脫天體固定在水晶天球上的古老思想，提出行星沿正圓形軌道繞太陽運轉，並且為了解釋天體運動的不規則性，被迫在模型中引入了很多複雜元素。

超新星與彗星

16 世紀下半葉，丹麥貴族第谷·布拉赫觀測到的資料對解決這些問題起了重要作用。1572 年，布拉赫觀測到仙后座的超新星爆炸，

星座中會誕生新星，這說明行星以外的**天空並非一成不變。**

通過觀察發現，**彗星在行星中間運動，**並穿過行星的軌道。

如果行星沒有固定在天球上，那麼沿**橢圓軌道圍繞太陽運轉是**所觀測到的**行星運動的最佳解釋。**

這表明，天體並**不在固定的天球上。**

每顆行星都沿橢圓軌道運行。

參見：尼古拉・哥白尼 34~39 頁，傑雷米亞・霍羅克斯 52 頁，
艾薩克・牛頓 62~69 頁。

推翻了哥白尼宇宙不會變化的理論。1577 年，布拉赫觀測到一顆彗星。當時人們認為，彗星是一種近距離現象，比月球更近，但是布拉赫的觀測結果表明，彗星離地球的距離遠遠超過月球離地球的距離，並且在行星間運行。這一證據立刻摧毀了「天球」的概念。但是，布拉赫並沒有擺脫地心說中圓形軌道的理論。

1597 年，在國王魯道夫二世的邀請下，布拉赫來到布拉格擔任宮廷數學家一職，並在那裏度過晚年。在此期間，德國天文學家約翰尼斯・開普勒成為他的助手，並在布拉赫死後將他的研究延續下去。

放棄圓形軌道説

開普勒早已根據布拉赫的觀測結果開始重新計算火星的軌道。大約在這個時候，他推斷出火星的軌道一定是卵形（蛋形）的，而非正圓形。開普勒用卵形軌道建立了日心模型，但還是與觀測到的數據不符。1605 年，他提出，火星肯定沿橢圓軌道繞太陽運轉。橢圓形是「拉長的圓形」，具有兩個焦點，太陽位於其中的一個焦點上。1609 年，開普勒發表了《新天文學》（*Astronomia Nova*）一書，提出行星運動兩大定律。開普勒第一定律是指，每顆行星都沿橢圓軌道運行。第二定律是指，在相等時間內，太陽和行星的連線所掃過的面積都是相等的。也就是説，行星離太陽越近，速度越快。1619 年，開普勒提出第三定律，描述了行星軌道週期與離太陽距離的關係，即行星軌道週期的平方與行星與太陽距離的立方之比是一個常數。所以，如果一顆行星與太陽的距離是另一顆行星與太陽的距離的 2 倍，那麼它的軌道週期大約是另一顆行星的 3 倍。

但是，究竟是甚麼力使得行星按橢圓軌道運行，當時還不得而知。開普勒認為是磁力，直到 1687 年，牛頓才證明其實是萬有引力。■

約翰尼斯・開普勒

1571 年，約翰尼斯・開普勒出生在德國南部城市斯圖加特附近的威爾德斯達特鎮，小時候觀測到 1577 年大彗星後，便對天空產生了極大的興趣。他在杜賓根大學上學期間，就已成為當時知名的數學家和占星家。他常常與當時頂尖的天文學家通信，其中一位便是第谷・布拉赫。1600 年，開普勒搬到布拉格，成為布拉赫的學生以及學術繼承人。

1601 年，布拉赫去世，開普勒繼承了宮廷數學家一職，並奉國王之命完成布拉赫未完成的研究，即編制所謂的魯道夫星表，以預測行星的運行。1612 年，他開始在奧地利林茲工作，直到 1630 年去世，期間完成了魯道夫星表的編制工作。

主要作品

1596 年　《宇宙的神秘》
1609 年　《新天文學》
1619 年　《宇宙諧和論》
1627 年　《魯道夫星表》

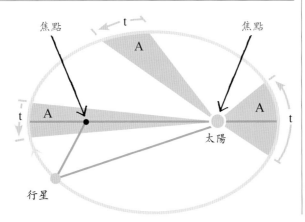

開普勒定律指出，行星都沿橢圓軌道運行，太陽處在橢圓的一個焦點上。在任意時間t內，太陽和行星的連線所掃過的面積（A）都是相等的。

焦點　焦點　太陽　行星

自由落體運動的加速度相同

伽利略・伽利雷（1564－1642 年）
Galileo Galilei

背景介紹

科學分支
物理學

此前

公元前 4 世紀 亞里士多德創立了自己的力學和運動學說，但並沒有用實驗加以證明。

1020 年 波斯學者伊本・西拿（亦稱阿維森納）寫道，運動物體具有內在的「動力」，只有在空氣阻力等外因的作用下才會減速。

1586 年 佛蘭德工程師西蒙・斯蒂文從代爾夫特一個教堂塔上拋下兩個重量不同的鉛球，證明兩者下降速度相同。

此後

1687 年 艾薩克・牛頓在《原理》一書中提出了運動定律。

1971 年 美國太空人大衛・斯科特在月球上的同一高度同時釋放錘子和羽毛，發現兩者的降落速度相同。因為月球上的阻力幾乎為零，所以這個實驗證明了伽利略的自由落體運動。

亞里士多德宣稱，物體只有在外力的作用下才會運動，重的物體比輕的物體下落得快。這一學說兩千年來一直無人質疑。直到 17 世紀，意大利天文學家和數學家伽利略・伽利雷才堅稱，亞里士多德的理論需要加以驗證。他設計了一個實驗來驗證物體運動和停下的方式及原因，並最早提出了慣性定律——物體不會改變運動狀態，只有在外力的作用下才會開始運動、加速或減速。通過測量物體下落的時間，伽利略證明，所有物體的下落速度都是相同的，並意識到摩擦力會減慢物體運動的速度。17 世紀 30 年代，還沒有設備能夠直接測量自由落體的速度和加速度。伽利略讓球從一個斜坡滾下，再滾上另一個斜坡，他發現球到達斜坡底端的速度與起始點的高度有關，與斜坡的傾斜度無關。並且，無論傾斜角度是大是小，球滾上斜坡的高度總是和之前滾下另一個斜坡的起始高度相同。

伽利略剩下的實驗是在一個長 5 米的斜坡上完成的。斜坡由光滑材質製成，以減少摩擦力。他還用一個盛滿水的大容器測量時間，容器底部接了一根細管子，在測量時間內，將流出的水收集在容器

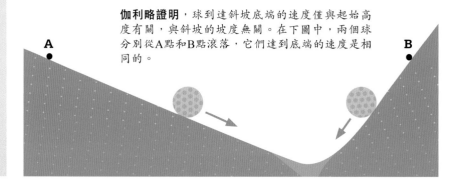

伽利略證明，球到達斜坡底端的速度僅與起始高度有關，與斜坡的坡度無關。在下圖中，兩個球分別從A點和B點滾落，它們達到底端的速度是相同的。

參見：尼古拉·哥白尼 34~39 頁，艾薩克·牛頓 62~69 頁。

> 可計算的當計算，可測量的當測量，把不可測的變為可測的。
>
> —— 伽利略·伽利雷

中，並測量水的重量。伽利略讓球從斜坡的不同高度滾下，發現滾動的距離與時間的平方成正比，也就是說，球滾下斜坡時做的是加速運動。

落體定律

伽利略因此推斷，所有物體在真空中的下落速度是相同的，後來艾薩克·牛頓進一步發展了這一理論。質量大的物體引力大，但也需要更大的力才能加速，兩者的作用相互抵消，所以在沒有任何力的情況下，所有落體的加速度相同。我們在日常生活中看到物體以不同的速度下落，原因在於空氣阻力。物體的大小和形狀不同，受到的空氣阻力不同，加速度也不同。同樣大小的沙灘球和保齡球最開始的加速度相同，下落過程中受到的空氣阻力相同，但是與兩個球向下的重力相比，空氣阻力對於沙灘球而言作用更大，所以沙灘球的速度更慢。

伽利略堅持用細心的觀察和可測量的實驗來驗證各種理論，因此他同阿爾哈曾一樣被譽為「現代科學之父」。他的力學和運動定律為 50 年後的牛頓運動定律奠定了基礎，為我們理解宇宙中從原子到星系的運動提供了支撐。■

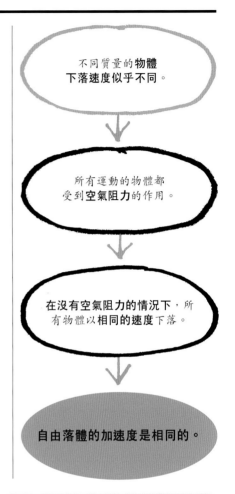

不同質量的**物體**下落速度似乎不同。

所有運動的物體都受到**空氣阻力**的作用。

在沒有**空氣阻力**的情況下，所有物體以相同的**速度**下落。

自由落體的加速度是相同的。

伽利略·伽利雷

伽利略出生於意大利的比薩，後來與家人搬到佛羅倫薩。1581 年，他進入比薩大學學習醫學，後來轉為數學和自然哲學。他涉獵的科學領域十分廣泛，其中最著名的也許是發現了木星的 4 顆大型衛星（現仍稱為伽利略衛星）。伽利略通過觀測，支持以太陽為中心的太陽系模型，這與當時羅馬天主教的教義相對立。1633 年，伽利略受審，被迫放棄自己的理論。他被判終身監禁，在囚禁期間，將自己的動力學研究（有關運動的科學）總結成書。

主要作品

1623 年 《試金者》
1632 年 《關於托勒密和哥白尼兩大世界體系的對話》
1638 年 《關於兩門新科學的談話和數學證明》

地球是一塊巨大的磁石

威廉・吉爾伯特（1544－1603 年）
William Gilbert

到了 16 世紀頭 10 年的末期，船長們已經開始依靠指南針保持航海線路，但沒有人知道指南針的原理。有人認為，指針受到了北極星的吸引；還有人認為，是受到了北極磁山的吸引。

吉爾伯特的突破並非靈光乍現，而是來自 17 年一絲不苟的實驗。他盡可能從船長和指南針製造商那裏吸取知識，然後利用一種天然磁石做了一個球體，即一個模擬地磁的磁球，並用磁針進行驗證。他發現，磁針基本上和輪船上的指南針指向相仿，都有一定的偏角（略偏於真北，真北與磁北是不同的概念）。

吉爾伯特總結道，整個地球是一塊磁石，內部有一個鐵芯。他將自己的觀點集結成書，於 1600 年發表了《論磁》，引起了很大的轟動。他提出，地球並非大多數人認為的那樣固定在旋轉的天球上，而是在自身看不見的磁力的作用下旋轉。約翰尼斯・開普勒和伽利略尤其受到了這一想法的啟發。■

可靠的實驗和經過證明的論點，比哲學思考家的推測和觀點更具說服力。

——威廉・吉爾伯特

參見：米利都的泰勒斯 20 頁，約翰尼斯・開普勒 40~41 頁，伽利略・伽利雷 42~43 頁。漢斯・克里斯蒂安・奧斯特 120 頁，詹姆斯・克拉克・麥克斯韋 180~185 頁。

爭論不如實驗

弗朗西斯·培根（1561－1626 年）
Francis Bacon

背景介紹

科學分支
實驗科學

此前

公元前 4 世紀　亞里士多德傾向於推理、辯論、寫作，但從不用實驗進行驗證。他的方法延續到下一個千年。

約公元 750－1250 年　在伊斯蘭黃金時代，阿拉伯科學家開展各種實驗。

此後

17 世紀 30 年代　伽利略完成落體實驗。

1637 年　法國哲學家勒內·笛卡兒在《方法談》一書中堅持嚴格的懷疑論和探索精神。

1665 年　艾薩克·牛頓運用棱鏡分解太陽光。

1963 年　奧地利哲學家卡爾·波普爾在《猜想與反駁》一書中堅稱，實驗可以證明理論是錯誤的，但最終無法證明它是正確的。

英國哲學家、政治家、科學家弗朗西斯·培根並非第一個開始做實驗的人，在他 600 年前的阿爾哈曾以及其他阿拉伯科學家就已經做過，但是培根卻是解釋歸納法並闡明科學方法的第一人。

實驗得來的證據

古希臘哲學家柏拉圖認為，真理要依靠「辯論」和「權威」才能找到，只要讓足夠聰明的人討論足夠長的時間，真理自會出現。他的學生亞里士多德認為，沒有必要做任何實驗。培根將這些「權威」比作從自己肚裏抽絲結網的蜘蛛。他堅持從真實的世界尤其是實驗中獲取證據。

培根在其兩本重要的著作中描述了科學研究的未來。在《新工具》（1620 年）一書中，他提出了科學方法的三個步驟：觀察；通過

任何問題不是辯論所能解決的，只有靠實驗才能解決。

——弗朗西斯·培根

歸納推理形成可以解釋觀察結果的理論；通過實驗驗證理論是否正確。在《新西特蘭提斯島》（1623 年）一書中，培根描述了一個虛構的小島以及島上的「所羅門宮」。所羅門宮是一個研究機構，學者們在那裏通過實驗進行純粹的研究和發明。秉承同樣的目標，英國皇家學會於 1660 年在倫敦建立，羅伯特·胡克為第一任實驗負責人。■

參見：阿爾哈曾 28~29 頁，威廉·吉爾伯特 44 頁，伽利略·伽利雷 42~43 頁，羅伯特·胡克 54 頁，艾薩克·牛頓 62~69 頁。

感受空氣的彈性

羅伯特・玻意耳（1627－1691 年）
Robert Boyle

背景介紹

科學分支
物理學

此前
1643 年　埃萬傑利斯塔・托里拆利用一支水銀製成了氣壓計。

1648 年　布萊士・帕斯卡及其姐夫證明，海拔越高，氣壓越低。

1650 年　奧托・馮・格里克對空氣和真空進行實驗，並於 1657 年首次發表研究結果。

此後
1738 年　瑞士物理學家丹尼爾・伯努利發表《流體動力學》一書，描述了流體的動力學理論。

1827 年　蘇格蘭植物學家羅伯特・布朗解釋，水中花粉之所以會運動，是因為受到了不規則運動的水分子的碰撞。

17世紀，歐洲有幾位科學家研究了空氣的性質。在他們的研究基礎上，英裔愛爾蘭科學家羅伯特・玻意耳發現了有關壓強的數學定律。他的發現引發了更廣泛的爭論，各個學派對行星和恆星之間有何種物質各執己見。「原子論者」認為，天體之間甚麼也沒有，空蕩蕩的；而笛卡兒的信徒們（追隨法國哲學家勒內・笛卡兒的人）則認為，微粒間的空間充滿了一種未知的物質，即「以太」（aether），並且真空是不可能存在的。

參見：艾薩克·牛頓 62~69 頁，約翰·道爾頓 112~113 頁，羅伯特·菲茨羅伊 150~155 頁。

> 我們彷彿沉浸在空氣之海的底部，而毫無爭議的實驗紛紛表明空氣是有重量的。
>
> ——埃萬傑利斯塔·托里拆利

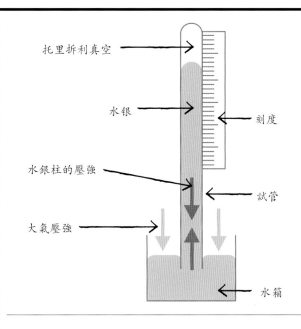

此圖為埃萬傑利斯塔·托里拆利發明的**氣壓計**。該氣壓計利用水銀柱測量大氣壓強。托里拆利認為，一定是大氣壓強將水箱中的水銀壓下，使之與管中的水銀柱保持平衡。

圖中標註：
- 托里拆利真空
- 水銀
- 水銀柱的壓強
- 大氣壓強
- 刻度
- 試管
- 水箱

氣壓計

意大利數學家加斯帕羅·伯蒂（Gasparo Berti）做過一些實驗，旨在研究為甚麼水泵只能將水壓到 10 米高。伯蒂拿了一根很長的管子，密封一端後裝滿水，然後將管子直插入裝滿水的水箱中，口朝下。管中的水位下降至大約 10 米。1642 年，同為意大利人的埃萬傑利斯塔·托里拆利（Evangelista Torricelli）聽說了伯蒂的研究後，組裝了一個類似的裝置，但是把水換成了水銀。水銀的密度大約是水的 14 倍，所以最後管中的水銀柱只有 76 厘米。托里拆利的解釋是，水箱中水銀上部的空氣重量將水銀壓下，使之與管中的水銀柱達到平衡。

托里拆利表示，管中水銀上方

布萊士·帕斯卡的氣壓計實驗證明了大氣壓強與海拔高度的關係。除物理學之外，帕斯卡還在數學領域做出了重大貢獻。

是一處真空。我們現在用「壓強」（單位面積所受的壓力）一詞來表示，但基本含義是一樣的。托里拆利發明了第一個水銀氣壓計。

1646 年，法國科學家布萊士·帕斯卡（Blaise Pascal）聽說了托里拆利的氣壓計，這促使他開始設計自己的實驗。其中一個實驗是由他的姐夫弗洛林·佩里耶（Florin

Périer）完成的，目的是證明大氣壓強會隨海拔高度的變化而變化。他在蒙費郎的一所修道院內設置了一支氣壓計，並請得一位隱修士在日間作觀察和記錄。佩里耶帶着另外一支氣壓計來到了多姆山，這裏的海拔比修道院所在的城鎮高 1 千米。山頂水銀柱的高度比修道院的水銀柱低 8 厘米。山頂的空氣比谷底的空氣稀薄，這説明正是空氣的重量支撐了管中的水柱或水銀柱。因為帕斯卡的這項研究以及其他成就，壓強的單位被命名為帕斯卡。

氣泵

接下來的重要突破歸功於普魯士科學家奧托·馮·格里克（Otto von Guericke），他製作了能夠將空氣從器皿中抽出的氣泵。1654 年，

> 人們總是習慣根據自己的感官作出判斷，因為空氣是極微小的，所以就認為它毫無功勞，微不足道。

—— 羅伯特·玻意耳

格里克完成了自己最著名的一項實驗。他把兩個金屬半球密封在一起，並將球抽成真空，結果，用兩隊馬匹也未能將其拉開。未抽出空氣之前，密封半球內外的大氣壓強相等；當空氣被抽出後，球外的大氣壓強將兩個半球緊緊地壓在一起。

1657 年，奧托·馮·格里克羅將自己的實驗撰文發表。羅伯特·玻意耳讀到後，也開始設計實

驗。玻意耳委託羅伯特·胡克（見 54 頁）設計並製作了一台氣泵。胡克所製的氣泵有一個直徑約 40 厘米的玻璃「接收器」（容器），也就是氣缸，氣缸下有一個活塞，中間還安裝有栓塞和活栓，不斷拉動活塞會從接收器中抽出越來越多的空氣。因為該裝置的密封系統會緩緩漏氣，接收器中接近真空的狀態僅能保持較短的時間。但是，這個氣泵仍比之前的所有氣泵有了極大的改進，這也說明技術對科學研究的向前發展具有重要意義。

實驗結果

玻意耳用這個氣泵做了很多實驗，並將之寫入他 1660 年的著作《物理力學新實驗》（*New Experiments Physico-Mechanical*）中。他在書中不斷強調，其中記錄的結果

奧托·馮·格里克發明了氣泵。他的氣泵實驗為推翻亞里士多德「自然界厭惡真空」的說法提供了證據。

都源自實驗，因為當時即使像伽利略這般著名的實驗主義者也常常將「思想實驗」的結果公之於眾。

玻意耳的很多實驗都與氣壓直接相關。他對接收器進行了改裝，放入一支托里拆利氣壓計，並把水銀管伸出接收器的頂端，然後用水泥固定封住。當接收器內的壓

羅伯特·玻意耳

羅伯特·玻意耳出生於愛爾蘭，父親是科克郡的伯爵。玻意耳小時候一直跟隨家庭教師學習，後來到英國伊頓公學讀書。1654 年至 1668 年期間，他住在牛津，以方便自己的研究工作。後來，他又搬至倫敦。

一羣熱愛科學研究的人成立了一個組織，名為「無形學院」，玻意耳便是其中一員。他們常常在倫敦和劍橋聚會，分享彼此的見解並加以探討。這組織就是 1663 年成立的英國皇家學會的前身，玻意耳是該學會的第一

批理事。除了對科學非常感興趣之外，玻意耳還做了很多有關煉金術的實驗，並撰寫了有關神學和不同人種起源的書籍。

主要作品

1660 年 《關於空氣的彈性及其效果的物理力學新實驗》
1661 年 《懷疑派化學家》

強變小時，水銀柱就會降低。玻意耳還做了一個與之相反的實驗，發現接收器內壓強變大時，水銀柱會升高。這個實驗再次證實了托里拆利和帕斯卡的研究結果。

玻意耳發現，隨着所剩空氣不斷變少，要把空氣抽出接收器變得越來越難。他還發現，如果在接收器內放入一個吹了一半的氣囊，隨着周圍空氣的減少，氣囊會逐漸變大。如果把氣囊放在火旁，也會出現同樣的現象。對於產生這些結果的空氣「彈性」，玻意耳給出了兩種可能的原因：空氣中的每個顆粒都像彈簧一樣是可伸縮的，而空氣就像羊毛一樣；或是空氣中的粒子一直在做不規則運動。

玻意耳的觀點與笛卡兒信徒的觀點相似，但是玻意耳並不認同「以太」的概念，他認為「微粒」在空蕩蕩的空間中運動。他的解釋與現代的分子運動論十分相似，後者以分子運動來說明物質的性質。

玻意耳還做過一些與生理學

> 如果山頂的水銀柱比山底低，那麼空氣的重量將是唯一的原因。
>
> ——布萊士·帕斯卡

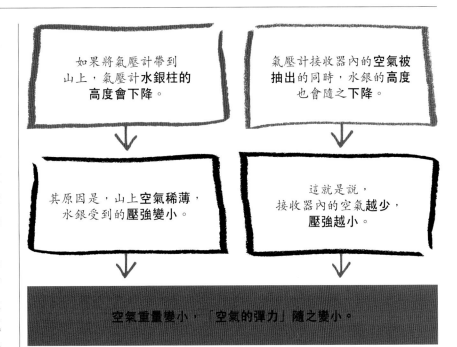

> 如果將氣壓計帶到山上，氣壓計**水銀柱的高度會下降**。
>
> 其原因是，山上**空氣稀薄**，水銀受到的**壓強變小**。

> 氣壓計接收器內的**空氣被抽出**的同時，水銀的**高度**也會隨之**下降**。
>
> 這就是說，接收器內的空氣**越少**，**壓強越小**。

空氣重量變小，「空氣的彈力」隨之變小。

有關的實驗，他研究了氣壓降低對鳥和老鼠的影響，並猜測空氣是如何進出肺部的。

玻意耳定律

玻意耳定律指出，在定量定溫下，氣體體積與氣體壓強的乘積是一個常數。換句話說，如果氣體體積減少，壓強就會增大。正是壓強的增大，產生了空氣彈性。你可以用手指堵住自行車打氣筒的出氣口，然後向下推手柄，就能感受到空氣的彈性。

雖然此定律以玻意耳的名字命名，但是第一個提出該定律的人並不是玻意耳，而是英國科學家理查德·圖奈里（Richard Towneley）和亨利·鮑爾（Henry Power）。他們用托里拆利氣壓計做了一系列實驗，並於 -1663 年將實驗結果著

書發表。玻意耳早先閱讀了此書的初稿，與圖奈里討論了實驗結果，並通過實驗證實了圖奈里的結論。但是，圖奈里最初所做的實驗備受訴病，作為對這些批評的回應，玻意耳於 1662 年發表了〈圖奈里先生的假說〉一文。

玻意耳的實驗方法十分考究，他會完整敍述所有的實驗，指出可能存在的錯誤根源，以及是否得到了預期的結果，所以可以說他對氣體的研究意義非凡，並且引導了很多人繼續他的研究。如今，玻意耳定律與其他科學家提出的定律結合在一起，形成了理想氣體定律。該定律接近於真實氣體在溫度、壓強或體積變化時的行為。玻意耳的思想最終還為分子運動學的發展奠定了基礎。■

光是粒子還是波？

克里斯蒂安·惠更斯（1629－1695 年）
Christiaan Huygens

背景介紹

科學分支
物理學

此前

11 世紀 阿爾哈曾指出，光沿直線傳播。

1630 年 勒內·笛卡兒提出光的波動說。

1660 年 羅伯特·胡克指出，光是一種在媒質中傳播的振動。

此後

1803 年 托馬斯·楊用實驗證明光的波動性。

1864 年 詹姆斯·克拉克·麥克斯韋計算出光速，並推論光是一種電磁波。

20 世紀頭 10 年 阿爾伯特·愛因斯坦和麥克斯·普朗克指出，光既是一種微粒，也是一種波。他們發現了電磁輻射的量子，後稱為光子。

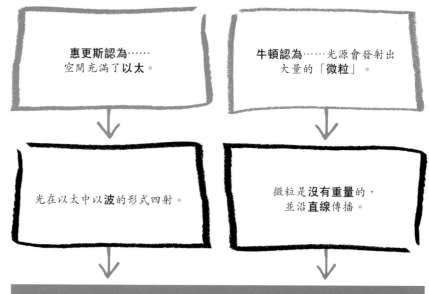

惠更斯認為…… 空間充滿了**以太**。

牛頓認為…… 光源會發射出大量的「**微粒**」。

光在以太中以**波**的形式四射。

微粒是**沒有重量**的，並沿**直線**傳播。

那麼，光究竟是一種微粒，還是一種波呢？

17 世紀，艾薩克·牛頓和荷蘭天文學家克里斯蒂安·惠更斯都在思索光的本質，並得出了不同的結論。他們面臨的問題是，有關光的本質的任何理論都必須解釋光的反射、折射、衍射現象以及光的顏色。折射是指光從一種介質斜射入另一種介質時，傳播方向會發生改變的現象，透鏡能夠聚光就是這個道理。衍射是指，光在傳播過程中遇到障礙物，光波會繞過障礙物繼續傳播的現象。

在牛頓之前，人們廣泛接受的觀點是，光通過與物質的相互作用

參見：阿爾哈曾 28~29 頁，羅伯特・胡克 54 頁，艾薩克・牛頓 62~69 頁，托馬斯・楊 110~111 頁，詹姆斯・克拉克・麥克斯韋 180~185 頁，阿爾伯特・愛因斯坦 214~221 頁。

才有了顏色——光通過棱鏡會產生「彩虹」效果，因為棱鏡以某種方式給光染上了顏色。牛頓通過實驗證明，我們看到的「白」光其實是由不多顏色的光混合而成的。白光經過透鏡會分散為不同顏色的光，原因是這些光的傳播方向發生了不同程度的偏折。

和當時很多自然哲學家一樣，牛頓也認為，光是由一束束微粒構成的。這種學說可以解釋光沿直線傳播以及反射現象，還可以用力學解釋光在兩種介質交界處產生的折射現象。

部分反射

然而，牛頓的理論無法解釋，為甚麼光射到很多界面時，一部分會被反射，一部分會被折射。1678 年，惠更斯提出，宇宙空間充滿了無重量的微粒（以太），以太受到

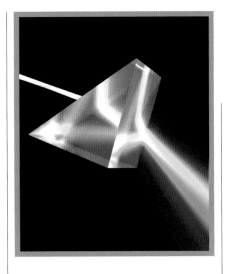

光的干擾後以球面波的形式傳播。因此，他對折射現象的解釋是，光波在不同介質（如以太、水或玻璃）中的傳播速度不同。惠更斯的理論可以解釋為何在同一界面，光既會發生反射，又會發生折射，還可以解釋光的衍射現象。

但是，惠更斯的理論在當時影

白光經棱鏡折射後，變為不同顏色的光。惠更斯解釋，這是因為光波在不同介質中的傳播速度不同。

響甚微，一部分原因是牛頓已經建立了學界泰斗的地位。不過，一個世紀以後，托馬斯・楊於 1803 年證明，光的確是一種波。到了 20 世紀，實驗表明光具有波粒二象性。不過，現在光的模型與惠更斯的「球面波」差異很大。惠更斯表示，光在介質以太中傳播時是一種縱波。聲波也是一種縱波，光波在介質中傳播時，介質振動的方向與波的傳播方向相同。我們現在認為，光波更像水波，是一種橫波。因為粒子（上下）振動的方向與波的傳播方垂直，所以光波傳播不需要介質。∎

克里斯蒂安・惠更斯

克里斯蒂安・惠更斯是荷蘭著名的數學家、天文學家，1629 年出生於荷蘭海牙，大學期間主修法律和數學，後來致力於自己的研究。最初他主要研究數學，後來也開始研究光學，磨製鏡片並親手製作望遠鏡。

惠更斯曾多次訪問英國，1689 年與艾薩克・牛頓見面。除了研究光以外，惠更斯在力學和運動領域也頗有建樹。牛頓用「超距作用」解釋萬有引力，但惠更斯並不認同他的觀點。惠更斯的成就十分廣泛，基於對鐘擺的

研究，製作了當時最精確的時鐘之一。他用自製的望遠鏡進行天文學研究，發現了土星最大的衛星「土衛六」，並且首次準確描述了土星環。

主要作品

1656 年　《土星之月新觀察》
1690 年　《光論》

首次觀測金星凌日

傑雷米亞·霍羅克斯（1618－1641 年）
Jeremiah Horrocks

背景介紹

科學分支
天文學

此前
1543 年 尼古拉·哥白尼首次提出完整的日心說宇宙模型。

1609 年 約翰尼斯·開普勒提出橢圓軌道定律，這是第一次完整描述行星的運動規律。

此後
1663 年 蘇格蘭數學家格雷果里運用 1631 年和 1639 年觀測到的金星凌日數據，精確測量出地球與太陽之間的距離。

1769 年 英國探險家詹姆斯·庫克在南太平洋的塔希提島觀測到金星凌日現象，並做了記錄。

2012 年 天文學家觀測到 21 世紀的最後一次金星凌日。

約翰尼斯·開普勒提出了有關行星運動的三大定律，其中第一定律是指，行星沿橢圓軌道繞太陽運行，而金星凌日現象正好可以用來驗證這一定律的真偽。開普勒在魯道夫星表中預測了金星凌日和水星凌日的時間，通過觀測金星和水星從太陽盤面緩慢劃過的具體時間，可以得知星表背後的理論是否正確。

第一次驗證來自皮埃爾·伽桑狄。他在 1631 年觀測到水星凌日現象，但是，這些數據未能準確預測 1639 年的金星凌日。不過，英國天文學家傑雷米亞·霍羅克斯預測，金星凌日一定會出現。

1639 年 12 月 4 日，霍羅克斯架好了望遠鏡，對準太陽，並將影像投射到一張卡片上。大約下午 3 點 15 分，雲層消散，出現了一個「極不尋常的黑點」，正緩緩劃過太陽，這個黑點就是金星。霍羅克斯在卡片

> 我第一次聽説太陽和金星奇異的會合現象……就期望能夠看到這一宏大的景象，它促使我觀察時更加專心。

—— 傑雷米亞·霍羅克斯

上標注了金星的運行軌跡，並測定每段間隔的時間。與此同時，他的朋友在另外一個地方測量這次金星凌日現象。霍羅克斯利用這兩組在不同地點測量的數據，重新計算了金星相對於太陽的直徑，從而得出地球與太陽之間的距離，這次計算結果比以往的數據更為精確。■

參見：尼古拉·哥白尼 34~39 頁，約翰尼斯·開普勒 40~41 頁。

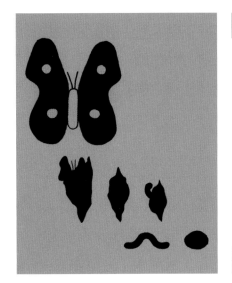

生物體經歷的不同生長發育階段

簡·施旺麥丹（1637－1680 年）
Jan Swammerdam

從卵到幼蟲，再到蛹、成蟲，我們對蝴蝶的蛻變過程並不陌生，但是在 17 世紀，人們對繁殖的看法與現今截然不同。古希臘哲學家亞里士多德提出，生命，尤其是昆蟲這樣的「低等」生命，是從無生命物質自然發生的。當時，大多數人都相信亞里士多德的說法。「先成說」認為，「高等」生物很小的時候便已完全發育成熟，

> 解剖蝨子時，你會發現一個接一個的奇跡，你會看到上帝的智慧從很微小的一點上彰顯出來。
>
> ——簡·施旺麥丹

但「低等」動物十分簡單，沒有複雜的內部結構。1669 年，荷蘭具有開創精神的顯微鏡學家簡·施旺麥丹，在顯微鏡下解剖蝴蝶、蜻蜓、蜜蜂、黃蜂和螞蟻等昆蟲，推翻了亞里士多德的學說。

變形的新義

「變形」一詞曾經表示，一個個體死後，另一個從其屍體中誕生。施旺麥丹指出，昆蟲的生命週期會經過雌性成蟲、卵、幼蟲、蛹、成蟲這一過程，每個階段都是同一生物的不同形式。每個生命階段都具有成熟的內部器官，以及下一個階段器官的雛形。從這個新的角度來看，顯然有必要對昆蟲進行更多的科學研究。施旺麥丹繼續進行開創性的研究，他根據昆蟲的繁殖和發育對其進行分類。施旺麥丹最後死於瘧疾，時年 43 歲。■

參見：羅伯特·胡克 54 頁，安東尼·範·列文虎克 56~57 頁，約翰·雷 60~61 頁，卡爾·林奈 74~75 頁，路易·巴斯德 156~159 頁。

一切生物都由細胞組成

羅伯特・胡克（1635－1703 年）
Robert Hooke

背景介紹

科學分支
生物學

此前

約 1600 年 荷蘭出現了第一台複式顯微鏡，發明者可能是漢斯・利伯希，也可能是漢斯・詹森和他的兒子札恰里亞斯・詹森。

1644 年 意大利神甫、自學成才的科學家喬瓦尼・巴蒂斯塔・奧迪耶納利用顯微鏡首次描述了活組織。

此後

1674 年 安東尼・範・列文虎克在顯微鏡下第一次發現了單細胞生物。

1682 年 列文虎克發現鮭魚的紅細胞含有細胞核。

1931 年 匈牙利醫生利奧・西拉德發明電子顯微鏡，能夠生成分辨率更高的圖像。

17世紀複式顯微鏡的發明開闢了一個全新的世界，人們得以看到之前從未見過的結構。簡單的顯微鏡只有一個鏡頭，而荷蘭眼鏡製造商發明的複式顯微鏡卻裝有兩個或兩個以上的鏡頭，放大倍數更大。

英國科學家羅伯特・胡克並非第一個使用顯微鏡觀察生物的人。不過，他在 1665 年發表《顯微術》一書後，卻成為第一位科普暢銷書作者，他介紹的新科學「顯微鏡學」讓讀者驚嘆不已。胡克親手在銅板上繪製的精確圖畫，讓公眾看到了前所未見的事物——蝨子和跳蚤的身體結構、蒼蠅的複眼、昆蟲的精細翅膀。他還繪製了人工製品，比如在顯微鏡下顯得很鈍的針尖，並且用自己的觀察結果解釋了晶體的形成以及水變成冰的過程。英國日記作家塞繆爾・皮普斯曾說，「《顯微術》是我一生讀過的最具獨創性的一本書」。

描述細胞

胡克曾繪製了一張軟木薄片的圖畫。他發現，木片的結構好像修道院內用牆整齊劃分出的一間間修士房間。這是第一次有關細胞的記載，其中對細胞進行了描述，並配有圖片。一切生物都是由細胞組成的。■

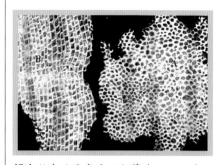

胡克所畫的其實是軟木薄片的死細胞，圖中的細胞壁之間空無一物，但活細胞是含有細胞質的。他計算得出，16cm³ 的木片中含有10億多細胞。

參見：安東尼・範・列文虎克 56~57 頁，艾薩克・牛頓 62~69 頁，琳・馬古利斯 300~301 頁。

層層堆疊的岩層

尼古拉斯・斯丹諾（1638－1686 年）
Nicolas Steno

背景介紹

科學分支
地理學

此前

15 世紀末　列昂納多・達・芬奇寫道，在地面以及地表，風和水具有侵蝕作用和沉積作用。

此後

18 世紀 80 年代　詹姆斯・赫頓認為，斯丹諾定律是一個持續的、週期性的地質過程，在時間上是延續的。

19 世紀第一個十年　法國的喬治・居維葉和亞歷山大・布隆尼亞爾以及英國的威廉・史密斯將斯丹諾的地層學原理應用到地理測繪中。

1878 年　第一屆國際地質大會在法國巴黎召開，為制定標準地層表設定程序。

人們描述沉積岩時，往往會説它是由一層層岩石構成的，最老的地層位於底部，而最新的地層位於頂部。沉積岩是構成地表的主要岩石之一，也是地球地質歷史的依據。岩石在水和重力的作用下不斷沉積，這個過程人們已經知道數百年了，但是其背後的原理直到丹麥主教、科學家尼古拉斯・斯丹諾才被發現。他將自己在意大利托斯卡納區觀察地層的結果總結成書，於 1669 年發表。

斯丹諾的疊覆律指出：在任何沉積地層的層序中，最年輕的地層位於層序的頂部，而最老的地層則位於層序的基底。較老的地層之上連續覆蓋着逐漸年輕的地層。斯丹諾的原始水平定律和側向連續定律指出，地層在沉積之初，都是水平且連續的。如果地層出現傾斜、褶皺或斷裂，一定是在沉積後受到了相應的干擾。最後，他的地質體

斯丹諾意識到，**岩層**形成之初都是水平的，後因巨大的外力作用發生了變形和褶皺。

之間的切割律指出：「就侵入岩與圍岩的關係來說，總是侵入者年代新，被侵入者年代老。」

斯丹諾提出的地層定律，為後來英國的威廉・史密斯（William Smith）、法國的喬治・居維葉（Georges Cuvier）和亞歷桑德雷・布隆尼亞爾（Alexandre Brongniart）等人的地質測繪奠定了基礎，將地層進一步分為時間地層單位提供了依據。全世界時間地層單位是彼此關聯的。■

參見：詹姆斯・赫頓 96~101 頁，威廉・史密斯 115 頁。

顯微鏡下的微生物

安東尼・範・列文虎克（1632-1723 年）
Antonie van Leeuwenhoek

背景介紹

科學分支
生物學

此前

公元前 2000 年 中國的科學家用一個玻璃透鏡和一管水做成顯微鏡，來觀察微小的東西。

1267 年 英國哲學家羅吉爾・培根提出望遠鏡和顯微鏡的設想。

約 1600 年 荷蘭人發明顯微鏡。

1665 年 羅伯特・胡克觀察活細胞，並發表《顯微術》一書。

此後

1841 年 瑞士解剖學家阿爾貝特・馮・克利克發現，每個精子和卵子都是擁有細胞核的細胞。

1951 年 德國物理學家埃爾溫・威廉・米勒發明場離子顯微鏡，並首次觀察到原子。

安東尼・範・列文虎克是荷蘭代爾夫特的一位布商。他一生很少出遠門，頂多會去自己的布店轉轉。但是，他卻在自己的後屋獨自發現了一個全新的世界，即之前從未見過的微生物世界，其中包括人類的精子、血細胞，還有最重要的細菌。

在 17 世紀以前，沒有人會認為世間還有肉眼看不到的生物。人們認為，跳蚤可能就是最小的生命形態。後來，大約在 1600 年，荷蘭眼鏡製造商為了增加放大倍數，將兩個玻璃透鏡放在一起（見 54 頁），發明了顯微鏡。1665 年，英國科學家羅伯特・胡克通過顯微鏡在一個軟木薄片中觀察到死細胞，並繪製了第一張有關微小細胞的圖畫。

胡克以及當時的其他顯微鏡學家都沒有想過，可以到肉眼看不到生命的地方尋找生命。但是，列文虎克卻將鏡頭對準了似乎沒有生命的地方，尤其是液體中。他研究過雨滴、牙垢、糞便、精液、血液等等。正是在這些看似沒有生命存在

*1719年，**列文虎克**首次發表了人類精子的圖畫，很多人並不相信精液中會有這種游動的「微小生物」。*

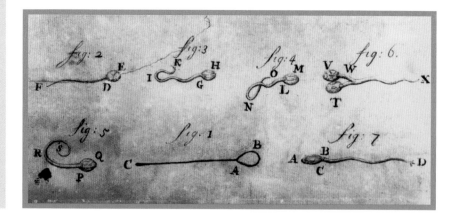

參見：羅伯特‧胡克 54 頁，路易‧巴斯德 156~159 頁，
馬丁烏斯‧貝傑林克 196~197 頁，琳‧馬古利斯 300~301 頁。

> 可以用**顯微鏡**觀察**肉眼看不到生命的地方**。

↓

> **放大倍數高**的單鏡頭顯微鏡顯示，
> 水和其他液體中有「**微小的動物**」

↓

> 世界充滿了可以**用顯微鏡觀察到**的單細胞**生命形態**。

安東尼‧範‧列文虎克

　　1632 年，安東尼‧範‧列文虎克出生在荷蘭的代爾夫特，20 歲時，列文虎克開了一家布店，並一直經營到老。

　　1668 年列文虎克曾造訪倫敦時，可能看到了羅伯特‧胡克的《顯微術》一書，由此激發了自己想做一名顯微鏡學家的夢想。從 1673 年開始，他不斷將自己的發現通過信件寄給英國皇家學會，他所寫的報告多於歷史上任何一位科學家。起初，英國皇家學會對這位業餘人士的報告持懷疑態度，但是胡克重複做了列文虎克的很多實驗，證實了他的發現。列文虎克一生共製作了 500 多個顯微鏡，其中很多都是專為觀察某一種物體設計的。

主要作品

1673 年　〈第一封信〉，這是列文虎克寫給皇家學會的第一封信。

1676 年　〈第十八封信〉，彙報了細菌的發現。

的物質中，列文虎克發現了豐富的微生物。

　　列文虎克與胡克不同，他並沒有使用裝有雙透鏡的複式顯微鏡，他使用的只是一個質量很好的透鏡，其實就是一個放大鏡。其實，當時用這種簡單的顯微鏡更容易生成清晰的圖像。複式顯微鏡的放大倍數超過 30 以後，圖像就會變得模糊不清。列文虎克自己磨製鏡片，製作顯微鏡。經過多年不斷的磨煉，他做出了放大倍數超過 200 的顯微鏡。他所做的顯微鏡十分小巧，透鏡僅有幾毫米寬。樣本放在針尖狀的透鏡的一端，列文虎克用一隻眼睛在另一端觀察。

單細胞生命

　　起初，列文虎克並沒有發現甚麼異常情況，但是在 1674 年，他卻聲稱自己在湖水的樣本中看到了比頭髮還細的微小生物。這些生物是綠藻類植物水綿，是一種簡單生物，也就是我們現在所說的原生生物。列文虎克將這些生物稱為「微小的動物」。1676 年 10 月，他在水滴中發現了更小的單細胞細菌。次年，他還表示自己的精液中充滿了微小的生物，也就是我們現在所說的精子。與他在水中發現的生物不同，精液中的「微小的動物」都是一模一樣的。他所觀察到的上千個生物都一樣，擁有細細的尾巴和小小的頭，別無其他。列文虎克發現，它們像蝌蚪一樣在精液中游來游去。

　　列文虎克寫了數百封信，將自己的發現報告給了英國皇家學會。雖然他公開發表了自己的研究結果，但卻未將製作透鏡的技藝公之於眾。他很可能將玻璃絲熔化製成微小的透鏡，但具體方法我們仍無法確定。■

測量光速

奧勒・羅默 (1644－1710 年)
Ole Rømer

背景介紹

科學分支
天文學和物理學

此前
1610 年 伽利略・伽利雷發現木星的四大衛星。

1668 年 喬凡尼・卡西尼發表了第一個精確的星表，預測了木星的衛星食現象。

此後
1729 年 詹姆斯・布拉得雷根據恆星位置的變化，計算出光速為 301000 千米／秒。

1809 年 讓-巴普蒂斯特・德朗布爾運用此前 150 年對木星衛星的觀測結果，計算出光速為 300300 千米／秒。

1849 年 伊波利特・斐索沒有使用天文數據，而是在實驗室中測出光速。

木星的**衛星食**現象不是每次都與**預測**相符。

↓

地球與木星的**距離**隨着**它們繞太陽運轉而改變**。

↓

如果**光不是瞬時傳播**的，就可以解釋為何實際觀測到衛星食的時間與預測不符。

↓

通過時間差以及太陽系中的距離，可以計算出光速。

木星有很多衛星，但是 17 世紀末羅默用望遠鏡觀測歐洲北部的天空時，只能看到 4 顆最大的衛星（即艾奧、歐羅巴、加尼米和卡利斯托）。當這些衛星進入木星的影子時，就會發生衛星食。在某一特定的時間，我們可以觀測到衛星進入木星陰影或是離開陰影，這主要取決於地球和木星圍繞太陽運轉的相對位置。每年都有接近半年的時間，我們看不到木星的衛星食，因為太陽位於地球和木星之間。

17 世紀 60 年代末，奧勒・羅默就職於巴黎皇家天文台，當時的台長是喬凡尼・卡西尼 (Giovanni Cassini)。卡西尼發表了一套星表，預測了木星的衛星食現象。知道木星衛星食出現的時間，為計算經度提供了一種新的方法。測量經度取決於，某一特定地點與基準子午線（在這裏是指巴黎）的時間差。當時，通過觀察木星衛星食出現的時間，並將其與巴黎預測出現

參見：伽利略‧伽利雷 42~43 頁，約翰‧米歇爾 88~89 頁，萊昂‧傅科 136~137 頁。

衛星食的時間進行比較，至少可以計算出陸地上的經度。但是，在船上卻無法穩穩地拿住望遠鏡觀測衛星食，所以無法測定海上的經度。直到 18 世紀 30 年代約翰‧哈里森（John Harrison）發明了第一個航海計時器，即可以在海上計時的鐘錶，確定海上的經度才得以實現。

光速有限還是無限？

羅默研究了木星的衛星艾奧兩年內發生的衛星食現象，並與卡西尼的星表進行對比。他發現，地球在離木星最近的地方以及最遠的地方，觀測的衛星食時間相差 11 分鐘。當時已知的地球、木星或艾奧軌道的任何不規律性都無法解釋這一差異，所以一定是光穿過地球軌道半徑導致了時間差。羅默根據已知的地球軌道半徑計

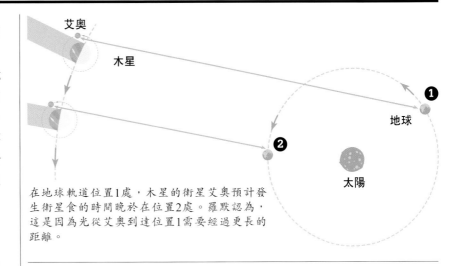

在地球軌道位置1處，木星的衛星艾奧預計發生衛星食的時間晚於在位置2處。羅默認為，這是因為光從艾奧到達位置1需要經過更長的距離。

算出光速，為 214000 千米／秒。目前測定的光速為 299792 千米／秒，所以羅默的計算結果有 25% 的誤差。儘管如此，作為第一次光速計算，結果還是不錯的，並且他解決了之前懸而未決的問題：光速是不是有限的？

在英國，艾薩克‧牛頓欣然接受了羅默的觀點，即光不是瞬時傳播的。不過，並非所有人都認同羅默的推論。卡西尼指出，木星其他衛星食的時間差尚未考慮在內。直到 1792 年天文學家詹姆斯‧布拉得雷（James Bradley）通過測量恆星的視差（見 39 頁）計算出更為精確的光速，羅默的研究結果才被廣為接受。■

對於 3000 里格的距離，接近地球直徑那麼長，光不到 1 秒鐘就可以到達。

—— 奧勒‧羅默

奧勒‧羅默

奧勒‧羅默 1644 年出生於丹麥的奧爾胡斯，畢業於哥本哈根大學。離開學校後，羅默就開始幫助第谷‧布拉赫準備將要發表的天文觀測資料。布拉赫的天文台位於哥本哈根附近的烏蘭尼堡，羅默還在這裏進行了自己的觀測，並記錄了木星衛星食的次數。後來，他前往巴黎，作為喬凡尼‧卡西尼的下屬，就職於皇家天文台。1679 年，他造訪英國，會見了艾薩克‧牛頓。

1681 年，羅默回到哥本哈根大學，擔任天文學教授。他參與更新度量衡和曆法，構建代碼甚至供水系統。遺憾的是，他的天文觀測資料 1728 年毀於一場大火。

主要作品

1677 年 《論光的運動》

一個物種不可能起源於另一物種

約翰·雷（1627－1705 年）
John Ray

背景介紹

科學分支
生物學

此前

公元前 4 世紀 古希臘人用「屬」（genus）和「種」（species）描述一組相似的事物。

1583 年 意大利植物學家安德烈亞·切薩爾皮諾根據種子和果實對植物進行分類。

1623 年 瑞士植物學家加斯帕德·鮑欣在《植物圖鑒》中對6000 多種植物進行了分類。

此後

1690 年 英國哲學家約翰·洛克提出，物種都是人為構建的。

1735 年 卡爾·林奈發表《自然系統》一書，這是他有關動植物分類的第一本著作，此後還有多本相關著作發表。

1859 年 查爾斯·達爾文在《物種起源》中指出，物種通過自然選擇不斷進化。

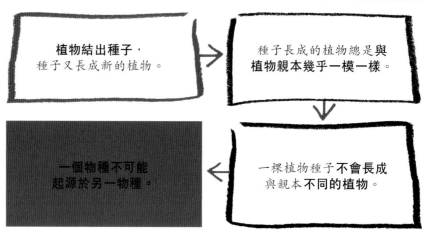

植物結出種子，種子又長成新的植物。

種子長成的植物總是與植物親本幾乎一模一樣。

一棵植物種子不會長成與親本不同的植物。

一個物種不可能起源於另一物種。

當代對於植物和動物物種的概念主要建立在繁殖的基礎上。一個物種包括能夠或可能交配並繁衍後代的所有個體，其後代也能繼續交配繁殖。這一概念是 1686 年英國博物學家約翰·雷提出的，現在仍是分類學的基礎。分類學是研究分類的一門科學，我們現在知道遺傳學在其中發揮着重要作用。

行而上學的方法

在這個時期，「物種」一詞十分常用，但主要與宗教和形而上學密切相關。形而上學是從古希臘沿襲下來的一種方法。古希臘哲學家柏拉圖、亞里士多德和特奧夫拉斯圖斯（Theophrastus）曾研究過分類問題，並使用「屬」和「種」等術語將所有有生命或無生命的物體分為不同的羣以及亞羣。在分類的過程中，他們使用了較為模糊的特性，比如「本質」和「精神」等。所以，根據這種方法把物體歸為同一物種，是因為它們擁有相同「本質」，而不是因為它們擁有相同的外形或繁殖能力。

到了 17 世紀，不同的分類方法

參見：簡・施旺麥丹 53 頁，卡爾・林奈 74~75 頁，克里斯蒂安・施普倫格爾 104 頁，查爾斯・達爾文 142~149 頁，邁克爾・敍韋寧 318~319 頁。

> 沒有任何事物的發明和完善是同時進行的。
>
> ——約翰・雷

紛紛出現。很多方法都是按照字母順序或是民間習俗進行分類的，比如按照藥效對植物進行分類。1666 年，約翰・雷結束了三年的歐洲之旅，帶回了大量植物和動物，準備與志同道合的弗朗西斯・維路格比 (Francis Willughby) 用更科學的方法對其進行分類。

實踐性

約翰・雷提出了一種新的觀察實踐方法。他研究了植物的所有組成部分，包括根、莖尖和花等。他建議廣泛使用「花瓣」和「花粉」這兩個術語，並認為花的類型以及種子的類型應該是植物分類的重要特徵。此外，他還區分了單子葉植物 (擁有一片子葉的植物) 和雙子葉植物 (擁有兩片子葉的植物)。不過，約翰・雷建議限制分類依據的特徵數量，以免物種數量過多，難以操作。他的主要著作《植物史》(Historia Plantarum) 共有三卷，分別於 1686、1688 和 1704 年發表，收錄了 1.8 萬多種植物。

約翰・雷認為，繁殖方式是區分物種的重要特徵。他對物種的定義源於自己收集標本、播種以及觀察種子發芽的經驗。他曾說道：「我所想到的確定 (植物) 物種的標準中，最可靠的就是種子繁殖過程中一直傳遞下去的顯著特徵……同樣，不同的動物也會永遠保持自己的獨特特徵；一個物種絕不會源自

根據約翰・雷的定義，**小麥屬於單子葉植物** (擁有一片子葉的植物)。這種主要的糧食作物，經過 1 萬多年的培育種植，現有大約 30 種，均屬於小麥屬植物。

另一個物種，反之亦然。」約翰・雷建立了純種種羣的基礎，我們現在仍採用這種方法來定義物種。正是因為約翰・雷的研究，植物學和動物學真正成為一門科學。作為一位虔誠的教徒，約翰・雷認為自己的研究是在展示上帝創造的奇跡。■

約翰・雷

1627 年，約翰・雷出生於英格蘭埃塞克斯郡的布萊克諾特利。他的父親是一名鐵匠，也是當地的草藥師。約翰・雷 16 歲進入劍橋大學，他的研究十分廣泛，後來講授希臘語和數學等課程，1660 年，他成為神職人員。1650 年，約翰・雷身染疾病，為了休養身體，他開始在大自然中散步，從而燃起了對植物學的興趣。

約翰・雷的學生弗朗西斯・維路格比十分富有，也是雷的支持者。17 世紀 60 年代，二人共同遊歷了英國以及歐洲，研究並收集動植物。1673 年，約翰・雷迎娶瑪格麗特・奧克利。約翰・雷晚年時仍在研究標本，希望編製出涵蓋更多動植物的目錄。他一生撰寫了 20 多本著作，內容涉及動植物及其分類、形態和功能，神學以及自己的遊歷。

主要作品

1686－1704 年　《植物史》

萬有引力影響着宇宙間的一切物體

艾薩克·牛頓（1642－1727 年）
Issac Newton

背景介紹

科學分支
物理學

此前

1543 年　尼古拉・哥白尼提出，行星圍繞太陽而非地球運轉。

1609 年　約翰尼斯・開普勒提出，行星沿橢圓軌道繞太陽自由運轉。

1610 年　伽利略的天文觀測結果證明了哥白尼的學說。

此後

1846 年　約翰・伽勒在法國數學家勒威耶用牛頓定律計算出海王星的位置後，發現了這顆行星。

1859 年　勒威耶指出，水星的軌道無法用牛頓力學解釋。

1915 年　在廣義相對論中，阿爾伯特・愛因斯坦用時空彎曲解釋了引力。

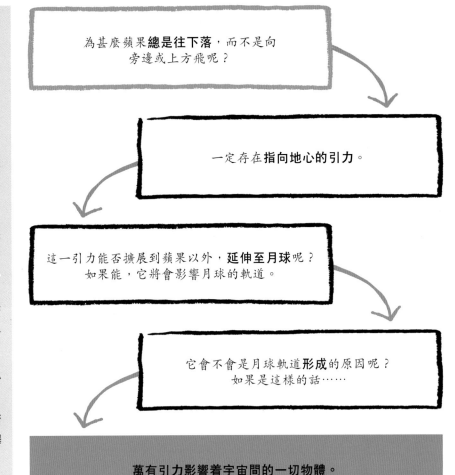

為甚麼蘋果**總是往下落**，而不是向旁邊或上方飛呢？

一定存在**指向地心的引力**。

這一引力能否擴展到蘋果以外，**延伸至月球**呢？如果能，它將會影響月球的軌道。

它會不會是月球軌道**形成**的原因呢？如果是這樣的話……

萬有引力影響着宇宙間的一切物體。

艾薩克・牛頓出生之時，以太陽為中心的宇宙模型已經得到廣泛接受。在此模型中，地球和其他行星圍繞太陽運轉，可以解釋所觀測到的太陽、地球和其他行星的運動。這一模型已不是新鮮事物，但當尼古拉・哥白尼在 1543 年臨死前將自己的學說發表時，卻是人們關注的焦點。在哥白尼的模型中，月球以及每個行星都在各自的水晶球上圍繞太陽運轉，而這些星體「固定」在外層的天球上。這一模型後來被約翰尼斯・開普勒在 1609 年提出的行星運動定律所取代。開普勒摒棄了哥白尼的水晶天球說，並證明行星的軌道是橢圓形的，太陽位於橢圓形的焦點處。他還描述了行星運動的速度變化。

所有這些宇宙模型有一個共同的缺陷，即沒有解釋行星運動的根本原因。這正是牛頓將要解決的問題。牛頓意識到，蘋果下落時受到的力與行星圍繞太陽運轉受到的力其實是同一種力。他還用數學方法證明了這種力與距離的關係。他所採用的數學運算包括牛頓三大運動定律和萬有引力定律。

思想的轉變

數百年來，亞里士多德的思想一直主導着科學領域，但他得出的結論從未用實驗加以證明。亞里士多德曾說，物體只有在外力的

參見：尼古拉·哥白尼 34~39 頁，約翰尼斯·開普勒 40~41 頁，克里斯蒂安·惠更斯 50~51 頁，伽利略·伽利雷 42~43 頁，威廉·赫歇爾 86~87 頁，阿爾伯特·愛因斯坦 214~221 頁。

作用下才會持續運動，重的物體比輕的物體下落快。他解釋道，重的物體落到地球上，因為它們要到達自己的自然位置。他還表示，天體是完美的，都在做均速圓周運動。

伽利略·伽利雷運用實驗提出了另外一套思想。通過觀察球在斜面上的運動，他證明如果空氣阻力很小，物體下落的速度是相同的。他還指出，運動物體會一直運動下去，直到受到摩擦力等外力的作用，速度才會變慢。伽利略的慣性定律後來成為牛頓第一定律的一部分。因為日常生活中的所有物體都會受到摩擦力和空氣阻力的作用，所以我們不會立刻想到摩擦力這一概念。正是通過細緻的實驗，伽利略才得以證明，物體要保持均速運動，所需的外力只要能夠抵消摩擦力即可。

運動定律

牛頓在其感興趣的領域做過很多實驗，但是有關物體運動的實驗卻沒有記錄存留下來。不過，他的三大定律已經在很多實驗中得到了證實，只要物體的運動速度遠小於光速，定律均成立。牛頓第一定律表述如下：「任何物體都會保持靜止狀態或均速直線運動狀態，直到外力迫使它改變運動狀態為止。」換句話說，靜止物體只有受到外力的作用才會開始運動，運動物體在

沒有外力的作用下會一直以恆定的速度運動下去。這裏的速度既包括運動方向也包括運動速率。所以物體只有在外力的作用下，才會改變運動速率或運動方向。其實，重要的是合力。一輛運動汽車受到很多力的作用，包括摩擦力、空氣阻力，還有引擎驅動車輪的力。如果

汽車受到的向前推力與阻力相等，那麼它所受的合力為零，會繼續保持均速運動。

牛頓第二定律指出，物體的加速度（即速度的變化）取決於作用力的大小，通常用公式表示為 $F=ma$，其中 F 表示作用力，m 表示物體的質量，a 表示加速度。該公

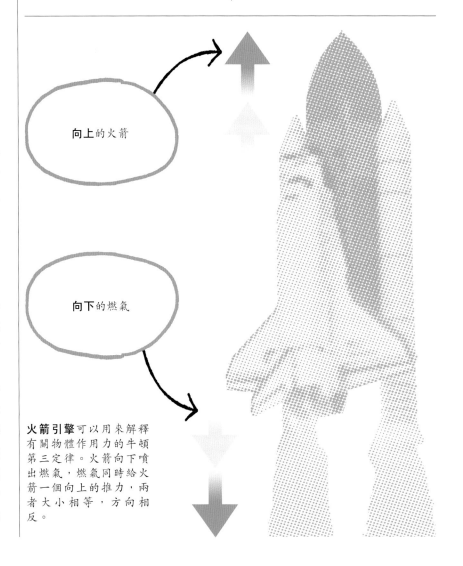

向上的火箭

向下的燃氣

火箭引擎可以用來解釋有關物體作用力的牛頓第三定律。火箭向下噴出燃氣，燃氣同時給火箭一個向上的推力，兩者大小相等，方向相反。

式表示，物體質量一定時，作用力越大，物體的加速度越大；同時表明，加速度的大小還和物體的質量有關。在作用力一定的情況下，質量小的物體比質量大的物體加速較快。

牛頓第三定律表述如下：「作用力和反作用力總是大小相等。方向相反。」也就是說，所有的力都是成對出現的：一個物體對另一個物體施加力，另一個物體同時會對第一個物體產生一種力，這兩種力力大小相等、方向相反。雖然這裏用了「作用力」一詞，但「運動」並不是這條定律成立的必要條件。這就要聯繫到牛頓對引力的思考，因為第三定律的一個例證便是物體間的引力。地球吸引着月球，同時月球也以同樣大小的力吸引着地球。

萬有引力

17 世紀 60 年代末，為了躲避劍橋肆虐的瘟疫，牛頓回到伍爾索

> 我還無法從現象中找到引力具有這些特性的原因，而且我無法臆測。
>
> ——艾薩克・牛頓

普村待了幾年。當時，有人提出，太陽對物體具有一種引力，引力的大小與兩者之間的距離成反比。換句話說，如果太陽與某物體之間的距離增加一倍，兩者之間的引力就變為原來的 1/4。不過，當時並沒有人想到，在地球這樣大的物體表面，這條規則也同樣適用。

牛頓看到蘋果從樹上落下後

推斷，一定是地球吸引了蘋果。因為蘋果總是垂直落向地面，其下落的方向是指向地心的，所以，地球和蘋果之間的引力彷彿源自地心。這些想法為後來將太陽和行星當成質點奠定了基礎，這樣一來，距離可由兩個物體的中心連線測得，從而簡化了運算。牛頓認為，沒有理由將蘋果下落時受到的力與行星圍繞太陽運轉受到的力看作不同的力。因此，引力是普遍存在的。

如果把牛頓的萬有引力定律用於落體運動，M_1 是地球的質量，M_2 是落體的質量，那麼落體的質量越大，受到的向下的引力就越大。但是，牛頓第二定律告訴我們，在作用力一定的情況下，質量大的物體的加速度小於質量小的物體，所以，質量大的物體要獲得相同加速度需要的作用力更大，而且在沒有空氣阻力等其他外力的干擾下，所有物體的下降速度是相同的。在沒有空氣阻力的條件下，鐵錘和羽毛下落的速度相同，這一事實最終於 1971 年由太空人大衛・斯科特證實。斯科特在執行阿波羅 15 號任務時在月球表面做了這個實驗。

牛頓在《自然哲學的數學原理》一書的初稿中，曾描述了一個有關行星運行軌道的思想實驗。他假設在一個很高的山頂放置一門大炮，以越來越快的速度發射炮彈，炮彈發射的速度越快，射出的距離越遠。如果發射速度足夠大，炮彈將不會落到地面，而是圍繞地

牛頓的萬有引力定律可以用下面的公式表示，其中萬有引力的大小取決於兩個物體的質量以及它們之間距離的平方。

萬有引力常數（G）　　　兩個物體的質量（M）

$$F = \frac{GM_1M_2}{r^2}$$

兩個物體間的萬有引力（F）　　兩個物體間的距離（r）

如果炮彈發射的速度不夠快，因為重力的作用，它會落到地球上（A點和B點）。如果炮彈的速度足夠快，它會圍繞地球運轉（C）。

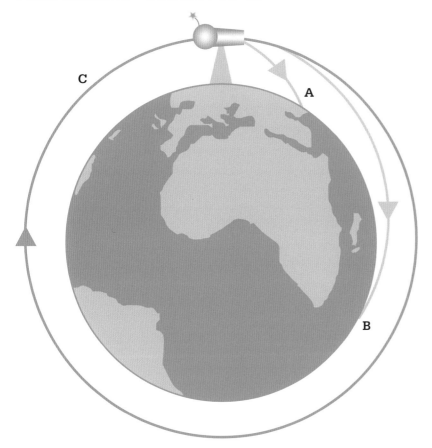

牛頓的思想實驗描述了在高山上用一門大炮發射炮彈的情形。發射炮彈的力越大，炮彈射出的距離就越遠，最終落在地面上。如果發射力足夠大，炮彈會繞地球一周，最終回到山頂。

了這個問題，但是把筆記弄丟了。哈雷鼓勵牛頓重做一遍，因此牛頓撰寫了《物體在軌道中的運動》，這本簡短的書稿於 1684 年寄往英國皇家學會。在此書裏，牛頓指出，開普勒提出行星沿橢圓軌道運行，其原因是太陽對萬物都有引力。該引力與太陽和物體之間的距離成反比。牛頓在三卷本《自然哲學的數學原理》一書中詳細闡述了這一理論，並加入了其他有關力和運動的研究，萬有引力定律、牛頓三大定律等都涵蓋其中。這套書最初以拉丁文寫成，直到 1729 年才根據此書的第三版翻譯成英文出版。

胡克批評過牛頓的光學理論，二人曾因此爭吵。牛頓的文章發表後，胡克的大部分行星運動研究都顯得相形見絀。其實，胡克並非唯一一個提出光的波動理論的人，但他卻沒有證明自己理論的正確性。牛頓則證明，他的萬有引力定律可

球飛行，最終回到山頂。同樣道理，如果人造衛星以合適的速度發射進入軌道，它將持續圍繞地球運轉。因為地球的引力，衛星會不斷加速。衛星之所以圍繞地球運轉，而不會沿直線飛向太空，是因為它以恆定的速率運行，但方向時刻在變。在這種情況下，地球引力改變的僅僅是衛星運行速度的方向，而

非速率。

公之於眾

1684 年，羅伯特·胡克向他的朋友埃德蒙多·哈雷和克里斯托弗·列恩（Christopher Wren）誇耀，自己發現了行星運動定律。哈雷也是牛頓的朋友，於是向牛頓詢問此事。牛頓表示，自己已經解決

牛頓定律為計算哈雷彗星等天體的軌道提供了工具，此圖為巴約掛毯所描繪的1066年彗星出現的情景。

以從數學角度描述行星和彗星的軌道，並且這些描述與觀測結果相符。

將信將疑

牛頓的萬有引力定律並沒有被所有人接受。牛頓雖然提出了萬有引力的「超距作用」，但卻未能解釋背後的原因，因此他的理論被視為「神秘的」。牛頓本人並不願意思考引力的本質，因為對他而言，自己提出了引力與距離的平方成反比的定律，該定律既然能夠解釋行星運動，就證明其運用的數學方法是正確的，這就足夠了。不過，沒過多久牛頓定律就被廣為接受，因為它可以解釋很多現象。如今，國際單位制中力的單位就是以牛頓命名的。

為甚麼蘋果總是垂直落到地面？他思忖道⋯⋯

——威廉・斯蒂克利

公式的應用

埃德蒙多・哈雷運用牛頓公式計算了1682年出現的一顆彗星的軌道，並證明這顆彗星與1531年和1607年觀測到的彗星是同一顆，因此這顆彗星被稱為「哈雷彗星」。哈雷預言，這顆彗星將於1758年回歸，而預言得到證實之時他已經離世16年了。這是歷史上第一次證明彗星圍繞太陽運轉。哈雷彗星每隔75-76年經過一次地球，這顆彗星就是1066年英格蘭南部黑斯廷斯戰役之前出現的那顆。

牛頓的公式還幫助天文學家發現了一顆新的行星。1781年，威廉・赫歇爾（William Herschel）觀測夜空時，偶然發現了一顆行星，這就是距離太陽第七遠的行星——天王星。天文學家通過進一步觀測，計算出天王星的軌道，並編制星表預測了它未來出現的位置。這些預測並非完全正確，但天文學家由此想到，天王星之外肯定還有一顆行星，它的引力影響了天王星的軌道。到1845年，天文學家計算出第八顆行星在天空中的位置，並於1846年發現了海王星。

理論之瑕

對於一顆沿橢圓軌道運行的行星而言，離太陽最近的點被稱為

「近日點」。如果只有一顆行星圍繞太陽運轉，那麼其軌道的近日點將保持不變。但是，太陽系的所有行星都會互相影響，因此它們的近日點會圍繞太陽進動（旋進）。像所有其他行星一樣，水星的近日點也會出現進動現象，但用牛頓公式卻無法作出全面的解釋。1859 年，這一問題尚未得到解決。50 多年後，愛因斯坦的廣義相對論指出，引力引起了時空彎曲。以這一理論為基礎的計算解釋了水星軌道的進動現象，以及牛頓定律無法解釋的其他觀測現象。

今天的牛頓定律

　　牛頓定律構成了經典力學的基礎，經典力學的公式可以用來計算力和運動。雖然這些公式已被愛因斯坦相對論中的公式所取代，但只要所涉速度遠小於光速，這兩套定律並不矛盾。因此，設計飛機或

> 自然與自然的法則都隱藏在黑暗之中，上帝說「讓牛頓出世吧」，於是一切豁然開朗。
>
> ——亞歷山大・蒲柏

汽車、計算摩天大樓各組成部分的強度時，經典力學的公式不僅足夠精確，而且十分簡單。嚴格來講，牛頓力學可能並非百分之百準確，但仍被廣泛使用。■

水星軌道的**進動**（轉軸的運動）現象是第一個無法用牛頓定律解釋的現象。

艾薩克・牛頓

　　艾薩克・牛頓出生於 1642 年的聖誕節，在格蘭瑟姆上學，後進入劍橋大學的三一學院，並於 1665 年畢業。牛頓一生擁有很多頭銜：劍橋大學的數學教授、皇家鑄幣廠的監管、國會議員以及皇家學會會長。除了與胡克的爭吵外，牛頓還因為誰先發明了微積分與德國數學家戈特弗里德・萊布尼茨發生爭執。

　　除了科學研究以外，牛頓還在煉金術和釋經學方面傾注了大量時間。他擔任的某些職位規定，履行者必須為正式任命的牧師，但作為一位虔誠的反傳統基督徒，牛頓成功繞過了牧師的任命。

主要作品

1684 年　《物體在軌道中之運動》
1687 年　《自然哲學的數學原理》
1704 年　《光學》

EXPANDING HORIZONS
1700–1800

開拓領域

1700年 — 1800年

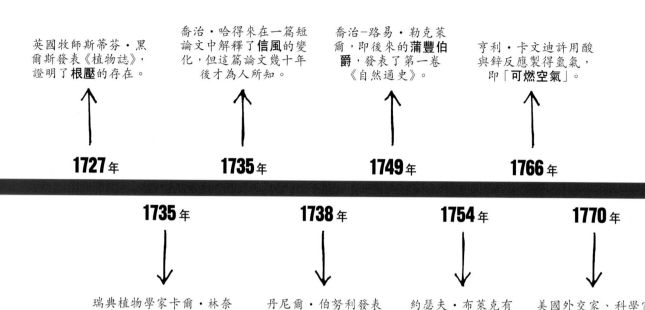

英國牧師斯蒂芬·黑爾斯發表《植物誌》，證明了**根壓**的存在。

喬治·哈得來在一篇短論文中解釋了**信風**的變化，但這篇論文幾十年後才為人所知。

喬治-路易·勒克萊爾，即後來的**蒲豐伯爵**，發表了第一卷《自然通史》。

亨利·卡文迪許用酸與鋅反應製得氫氣，即「**可燃空氣**」。

1727年　　**1735**年　　**1749**年　　**1766**年

1735年　　**1738**年　　**1754**年　　**1770**年

瑞典植物學家卡爾·林奈發表《自然系統》，開啓了**動植物分類**的新紀元。

丹尼爾·伯努利發表《流體動力學》，為後來的氣體分子運動論奠定了基礎。

約瑟夫·布萊克有關碳酸鹽的博士論文是**定量化學**分析的開創性研究。

美國外交家、科學家本傑明·富蘭克林繪製**墨西哥灣海流圖**。

　　17 世紀末，艾薩克·牛頓提出運動定律和萬有引力定律，科學從此變得更為精確，數學也在其中扮演了更為重要的角色。不同領域的科學家提出了解釋宇宙運行的各種基本原理，不同的科學分支也細分為更多的專業方向。

流體動力學

　　18 世紀 20 年代，英國牧師斯蒂芬·黑爾斯（Stephen Hales）做了一系列植物實驗，發現了根壓。因為根壓，樹液得以在植物體內流動。黑爾斯還發明了集氣槽，這種用來收集氣體的實驗儀器對後來確定空氣成分的實驗至關重要。丹尼爾·伯努利（Daniel Bernoulli）是伯努利家族中最傑出的一位數學家，他提出了伯努利原理：流體的流速越大，壓強越小。伯努利利用這一原理測量了人體血壓。飛機能夠飛行也與此原理有關。

　　1754 年，蘇格蘭化學家約瑟夫·布萊克（Joseph Black）完成了一篇優秀的博士論文，研究了石灰石分解放出氣體「固定空氣」（即二氧化碳）的過程。他的研究引發了一系列的連鎖效應，各種化學研究和發現紛紛湧現。布萊克後來還提出了潛熱理論。在英國，有一位深居簡出的天才，名為亨利·卡文迪許（Henry Cavendish）。他分離了氫氣，並證明水是由氫和氧以 2∶1 比例組合而成。約瑟夫·普里斯特利（Joseph Priestley）是一位不信服教條的牧師，他分離了氧氣以及其他幾種新的氣體。荷蘭人簡·英格豪斯在普里斯特利研究的基礎上，解釋了綠色植物在陽光下釋放氧氣，在黑暗中釋放二氧化碳的原因。同一時期，法國的安托萬·拉瓦錫證明，碳、硫、磷等元素與氧結合，會生成我們現在所稱的氧化物，從而推翻了燃素說，即可燃物含有一種名為燃素的物質。不幸的是，法國大革命卻將拉瓦錫推上了斷頭台。

　　1793 年，法國化學家約瑟夫·普魯斯特（Joseph Proust）發現，對於某種化合物而言，各元素的比例是一定的。這是確定簡單化合物分子式的重要一步。

約瑟夫・普里斯特利通過陽光和放大鏡加熱氧化汞製得氧氣，他稱之為「脫燃素的空氣」。

內維爾・馬斯基林通過測量一座山的萬有引力，計算出**地球的密度**。

詹姆斯・赫頓發表了有關**地球年齡**的理論。

托馬斯・馬爾薩撰寫了第一篇有關**人口**的論文，影響了後來的查爾斯・達爾文和阿爾弗雷德・拉塞爾・華萊士。

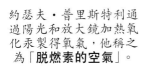

1774年　　**1774**年　　**1788**年　　**1798**年

1774年　　**1779**年　　**1793**年　　**1799**年

安托萬・拉瓦錫從普里斯特利那裏學習了實驗方法後，自己也製出了同樣的氣體，並稱之為「**氧氣**」。

簡・英格豪斯發現，綠色植物在陽光下會釋放氧氣，這就是**光合作用**。

克里斯蒂安・施普倫格爾在他關於授粉的書籍中描述了**植物交配**。

亞歷山德羅・伏打發明**電池**。

地球科學

另一方面，人們對地球進程的理解也進一步加深。在美國，本傑明・富蘭克林（Benjamin Franklin）通過一個危險的實驗，證明閃電是一種放電現象。除此之外，他還通過觀察墨西哥灣暖流證明了洋流的存在。英國律師和業餘氣象學家喬治・哈得來（George Hadley）發表了一篇短論文，解釋了信風和地球自轉的關係。內維爾・馬斯基林（Nevil Maskelyne）受到牛頓定律的啓發，在極其惡劣的天氣下野營數個月，測量了蘇格蘭一座高山的萬有引力，並因此計算出地球的密度。詹姆斯・赫頓（James Hutton）繼承了蘇格蘭的一個農場後，對地理學產生興趣。他發現，地球形成的年代比我們之前認為的更為久遠。

生命科學

科學家知道地球年代極為久遠的同時，新的生命起源和進化理論也開始浮現。法國著名作家、自然學家和數學家喬治-路易・勒克萊爾（Georges-Louis Leclerc），即蒲豐伯爵，邁出了進化論的第一步。德國神學家克里斯蒂安・施普倫格爾（Chirstian Sprengel）傾注一生的大部分時間研究植物和昆蟲的關係。他發現，兩性花會在不同的時期開出雄花和雌花。英國牧師托馬斯・馬爾薩斯（Thomas Malthus）將注意力轉向人口學，並撰寫了《人口論》一書，預言人口的增長會帶來災難。馬爾薩斯的悲觀主義雖然就目前來看，沒有任何根據，但是他認為，如果放任人口增長，資源會供不應求，這一觀點卻深深影響了查爾斯・達爾文。

18 世紀末，意大利物理學家亞歷山德羅・伏打發明了電池，從而開闢了一個新世代，加速了隨後幾十年的科技發展。正是因為 18 世紀的這些進步，威廉・休厄爾（William Whewell）提出，應該創造一個新的職業，以區別哲學家。他說：「我們非常需要一個名字來稱呼那些致力於科學研究的人，我傾向於稱他們為科學家。」

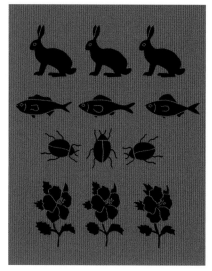

大自然不會快速向前發展

卡爾·林奈（1707-1778 年）
Carl Linnaeus

對自然界的生物進行命名、描述，並將其清晰地分為不同層次的種類，這構成了生物學的基石。不同的組羣有助於我們理解生物多樣性，能夠幫助科學家對比並發現無數種生物。現代分類學開始於瑞典自然學家卡爾·林奈，這是一門發現生物、為其命名並進行分類的科學。林奈根據自己對動植物生理特性廣泛而細緻的研究，發明了第一個系統的分類方法。此外，他發明的命名方法一直沿用至今。

早期的分類方法中，最具影響力的來自古希臘哲學家亞里士多德。他在《生物誌》一書中，將類似的動物分為不同的屬，區分每一種中的不同物種，再將其分為 11 個級別。在這 11 個級別中，最低的是植物，最高的是人類，從低到高生物的結構和技能越來越複雜。

在接下來的幾百年裏，出現了各種各樣的動植物命名和描述方法，局面頗為混亂。到了 17 世紀，科學家試圖建立一個清晰、一致的體系。1686 年，英國植物學家約翰·雷提出了動物物種的概念，並在定義中強調了動植物交配並繁衍後代的能力，這仍是當今接受最為廣泛的定義。

1735 年，林奈將自己的分類法寫成了一本 12 頁的小冊子，到 1778 年，這本小冊子已變為一部多卷本

界
動物界

門
脊索動物門

綱
哺乳綱

目
食肉目

科
貓科

屬
豹屬

種
虎

林奈發明的體系根據生物的共同特性對其進行分類。老虎是貓科動物，貓科屬於食肉目，而食肉目又屬於哺乳綱。

參見：簡・施旺麥丹 53 頁，約翰・雷 60~61 頁，讓-巴普蒂斯特・拉馬克 118 頁，查爾斯・達爾文 142~149 頁。

的著作，出版至第 12 版。林奈還根據生物共同的生理特性從原來「屬」的概念發展為層次清晰的分類譜系。譜系的最上方是三界：動物界、植物界和礦物界。界下面依次是門、綱、目、科、屬、種。另外，他還將物種名稱統一成兩個單詞的拉丁文名稱，一個單詞是屬名，一個是種加詞，比如 Homo sapiens（智人）是由 Homo（屬名）和 sapiens（種加詞）兩部分組成的。林奈是第一個將人類定義為動物的人。

上帝的創造

林奈認為，生物可以分為不同種類，這表明「大自然不會向前快速發展」，而是按照上帝的創造而存在。他遍訪歐洲，尋找新的物種，最終結出了纍纍碩果。他的分類體系為查爾斯・達爾文的研究鋪平了道路。達爾文發現

林奈的分類方法將類似的生物歸為一類。	支序分類學將擁有共同祖先的生物歸為一類。
林奈認為，不同級別的生命源自上帝的創造。	不同級別的生命是隨時間進化的結果。
大自然不會快速向前發展。	用DNA確定進化關係。

了「自然層級」的進化意義，同一屬或科的所有物種都源自共同的祖先，或沿襲了相同的血統，或發生了變異。達爾文之後的一百年，德國生物學家維利・亨尼希發明了「支序分類學」。為了反映物種間的進化關聯，他將生物分

為不同的「分支」。每一個分支的生物具有一個或多個共同的獨特特徵，這些特徵是它們從最近的共同祖先那裏遺傳來的，而更遠的祖先並沒有這些特徵。支序分類學一直沿用至今，但因為新證據的發現，往往是遺傳證據，物種

卡爾・林奈

1707 年，卡爾・林奈出生於瑞典南部的一個鄉村，後來在隆德大學和烏普薩拉大學學習醫學和植物學，1735 年在荷蘭取得醫學學位。同年晚些時候發表了 12 頁的小冊子，名為《自然系統》，其中描述了一種生物分類體系。幾番遊歷歐洲之後，林奈於 1738 年回到瑞典，開始行醫，後來被任命為烏普薩拉大學醫學和植物學教授。他的學生到全球各地收集植物，其中最著名的是丹尼爾・索蘭德（Deniel Solander）。在大量樣本的

基礎上，林奈將原來的《自然系統》擴展為一部多卷本著作，共 1000 多頁，內含 6000 多種植物和 4000 種動物，出版至第 12 版。1778 年，林奈與世長辭，當時已成為歐洲備受讚譽的科學家。

主要作品

1753 年 《植物種誌》

1778 年 《自然系統》第 12 版

水汽化吸收的熱量並沒有消失

約瑟夫・布萊克（1728－1799 年）
Joseph Black

加熱一般會使水溫上升。

↓

但是當水沸騰後，**溫度則不再上升**。

↓

要想**將液體變為蒸氣**，需要**不斷加熱**。潛熱會使蒸氣具有**可怕的灼傷能力**。

↓

水汽化所需的熱量並沒有消失。

約瑟夫・布萊克是格拉斯哥大學的醫學教授，後移居愛丁堡，同時開授化學課。雖然他是一位知名的研究型科學家，但卻很少正式發表研究成果，而選擇在講課時分享這些新發現。所以他的學生接觸的都是最前沿的科學。

布萊克有幾位來自蘇格蘭的學生，家中經營威士忌蒸餾廠，所以很關心工廠的成本問題。他們問布萊克，為甚麼蒸餾威士忌這麼昂貴呢？工人們不就是將酒煮沸，冷卻成蒸氣嗎？

沸騰的靈感

1761 年，布萊克開始研究液體加熱後會有甚麼反應。他發現，如果將一鍋水放在火爐上加熱，水溫會穩步上升，直到 100°C（212°F）。之後，水開始沸騰，即使繼續加

參見：羅伯特・玻意耳 46~49 頁，約瑟夫・普里斯特利 82~83 頁，安托萬・拉瓦錫 84 頁，約翰・道爾頓 112~113 頁，詹姆斯・焦耳 138 頁。

熱，溫度也保持不變。布萊克意識到，需要加熱才能使水變為蒸氣，用現在的話說，水分子需要加熱才能有足夠的能量掙脫水中其他分子的束縛。這部分熱量並沒有改變溫度，似乎憑空消失了，所以布萊克稱之為潛熱，更確切地說是水汽化潛熱。這一發現標誌着熱力學的開端，這門科學研究熱能、熱能與其他能量的關係，以及熱能轉化為動能同時對外做機械工作的過程。

以其他物質相比來說，水的潛熱很大，也就是說，液態水沸騰很長時間後才會全部變為水蒸氣。因此，蒸氣才會很快將蔬菜煮熟；才具有可怕的燙傷能力；才用於供暖系統中。

冰的融化

正如水變為蒸氣需要吸熱，冰化為水也是一樣。冰的融化潛熱是冰可以冷卻飲料的原因。把冰放入飲料中，因為冰融化會從飲料中吸收熱量，所以可以起到為飲料降溫的效果。

雖然布萊克並不能幫助釀酒的人節省成本，但還是將其中的道理告訴了他們。此外，他還告訴了自己的同行詹姆斯・瓦特（James Watt），瓦特當時正在思考蒸汽機的效率為甚麼如此之低。後來，瓦特想到可以設計一個分離冷凝器，只壓縮蒸氣而無需冷卻活塞和氣缸。這一發明大大提高了蒸氣機的效率，瓦特也因此變得十分富有。◼

圖中，**布萊克**正拜訪工程師詹姆斯・瓦特。瓦特在他格拉斯哥的工作室中演示他的蒸氣設備。

約瑟夫・布萊克

約瑟夫・布萊克出生於法國波爾多市，在格拉斯哥大學和愛丁堡大學學醫期間，曾在老師的實驗室中做化學實驗。1754 年，布萊克完成博士論文，文中指出，白堊（碳酸鈣）燃燒變成生石灰（氧化鈣）的過程中，並沒有像人們普遍認為的那樣獲得燃素，而是質量減輕。布萊克意識到，反應過程中並沒有生成任何液體或固體，所以一定是釋放出了某種氣體。布萊克稱之為「固定空氣」，因為這種氣體之前固定在白堊之中。他還指出，我們呼出的氣體中也含有這種固定空氣（即我們現在所說的二氧化碳）。

布萊克 1756 年開始在格拉斯哥擔任醫學教授，並在此期間進行了里程碑式的熱學研究。雖然他並沒有發表自己的研究結果，但卻在學生中傳閱。1766 年，布萊克遷至愛丁堡後，將重心從研究轉為授課。當時工業革命迅速發展，布萊克為蘇格蘭工農業領域的化學創新提供諮詢。

可燃空氣

亨利・卡文迪許（1731－1810 年）
Henry Cavendish

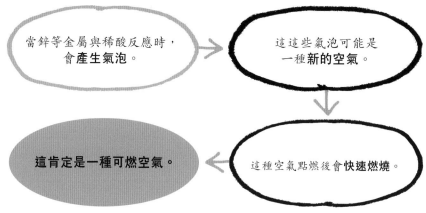

當鋅等金屬與稀酸反應時，會**產生氣泡**。

這這些氣泡可能是一種**新的空氣**。

這種空氣點燃後會**快速燃燒**。

這肯定是一種可燃空氣。

1754 年，約瑟夫・布萊克描述了一種「固定空氣」，即我們現在所說的二氧化碳。他不僅是第一個分離氣體的科學家，還證明了多種氣體的存在。

12 年後，英國科學家亨利・卡文迪許向英國皇家學會彙報，鋅、鐵和錫「與酸反應會生成氣體」。因為這種氣體與普通氣體或「固定空氣」不同，容易燃燒，所以他稱其為「可燃空氣」，也就是我們現在所說的氫氣（H_2）。這是人們確定的第二種氣體，也是第一個被分離出來的氣體元素。卡文迪許收集了部分氣體樣本，並開始測量氣體的重量。他首先測量了鋅和酸的反應中減少了的質量，同時用氣袋收集氣體，然後稱量氣袋充滿和放空的質量。在氣袋容積已知的情況下，他可以計算這種氣體的密度。卡文迪許發現，這種「可燃空氣」的密度比普通空氣輕了 11 倍。

正是因為低密度氣體的發現，人們得以製作比空氣輕的航天氣球。1783 年，法國發明家雅克・查理（Jacques Charles）發明了第一個氫氣球。兩週後，蒙戈爾菲耶兄

參見：恩培多克勒 21 頁，羅伯特・玻意耳 46~49 頁，約瑟夫・布萊克 76~77 頁，約瑟夫・普里斯特利 82~83 頁，安托萬・拉瓦錫 84 頁，漢弗萊・戴維 114 頁。

> 從這些實驗中似乎可以看出，這種氣體與其他易燃物一樣，沒有普通空氣的情況下，是不會燃燒的。
> —— 亨利・卡文迪許

弟乘坐熱氣球進行了世界上第一次載人空中航行。

爆炸性的發現

　　卡文迪許在瓶子中混合一定量的氫氣與空氣，打開瓶蓋後，用燒着的紙點燃混合氣體。他發現，當空氣與氫氣的體積比為 9:1 時，燃燒緩慢，且較為安靜。如果增加氫氣的體積，混合物爆炸的力度會越來越強。但是，如果是 100% 的純氫氣，則無法點燃。卡文迪許當時仍受到煉金術中陳腐思想的束縛。這種思想認為，物質燃燒時會釋放出像火一樣的元素（「燃素」）。儘管如此，卡文迪許在實驗和報告中卻十分嚴謹：「423 體積的『可燃空氣』大致能剛好將 1000 體積的普通空氣和燃素結合，爆炸後剩餘的空氣是所使用空氣體積的 4/5 多一點。我們可以得出……全部『可燃空氣』與大約 1/5 的普通空氣反應，凝結成水滴，掛在玻璃上。」

水的組成

　　雖然卡文迪許使用了「phlogisticate」（意為與燃素結合）一詞，但卻證明新生成的唯一物質是水，並推論出「可燃空氣」與氧氣會以 2:1 的體積結合。換句話說，他指出了水的組成應該是 H_2O。雖然他將研究結果報告給了約瑟夫・普里斯特利，但卻缺乏信心，未將結果發表。後來他的朋友，蘇格蘭工程師詹姆斯・瓦特在 1783 年首次公布這一化學式。

　　卡文迪許對科學作出了諸多貢獻，他還計算出空氣是由「1 體積的脫燃素空氣（氧氣）和 4 體積的燃素空氣（氮氣）混合」組成的，我們現在知道，地球的大氣有 99% 是由這兩種氣體組成的。■

在卡文迪許的啓發下，**第一個氫氣球**問世，人們觀看時歡呼雀躍。因為氫氣很容易發生爆炸，我們現在一般用氦氣代替氫氣。

亨利・卡文迪許

　　亨利・卡文迪許是 18 世紀最古怪、最傑出的的化學家和物理學家。1731 年，卡文迪許在法國尼斯出生，他的祖父和外祖父都是公爵，所以家裏十分富有。在劍橋大學求學數年後，卡文迪許搬到自己在倫敦的住所，獨自工作生活。他少言寡語，在女士面前十分羞澀。據說，他一般會留下字條告訴僕人自己要吃甚麼。

　　40 多年來，卡文迪許一直堅持參加英國皇家學會的會議，還在皇家研究院給漢弗萊・戴維提供幫助。卡文迪許在化學和電學領域作出了很多重要的原創性研究，精確地描述了熱的本質。或者正如人們所說的，他是稱量地球的第一人。1810 年，卡文迪許與世長辭。1874 年，劍橋大學用他的名字命名了新的物理實驗室。

主要作品

1766 年 《三篇文章：包含對人工空氣的實驗》

1784 年 《關於空氣的實驗》（皇家學會《哲學學報》）

赤道附近風向偏東

喬治・哈得來（1685－1768 年）
George Hadley

背景介紹

科學分支
氣象學

此前
1616 年　伽利略・伽利雷指出，信風是地球自轉的證據。

1686 年　埃德蒙多・哈雷指出，太陽東升西落，釋放的熱量使空氣上升，形成東風。

此後
1793 年　約翰・道爾頓發表了《氣象觀察與隨筆》，支持哈得來的理論。

1835 年　古斯塔夫・科里奧利在哈得來理論的基礎上，描述了使風向發生偏轉的「複合離心力」。

1856 年　美國氣象學家威廉・費雷爾指出，中緯度（30°-60°）地區空氣向低氣壓地區流動，盛行西風，形成了一個環流圈。

1700 年，人們已經知道，赤道與北緯 30° 之間常年吹來自東北方向的地面風，即「信風」。伽利略曾指出，因為地球自西向東轉，赤道地區的空氣流動速度「更快」，所以風向偏東。後來，英國天文學家埃德蒙多・哈雷發現，赤道附近受太陽輻射熱量最多，空氣受熱上升，流向高緯度地帶，形成風。

1735 年，英國物理學家喬治・哈得來發表了信風理論。他也認同太陽的熱量使空氣上升，但是上升的空氣在赤道附近只能形成北風和南風，而不是東風。因為空氣隨地球自西向東流動，空氣從北緯 30° 吹向赤道時，動量方向朝東。但是，赤道轉動的速度快於高緯度地區，所以地表轉動的速度快於空氣的速度，並且在越接近赤道的地方，風就越像是從東面颳來的。

哈得來的理論對正確理解風的類型又進了一步，但仍有錯誤。其實，風向發生變化的關鍵在於風的角動量（使之轉動的動量），而非線動量（直線中的動量）。■

地球自西向東轉

60°N
東信風
30°N
0°
30°S
中緯度
西風帶
60°S

極地東風帶

熱空氣上升，冷卻，並流向極地環流圈（淺藍色）、費雷爾環流圈（藍色）和哈得來環流圈（粉紅色）。在環流圈和地球自轉的作用下，形成了**不同類型的風**。

參見：伽利略・伽利雷 42~43 頁，約翰・道爾頓 112~113 頁，古斯塔夫・科里奧利 126 頁，羅伯特・菲茨羅伊 150~155 頁。

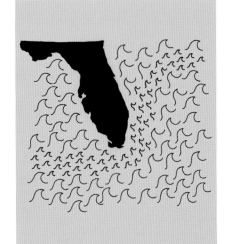

佛羅里達灣
強大的洋流

本傑明·富蘭克林（1706－1790 年）
Benjamin Franklin

背景介紹

科學分支
海洋學

此前
約公元前 2000 年　波利尼西亞航海者利用洋流往返於太平洋島嶼之間。

1513 年　胡安·龐塞·德萊昂首次描述了大西洋灣流的強大威力。

此後
1847 年　美國海軍軍官馬修·莫里研究了大量航海圖和航海日誌，並繪製出風浪圖。

1881 年　摩納哥王子阿爾伯特一世發現，灣流是一個環流，分為兩支，北分支流往不列顛島，南分支流往西班牙和非洲。

1942 年　挪威海洋學家哈拉爾德·斯韋德魯普（Harald Sverdrup）提出海洋總環流理論。

向東流經北大西洋的墨西哥灣暖流是世界大洋中最強大的暖流。在盛行的西風影響下，墨西哥灣暖流向東流，成為大環流的一部分，然後再次經過大西洋到達加勒比海。1513 年，人們就知道了這條灣流。當時，西班牙探險家胡安·龐塞·德萊昂（Juan Ponce de León）發現，雖然風向南吹，但是他的船卻行駛到了佛羅里達海岸的北部。但是直到 1770 年，美國政治家、科學家本傑明·富蘭克林才正確地繪製了墨西哥灣流圖。

當地的優勢

作為英屬北美殖民地郵局副局長，富蘭克林很好奇，為甚麼英國郵船要比美國商船穿過大西洋的時間慢兩週。當時，富蘭克林已經因為避雷針的發明而聞名遐邇。他諮詢了楠塔基特島的捕鯨船船長蒂莫西·福爾傑。福爾傑解釋說，美

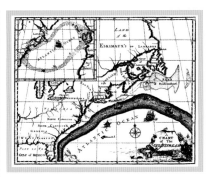

1770年，**富蘭克林的墨西哥灣流圖在英國發表**，但是英國船長數年後才學會利用墨西哥灣流，以減少航海時間。

國船長知道那條從西向東的洋流。他們會根據鯨魚的遷徙、海水溫度和顏色的變化以及海浪的速度，辨認出洋流的位置，然後避開它。但是，英國的游船向西航行，所以一路上都屬於逆行。

在福爾傑幫助下，富蘭克林繪製了這條洋流的路線：從墨西哥灣沿美國東海岸行至加拿大紐芬蘭省，再向東橫越大西洋。富蘭克林將此洋流命名為墨西哥灣流。■

參見：喬治·哈得來 80 頁，古斯塔夫·科里奧利 126 頁，
羅伯特·菲茨羅伊 150~155 頁。

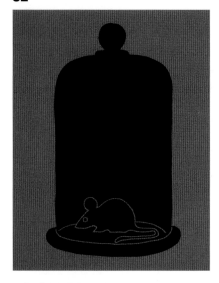

脫燃素空氣

約瑟夫·普里斯特利（1733−1804 年）
Joseph Priestley

背景介紹

科學分支
化學

此前

1754 年 約瑟夫·布萊克分離出第一種氣體「二氧化碳」。

1766 年 亨利·卡文迪許製得氫氣。

1772 年 卡爾·謝勒先於普里斯特利兩年分離出第三種氣體「氧氣」，但直到 1777 年才將研究結果發表。

此後

1774 年 普里斯特利在巴黎將自己的方法演示給安托萬·拉瓦錫。拉瓦錫隨後製得這種新的氣體，並於 1775 年 5 月發表了結果。

1779 年 拉瓦錫將這種氣體命名為「氧氣」。

1783 年 日內瓦的史威士公司開始生產普里斯特利發明的蘇打水。

1877 年 瑞士化學家拉烏爾·皮克泰製出液態氧，後被用作火箭燃料，並用於工業和醫學領域。

在約瑟夫·布萊克率先發現「固定空氣」二氧化碳之後，英國牧師約瑟夫·普里斯特利燃起了研究各種「空氣」（即氣體）的興趣。他發現了多種氣體，其中最著名的當屬氧氣。

普里斯特利在英國利茲市當牧師時，曾參觀過住所附近的啤酒廠。當時人們已經知道，啤酒桶上方的那層空氣是「固定空氣」。普里斯特利把蠟燭逐漸放低，他發現，

到酒桶泡沫上方 30 厘米處時，蠟燭就會熄滅，這時蠟燭進入了固定空氣中。蠟燭的煙在固定氣體層上方漂浮，兩種氣體之間的邊界顯而易見。普里斯特利還發現，漂浮在酒桶旁邊的「固定空氣」會落向地面，因為它的密度比普通空氣大。普里斯特利在實驗中將「固定空氣」溶解於冷水中，在容器中晃動，並從一個容器倒入另一個容器中。他發現，得到的液體喝起來十分

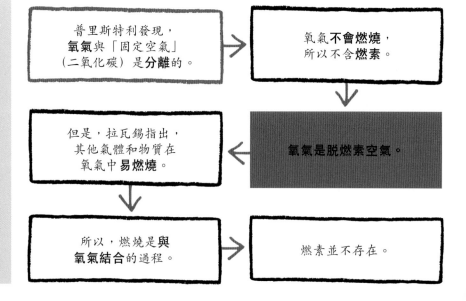

普里斯特利發現，**氧氣**與「固定空氣」（二氧化碳）是**分離**的。

氧氣**不會燃燒**，所以不含**燃素**。

但是，拉瓦錫指出，其他氣體和物質在氧氣中**易燃燒**。

氧氣是脫燃素空氣。

所以，燃燒是**與氧氣結合**的過程。

燃素並不存在。

參見：約瑟夫・布萊克 76~77 頁，亨利・卡文迪許 78~79 頁，安托萬・拉瓦錫 84 頁，約翰・道爾頓 112~113 頁，漢弗萊・戴維 114 頁。

清爽，後來流行的蘇打水便源於此。

釋放氧氣

1774 年 8 月 1 日，普里斯特利把氧化汞放在密封的玻璃燒瓶中，用放大鏡聚焦陽光加熱燒瓶，成功分離出一種新的氣體，即我們所説的氧氣（O_2）。普里斯特利後來發現，老鼠在這種新的氣體中比在普通氣體中存活的時間長；吸入這種氣體感覺很舒暢，比普通空氣更能令人充滿能量；另外，將不同物質當作燃料燃燒時，這種氣體會起到助燃的作用。普里斯特利還證明，植物在陽光下會產生這種氣體，這就是我們所説的光合作用的第一步。當時，人們認為燃燒就是燃料釋放神秘物質「燃素」的過程。因為這種新的氣體本身無法燃燒，所以肯定不含燃素，因此普里斯特利稱之為「脱燃素空氣」。

同一時期，普里斯特利還分離出其他幾種氣體，但隨後就去歐洲旅行，直到第二年末才將實驗結果發表。瑞典化學家卡爾・謝勒製得

> 我所發現的所有氣體中，最好的那種吸起來要比普通空氣舒服五六倍。
>
> ——約瑟夫・普里斯特利

氧氣的時間比普里斯特利早兩年，但直到 1777 年才將結果發表。安托萬・拉瓦錫在巴黎聽説了謝勒的實驗，普里斯特利還給他做了演示，所以很快也製出氧氣。他的燃燒和呼吸實驗證明，燃燒是與氧氣化合的過程，而不是釋放燃素的過程。在呼吸過程中，空氣中的氧氣被吸入，與葡萄糖反應生成二氧化碳、水和能量。拉瓦錫發現，這種新氣體與硫、磷和氮等物質反應時會生成酸，所以將其命名為氧氣，就是「成酸元素」的意思。

拉瓦錫的研究使很多科學家放棄了燃素説，但普里斯特利雖是一位偉大的實驗家，卻堅持用燃素理論解釋自己的發現，因此幾乎沒有對化學界作出更多的貢獻。∎

普里斯特利在自己的書中展示了自己做氣體實驗時所使用的裝置。最前方的廣口瓶中裝有一隻老鼠，裏面充滿了氧氣；右邊的試管中有一株植物在釋放氧氣。

約瑟夫・普里斯特利

約瑟夫・普里斯特利出生於英國約克郡的一個農場，從小就是一位不認同英國國教立場的基督徒，一生都擁有強烈的宗教和政治熱情。

18 世紀 70 年代初，普里斯特利住在利茲的時候，對氣體產生了興趣。他最傑出的研究都是在搬到威爾特郡替謝爾本勳爵做圖書管理員時完成的。那時，他有足夠的時間進行研究。後來，因為政治觀點過於偏激，他與勳爵發生爭執，並於 1780 年搬至伯明翰。他在那裏加入了月光社，一個由自由思想家、工程師和工業家組成的團體，雖然並不正式，但頗具影響力。

普里斯特利因為支持法國大革命而受人排斥。1791 年，他的房子和實驗室被燒毀，不得不搬到倫敦，後來又逃奔美國。他定居於賓夕法尼亞州，卒於 1804 年。

主要作品

1767 年 《電學的歷史與現狀》
1774－1777 年 《各種空氣的實驗和觀察》

自然界中，物質不會憑空產生或消失，而會相互轉化

安托萬・拉瓦錫（1743－1794 年）
Antoine Lavoisier

法國化學家安托萬・拉瓦錫命名了氧氣，並且量化了燃燒過程中消耗的氧氣，使科學的精確度又上了一個台階。他通過仔細測量各種物質在進行燃燒這個化學反應時質量上的變化，提出了質量守恆定律——在化學反應中，參加反應的各物質的質量總和等於反應後生成各物質的質量總和。

拉瓦錫在密封的容器內加熱不同的物質，發現金屬受熱時增加的質量，與空氣減少的質量相等。他還發現，當空氣中「純淨」的成分（氧氣）耗盡時，燃燒就會停止，剩下的空氣（主要是氮氣）不支持燃燒。拉瓦錫因此意識到，燃燒是一項關乎熱量、燃料（燃燒的物質）和氧氣的過程。

1778 年，拉瓦錫發表了自己的研究結果，其中不僅證明了質量守恆定律，還確定了氧氣在燃燒過程中的作用，從而推翻了燃素說。

在拉瓦錫之前的一個世紀裏，科學家一直認為可燃物含有燃素，燃燒就是釋放燃素的過程。這個理論可以解釋木頭等物質燃燒時為何質量會減輕，但卻無法說明鎂等其他物質燃燒時為何質量會增加。拉瓦錫的精確實驗證明，氧氣才是關鍵所在，燃燒過程中甚麼也沒有增加，甚麼也沒有減少，只是物質間相互轉化罷了。■

在我看來，自然界就是一個巨大的化學實驗室，其中發生着各種結合和分解反應。

——安托萬・拉瓦錫

參見：約瑟夫・布萊克 76~77 頁，亨利・卡文迪許 78~79 頁，約瑟夫・普里斯特利 82~83 頁，揚・英根豪斯 85 頁，約翰・道爾頓 112~113 頁。

植物的重量來自空氣

揚・英根豪斯（1730－1799 年）
Jan Ingenhousz

早期的科學家發現，植物會增長重量。18 世紀 70 年代，荷蘭科學家揚・英根豪斯開始研究這一問題。搬到英國後，英根豪斯開始在國家別墅做研究。1774 年，約瑟夫・普里斯特利曾在這裏分離出氧氣，而英根豪斯也將在這裏找到光合作用的根源：陽光和氧氣。

會冒泡的水草

英根豪斯知道植物在水中會產生氣泡，但是並不清楚氣泡的組成和來源。經過一系列實驗，英根豪斯發現，陽光照耀下的樹葉會比在黑暗中的樹葉釋放出更多的氣泡。他收集了在陽光下產生的氣體，發現這種氣體可以將帶有餘燼的木條復燃——這是氧氣，而植物在黑暗中產生的氣體會將火焰熄滅——這是二氧化碳。

英根豪斯發現植物增加體重的同時，它所吸取養分的土壤重量幾

水池草晚上會產生氣泡，這説明植物會進行呼吸作用，即吸收氧氣，將葡萄糖轉化為能量，同時釋放出二氧化碳。

乎不變。1779 年，英根豪斯正確推論出，與大氣進行氣體交換，尤其是吸入二氧化碳，是植物有機物質不斷增多的來源之一。

我們現在知道，植物通過光合作用為自己提供能量，把二氧化碳和水轉化成葡萄糖，同時釋放出氧氣；所以植物既能提供氧氣，也能作為食物為其他生物提供能量。與光合作用相對的是呼吸作用，植物分解葡萄糖為自己提供能量，同時釋放出二氧化碳，晝夜不停。■

參見：約瑟夫・布萊克 76~77 頁，亨利・卡文迪許 78~79 頁，約瑟夫・普里斯特利 82~83 頁，約瑟夫・傅里葉 122~123 頁。

新行星的發現

威廉·赫歇爾（1738－1822 年）
William Herschel

背景介紹

科學分支
天文學

此前
17 世紀最初幾年 使用透鏡的折射式望遠鏡問世，但直到 17 世紀 60 年代艾薩克·牛頓等人才發明了反射望遠鏡。

1774 年 法國天文觀測家查爾斯·梅西耶發表了自己的天文觀測結果，赫歇爾受到啟發開始自己的天文學研究。

此後
1846 年 因為無法解釋天王星的軌道變化，勒威耶預言了第八顆行星的存在及其位置，這顆行星就是海王星。

1930 年 美國天文學家克萊德·湯博發現了冥王星，起初這顆星被視為太陽系的第九大行星，但現在將其看作是充滿微小冰封物體的柯伊伯帶最明亮的一顆行星。

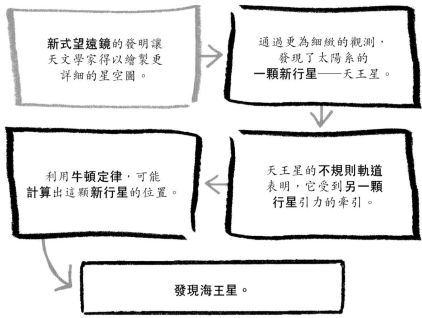

新式望遠鏡的發明讓天文學家得以繪製更詳細的星空圖。

通過更為細緻的觀測，發現了太陽系的**一顆新行星——天王星**。

天王星的**不規則軌道**表明，它受到**另一顆行星**引力的牽引。

利用**牛頓定律**，可能**計算**出這顆**新行星**的位置。

發現海王星。

1781 年，德國科學家威廉·赫歇爾發現了自遠古以來的第一顆新行星，但他最初認為這是一顆彗星。在這顆行星的基礎上，用牛頓定律加以預測，發現了另外一顆行星。

到 18 世紀末，天文儀器的發展十分迅速，尤其是反射望遠鏡的發明。這種望遠鏡使用平面鏡而非透鏡聚集光線，避免了當時透鏡的很多問題。這是天文觀測的第一個鼎盛時期，天文學家搜尋天空，發現了大量「非恆星」天體，包括星團和星雲等，它們看似一團無規則的氣體或是密密麻麻的光球。

在妹妹卡羅琳的幫助下，赫歇爾將天空系統地分為四部分，記錄了各種不同尋常的現象，比如大量

參見：奧勒‧羅默 58~59 頁，艾薩克‧牛頓 62~69 頁，內維爾‧馬斯基林 102~103 頁，傑弗里‧馬西 327 頁。

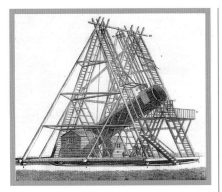

18世紀80年代，赫歇爾製造了一架鏡筒長達12米的望遠鏡，主鏡口徑為1.2米，焦距12米。這是當時世界上最大的天文望遠鏡，半個世紀內未被超越。

的雙星和聚星。他甚至試圖根據自己在不同方向記錄的星體數量，繪製了一張銀河系的星圖。

1781 年 3 月 13 日，赫歇爾觀察雙子星座時，發現了一個模糊的綠色圓盤，他懷疑這是一顆彗星。幾天後，當他再次觀察這顆星時，發現它的位置發生了變化，所以確定這不是一顆恆星。內維爾‧馬

斯基林通過觀察發現，這顆新星運行速度遠低於彗星，很可能是遙遠軌道上的一顆行星。出生於瑞典的俄國天文學家安德斯‧約翰‧萊克塞爾和德國天文學家約翰‧埃勒特‧波得分別計算出這顆星的軌道，確定這是一顆行星，比土星的距離還要遠大約 1 倍。土星是用古希臘神話的農神命名的，波得建議用農神父親「天神」的名字命名這顆新星，也就是我們所說的天王星。

不規則軌道

1821 年，法國天文學家亞歷克西斯‧布瓦爾發表了詳細的星表，其中描述了他根據牛頓定律計算出的天王星軌道。但是，他很快發現自己的實際觀測結果與星表的預測存在很大的差異。天王星軌道的不規則性表明，它受到了另外一顆星的引力作用，這顆星就是更遠的太陽系第八大行星。

到 1845 年，法國天文學家勒威耶和英國科學家約翰‧庫奇‧亞當斯分別利用布瓦爾的數據計算出第八顆行星的位置。1846 年 9 月 23 日，望遠鏡對準了預測地點，如期發現海王星出現，其位置與勒威耶的預測僅差 1°。海王星的發現不僅證實了布瓦爾的理論，還成為牛頓定律具有普適性的有力證據。■

我在尋找那顆彗星或雲星，發現它是一顆行星，因為它的位置發生了變化。

——威廉‧赫歇爾

威廉‧赫歇爾

威廉‧赫歇爾出生在德國漢諾威市，19 歲時移居英國，開始自己的音樂生涯。他對和聲和數學的研究激發了他的光學和天文學興趣，並且開始研製望遠鏡。

赫歇爾發現天王星後，又發現了土星的兩顆衛星以及天王星最大的兩顆衛星。他還證明，太陽系在銀河系中也是運動着的。1800 年，赫歇爾研究太陽時發現了一種新的輻射形式。赫歇爾做了一個實驗，他用棱鏡和溫度計測量太陽光不同顏色的溫度，

結果發現可見紅光的外側區域溫度持續上升。他因此得出結論：太陽發射了一種不可見的光，他稱之為「熱射線」，也就是我們現在所說的紅外線。

主要作品

1781 年 《彗星的發現》

1786 年 《一千個星雲和星團表》

光速變慢

約翰 · 米歇爾(1724－1793 年)
John Michell

背景介紹

科學分支
宇宙學

此前

1686 年 艾薩克 · 牛頓提出萬有引力定律，指出物體之間的萬有引力與它們的質量成正比。

此後

1796 年 皮埃爾-西蒙 · 拉普拉斯從理論上說明了黑洞存在的可能性。

1915 年 阿爾伯特 · 愛因斯坦提出，引力是一個彎曲的時空，所以無質量的可見光子會受到引力的影響。

1916 年 卡爾 · 史瓦西提出「事件視界」的概念，事件視界是黑洞最外層的邊界，黑洞中的任何信息外界無從而知。

1974 年 史蒂芬 · 霍金預言，根據量子效應理論，事件視界內會發出紅外輻射。

牛頓指出，物體的**萬有引力與質量成正比**。

如果光受到引力的影響，一個**質量足夠大**的物體將產生足夠強的引力場，**光無法逃逸**。

光速似乎變慢了。

愛因斯坦解釋，引力是一個**彎曲的時空**，也就是說，無質量的光會受到**引力的影響**。

1783 年，英國博學家約翰 · 米歇爾給皇家學會的亨利 · 卡文迪許寫了一封信，信中寫明了他對引力作用的看法。20 世紀 70 年代，人們再次找到了這封信，發現其中對黑洞做出了驚人的描述。牛頓的萬有引力定律表示，質量越大，物體的引力越大。米歇爾思考，如果光受到引力的作用會出現甚麼情況呢？他在信中寫道：「如果有一個

天體密度和太陽一樣，半徑是太陽的 500 倍，那麼一個落體從無限高處落向這個天體，到達其表面時的速度會超過光速。所以，假設光受到這種力的吸引……這個落體發出的光將會返回到落體上。」1796 年，法國數學家皮埃爾-西蒙 · 拉普拉斯（Pierre-Simon Laplace）在《宇宙體系論》中提出了類似的觀點。

不過，黑洞的概念再無人提

參見：亨利・卡文迪許 78~79 頁，艾薩克・牛頓 62~69 頁，阿爾伯特・愛因斯坦 214~221 頁，蘇布拉馬尼揚・錢德拉塞卡 248 頁，斯蒂芬・霍金 314 頁。

物質在黑洞周圍旋轉，形成了一個環形的「吸積盤」，而後被吸入黑洞。吸積盤中的熱量會使黑洞釋放能量，就像窄束X射線。

黑洞不是真的很黑。

——史蒂芬・霍金

及，直到 1915 年阿爾伯特・愛因斯坦發表廣義相對論的文章時才再次浮出水面。廣義相對論指出，引力是時空發生彎曲的結果。愛因斯坦解釋了物質如何使周圍的時空發生彎曲，在史瓦西半徑或事件視界形成黑洞。包括光在內的任何物質可以進入黑洞，但無法逃脫。在這種情況下，光速不變，發生變化的是光所穿過的空間。雖然如此，米歇爾的猜想此時也有了理論支持，至少看起來光速變慢了。

從理論到現實

愛因斯坦自己也懷疑，黑洞是否真實存在。直到 20 世紀 60 年代，隨着證明黑洞存在的間接證據不斷增多，這一概念才被廣泛接受。現在，大多數宇宙學家認為，黑洞是質量足夠大的恆星發生引力坍縮產生的，黑洞通過不斷吸收物質逐漸增大，並且每一個星系的中央都有一個黑洞。物質可以進入黑洞，但卻無法逃脫，只會輻射微弱的紅外線，因為該理論是物理學家史蒂芬・霍金（Stephen Hawking）提出的，所以稱為霍金輻射。

如果太空人掉進黑洞，他在接近視界的過程中不會有甚麼特別感覺，也不會看到甚麼特別的事情。但是，如果他將一個時鐘扔向黑洞，時鐘看起來會變慢，只會不斷接近視界卻永遠無法到達，慢慢地從我們的視線中消失。

這一理論仍然存在問題。2012年，物理學家約瑟夫・波爾欽斯基提出，按照量子效應，事件視界會形成一道火牆，掉進去的太空人會被燒焦。2014 年，霍金改變了想法，認為黑洞根本不存在。■

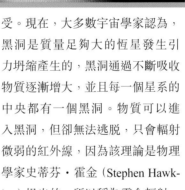

約翰・米歇爾

約翰・米歇爾是一位名副其實的博學家。1760 年，他成為劍橋大學的地質學教授，同時教授算數、幾何學、神學、哲學、希伯來語和希臘語。1767 年，退休成為一名牧師，並投身於科學研究。

米歇爾思考恆星的性質，研究地震和磁力，發明測量地球密度的新方法。他製作了「測量地球重量」的裝置——一個精緻的扭秤，但卻於 1793 年去世，未能親自使用這個裝置。他把裝置留給了他的朋友亨利・卡文迪許，後者於 1798 年完成實驗，測量結果與現在的數據十分接近。該實驗被稱為「卡文迪許扭秤實驗」，實際上功勞應歸於米歇爾。

主要作品

1767 年　《探討恆星的可能視差和星等》

流動的電流體

亞歷山德羅・伏打（1745－1827 年）
Alessandro Volta

背景介紹

科學分支
物理學

此前

1754 年 本傑明・富蘭克林在其著名的風箏實驗中證明，閃電是一種自然的放電現象。

1767 年 約瑟夫・普里斯特利發表著作，綜合闡述了靜電。

1780 年 路易吉・伽伐尼通過青蛙腿的實驗發現 了「動物電」。

此後

1800 年 英國化學家威廉・尼科爾森和安東尼・卡萊爾用伏打電堆將水分解為氫和氧兩種元素。

1807 年 漢弗萊・戴維用電分離出鉀和鈉。

1820 年 漢斯・克里斯蒂安・奧斯特揭示了電與磁之間的關係。

此圖為路易吉・伽伐尼的畫像。圖中，伽伐尼正在做著名的青蛙腿實驗，他認為，動物體內存在某種電，他稱之為「動物電」。

幾百年來，哲學家一直驚訝於閃電的巨大力量，也很好奇為甚麼用絲綢摩擦琥珀等固體會產生火花。古希臘人稱琥珀為「Electron」，即「帶電」的意思，火花則被認為是靜電。

1754 年，本傑明・富蘭克林做了一個實驗，他在有雷電的天氣情況下放飛了一隻風箏，證明了這兩種現象是緊密相連的。他看到風箏線上的銅鑰匙發出了火花，因而證明雲是帶電的，並且閃電也是一種電。在富蘭克林實驗的啓發下，約瑟夫・普里斯特利 1767 年發表了一部綜合性著作——《電學的歷史與現狀》。1780 年，意大利博洛尼亞大學解剖學講師路易吉・伽伐尼（Luigi Galvani）發現，青蛙腿會發生抽搐，這是人類理解電學邁出的一大步。

當時，伽伐尼正在研究一種理論，即動物體內貯有「動物電」，並且通過解剖青蛙尋找相關證據。伽伐尼發現，如果工作台上的青蛙旁邊有一個產生靜電的機器，那麼即使青蛙已經死亡很久，腿部還會突然發生抽搐。如果把青蛙腿掛在銅鉤上，當它接觸鐵絲網時，也會發生抽搐。伽伐尼認為，這些證據支撐了他的理論，即電來自青蛙體內。

> 用**兩塊不同的金屬**連接死亡青蛙的腿部時，蛙腿會發生**抽搐**。

> 用兩塊不同的金屬**觸碰舌頭**時，會產生一種**奇怪的感覺**……

> **電力**肯定來自連接蛙腿的兩塊不同金屬。

> 如果把一系列金屬連接起來，**電力會增加**。

伏打的突破

伽伐尼有一位年輕的同事，他就是自然哲學教授亞歷山德羅・伏打。伏打被伽伐尼的發現所吸引，並且開始對他的理論深信不疑。

伏打本人的電學背景十分雄厚。他早在 1775 年就發明了「起電盤」，這種裝置可以充當實驗的即時電源（相當於現代的電容器）。

參見：亨利‧卡文迪許 78~79 頁，本傑明‧富蘭克林 81 頁，約瑟夫‧普里斯特利 82~83 頁，漢弗萊‧戴維 114 頁，漢斯‧克里斯蒂安‧奧斯特 120 頁，邁克爾‧法拉第 121 頁。

起電盤包括一個由樹脂製成的圓盤，用貓毛摩擦會產生靜電。每次將一個金屬盤放在樹脂上面時，電荷會發生轉移，金屬盤會因此帶電。

伏打曾表示，伽伐尼發現的動物電是「經過證明的真理」。但是，他很快便起了疑心。伏打認為，掛在銅鈎上的蛙腿會發生抽搐，其電力來源於它所觸碰的兩種金屬（銅和鐵）。他於 1792 年和 1793 年發表了自己的理論，並開始研究這一現象。

伏打發現，將兩種不同的金屬連接起來，產生的電雖然能夠使他的舌頭有一種奇怪的感覺，但實際上產生不了多少電。隨後，他想到了一個絕妙的點子，用鹽水連接一系列的金屬盤，以增加電量。他先拿來一個小銅盤，上面放一個鋅盤，鋅盤上放一個浸透鹽水的硬紙板，然後再放一個銅盤、鋅盤、硬紙板，如此循環，直到堆積成圓柱狀。換句話說，他製作了一個電

> 每種金屬都具有一定的能力讓電流流動起來，不同的金屬能力各異。
> ──亞歷山德羅‧伏打

堆，即「電池」。浸透鹽水的硬紙板在這裏起的作用是導電，並且避免兩塊金屬有直接接觸。

實驗的結果就是產生了電量。伏打製作的簡易電池可能僅有幾伏（電壓的單位是以伏打命名的），但用電線連接兩端時，足以產生微弱的火花，足以讓他感受到輕微的電擊。

消息傳開

1799 年，伏打發明了電堆，消息迅速傳開。1801 年，伏打向拿破崙‧波拿巴做了演示，但更為重要的是，1800 年 3 月，他寫了一封長信，將自己的研究結果彙報給了英國皇家學會會長約瑟夫‧班克斯（Joseph Banks）。這封信的標題是「論不同導電物質接觸產生

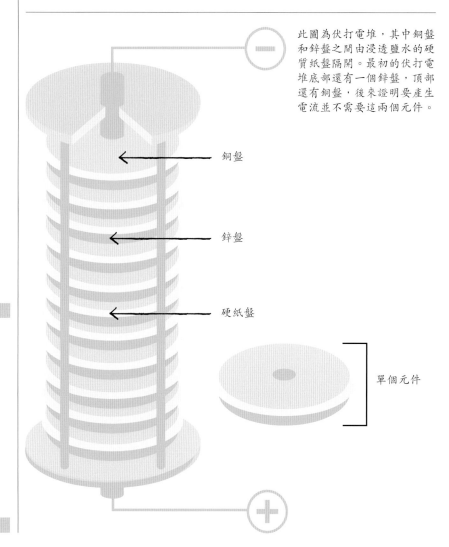

此圖為伏打電堆，其中銅盤和鋅盤之間由浸透鹽水的硬質紙盤隔開。最初的伏打電堆底部還有一個鋅盤，頂部還有銅盤，後來證明要產生電流並不需要這兩個元件。

銅盤

鋅盤

硬紙盤

單個元件

的電」。伏打在這封信中描述了自己的實驗裝置:「我在一個桌子或任何台面上平放了一個金屬盤,比如銀盤,銀盤上面放了一個鋅盤,鋅盤上面放了一個濕透的紙盤,上面再放一個銀盤,緊接着再放一個鋅盤……以此類推……直到擺成

的圓柱體快要倒塌為止。」

當時並沒有蜂鳴器或半導體來檢測電壓,於是伏打用自己的身體來檢驗,他似乎並不擔心自己遭到電擊:「一個由 20 組金屬盤組成的電堆,會讓我的整根手指劇烈疼痛。」後來,他又描述了一個更為

精緻的裝置,由一組杯子或玻璃杯組成。杯子中盛有鹽水,排成一排或一圈。將一根金屬絲的兩端浸入到相鄰的兩杯鹽水中,以此將其連接。金屬的一端是銀,另一端是鋅。金屬絲可用任意一種金屬焊接或連接起來,只要保證浸入一個杯子的只有金屬銀,浸入另一個杯子的只有金屬鋅即可。伏打解釋說,這種方法雖然更繁雜,但從某種程度上說比電堆更方便。

伏打將一隻手放入一頭的杯子裏,用自己的額頭、眼瞼或鼻尖通過一根電線與另一頭的杯子相連,他詳細描述了各種不舒服的感覺:「開始我沒有甚麼感覺,不過後來與電線相連的部位有了另一種感覺,是一種刺痛(沒有休克),疼痛僅限於接觸點,還出現了顫抖,不僅持續不停,還不斷加快。很短的時間內,就變得無法忍受,並且直到連接中斷才會停止。」

電池熱潮

當時正是拿破崙戰爭期間,伏打的信能夠到達班克斯手中簡直是一個奇跡,班克斯隨即將信的內容告訴了可能感興趣的人。幾週的時間,英國全民都在製作電池,並研究電流的性質。1800 年以前,科學家只能依靠靜電,既不方便,用處也不大。有了伏打的發明,科

1801年,伏打在巴黎的法蘭西國家研究院向拿破崙・波拿巴演示電堆實驗。拿破崙對此十分讚賞,同年封伏打為伯爵。

> 實驗比任何推理都更權威：事實能夠摧毀我們的推論（即邏輯論證），反之則不然。

—— 亞歷山德羅·伏打

學家得以弄清楚液體、固體、氣體等一系列材料與電流的反應。

第一批使用電池的科學家包括威廉·尼科爾森（William Nicholson）、安東尼·卡萊爾（Anthony Carlisle）和威廉·克魯克香克（William Cruickshank）。1800 年 5 月，他們「製作了一個由 36 個半克朗硬幣和鋅片組成的電堆」，並用鉑絲將電流導入一管水中。水中出現的氣泡經驗證為氫氣和氧氣，體積比為 2:1。雖然亨利·卡文迪許已經指出水的分子式為 H_2O，但這是第一次將水分解為兩種元素。

伏打電堆可謂現代一切電池的始祖。從助聽器到卡車和飛機，幾乎所有事物都要用到電池。沒有電池，我們日常生活中的很多設備都無法工作。

重新分類金屬

伏打電堆的發明推動了電流的研究，從而開創了一個新的物理學分支，並且促進了現代科技的發展。除此之外，伏打嘗試使用不同的金屬組合製作電堆，結果發現有些組合的效果更佳，因此發明了全新的化學分類方法對金屬進行分類。銀和鋅是一對很好的組合，銅和錫也是，但是銀和銀，或者錫和錫卻沒有電流產生，必須是不同的金屬才能生電。伏打整合了實驗結果，將不同的金屬排出一個順序；在這順序中，排位較高的金屬在連接上排位較低的金屬時會成為電池的正極。

自此，這個電化學順序對化學家的研究有着重要的作用。

孰是孰非

頗具諷刺意味的是，伏打因為懷疑伽伐尼的假說，才開始研究不同金屬接觸會產生甚麼效果。但是，伽伐尼並非完全錯誤，我們的神經的確會向全身發射電脈衝，而伏打的理論也並非完全正確。他認為，兩種不同的金屬接觸便會產生電，但漢弗萊·戴維後來指出，無中不能生有，產生電的同時，肯定有其他事物被消耗了。戴維認為，這一過程中發生了某種化學反應，這促使他在電學領域有了更多重大發現。■

亞歷山德羅·伏打

伏打全名為亞歷山德羅·朱塞佩·安東尼奧·安納塔西歐·伏打，1745 年出生於意大利北部科摩一個虔誠的貴族家庭。家人希望伏打將來可以成為一名牧師。然而，伏打卻對靜電產生了興趣，並於 1775 年改裝了一個能夠產生靜電的裝置，即「起電盤」。1776 年，伏打在馬焦雷湖發現了沼氣。他在密封的玻璃器皿中用電火花點燃這種氣體，用這種新穎的方法研究了這種氣體的燃燒。

1779 年，伏打被任命為帕維亞大學的物理教授，並留任 40 年。伏打晚年的時候發明了一支遠程操作的手槍，電流從科摩經過 50 公里到達米蘭啟動一支手槍，這就是電報的前身。電動勢的單位「伏特」正是用伏打的名字命名的。

主要作品

1769 年　《論電的吸引》

看不到開始，
也望不到終點

詹姆斯·赫頓（1726－1797 年）
James Hutton

背景介紹

科學分支
地質學

此前

10 世紀 比魯尼利用化石證據說明，陸地曾位於海底。

1687 年 艾薩克・牛頓指出，可以用科學方法計算地球的年齡。

1779 年 蒲豐伯爵的實驗證明地球的年齡為 74832 年。

此後

1860 年 約翰・菲利普斯計算出，地球的年齡為 9600 萬年。

1862 年 開爾文男爵通過計算地球冷卻的時間，得出地球的年齡為 2000 萬年到 4 億年，後來確定為 2000 萬年到 4000 萬年。

1905 年 歐內斯特・盧瑟福用放射性元素計算礦石的年齡。

1953 年 克萊爾・彼得森測定地球的年齡為 45.5 億年。

幾千年來，人們一直在思考地球的年齡。現代科學出現之前，人們主要根據信仰而非證據去估計地球的年齡，直到 17 世紀隨着人們越來越了解地球的地質結構，地球的年齡才得以確定。

聖經的推論

在猶太教和基督宗教的世界裏，關於地球年齡的推論主要基於《舊約》的描述。但是，因為《舊約》的經文只是簡要講述了創世紀的過程，所以需要大量的解讀，尤其是要理清亞當和夏娃出現之後的複雜族譜年表。

利用聖經推算地球年齡的人中，最著名的當屬愛爾蘭聖公會大主教詹姆斯・厄謝爾（James Ussher）。1654 年，厄謝爾精確指出，上帝創造地球的時間是公元前 4004 年 10 月 23 日週日的前一天晚上。由於這一天作為《舊約》年表的一部分複印在很多聖經版本中，故此

> 從世界誕生至今共有 5698 年。
>
> —— 安條克的狄奧菲魯斯

這日子在基督教文化之中流傳。

科學方法

公元 10 世紀，波斯的學者開始從經驗的角度思考地球的年齡問題。比魯尼（Al-Biruni）是實驗科學的一位先驅，他推論說，如果在乾燥的陸地上發現了海洋生物化石，那麼這塊土地以前一定位於海底。他總結道，地球一定經歷了漫長的演變。另一位波斯學者阿維琴納（Avicenna）提出，岩石是一層一層疊置起來的。

1687 年，艾薩克・牛頓提出了一種可以解決這個問題的科學方法。他表示，一個像地球那麼大的物體，如果由熔鐵構成，大約需要 5 萬年的時間才能冷卻。他將一個「直徑 1 英寸的赤熱鐵球置於戶外」，計算它的冷卻時間，然後按比例得出類似地球大小的物體冷卻所需的時間。牛頓向之前的地球形成理論發出了科學挑戰。

在牛頓的啓發下，法國自然學家喬治－路易・勒克萊爾，即蒲豐

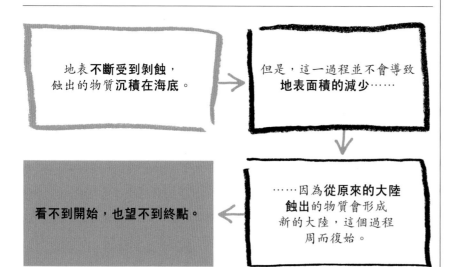

地表**不斷受到剝蝕**，蝕出的物質**沉積在海底**。

但是，這一過程並不會導致**地表面積的減少**……

……因為**從原來的大陸蝕出**的物質會形成新的大陸，這個過程周而復始。

看不到開始，也望不到終點。

參見：艾薩克·牛頓 62~69 頁，路易斯·阿加西斯 128~129 頁，查爾斯·達爾文 142~149 頁，瑪麗·居里 190~195 頁，歐內斯特·盧瑟福 206~213 頁。

伯爵，用一個很大的熾熱鐵球做了一個實驗。他證明，如果地球由熔鐵組成，需要 74832 年才能冷卻。蒲豐私下認為，地球的年齡肯定更為久遠，因為海洋生物化石要形成白堊山還需極為漫長的時間。但是，蒲豐並不想在沒有證據的情況下將自己的觀點發表。

岩石的秘密

在蘇格蘭，詹姆斯·赫頓正用一種截然不同的方法研究地球的年齡。赫頓是蘇格蘭啓蒙運動中一位傑出的自然哲學家。他開創了野外地質考察的先河，並於 1785 年向愛丁堡皇家學會提交了一篇論文，其中用野外證據證明了自己的學說。

地表受到剝蝕，蝕出的物質沉積在海底，這一過程顯然是連續不斷的，赫頓對此十分好奇。但是，正如我們預料的，地表面積並不會因此減少。可能因為想到了朋友詹姆斯·瓦特聞名天下的蒸氣機，赫頓將地球看成「一個所有零件都在運行的材料機器」，不斷回收舊世界的廢棄物，同時不斷重塑新的世界。

赫頓提出了地球－機器理論，但當時還沒有找到支撐證據。1787 年，他發現了自己正在尋找的「不整合面」，即沉積岩岩層出現中斷。赫頓認為，大部分陸地都曾經位於海底，一層層的沉積物不斷堆積、壓縮。很多地方的岩層升高，位於海平面之上，岩層也常常發生變形，所以看起來並不是水平的。赫頓多次發現，年代較為久遠的岩層上界侵入了上面較新岩層的底面。

不整合面説明，地球歷史經歷了很多幕：岩石的侵蝕、搬運以及沉積，這一序列不斷重複着，同時火山活動也會改變岩層，這就是地質循環。根據這一證據，赫頓宣稱，所有的大陸都是由原來大陸蝕出的物質構成的，這一過程周而復始，現在仍在進行。他寫下了一句名言：「因此，現在這個問題的答案是，既看不到開始，也望不到終點。」

赫頓有關「深時」(deep time) 的理論能夠普及開來，主要得益於兩個人。一個是蘇格蘭科學家約翰·普萊費爾 (John Playfair)，他將赫頓的觀察結果寫成了一本

1770年，赫頓在蘇格蘭愛丁堡建了一座房子，用來觀察索爾茲伯里峭壁。他在這些峭壁中發現了火山岩侵入沉積岩的證據。

帶有插圖的圖書；另一位是英國地質學家查爾斯・萊爾（Charles Lyell），他將赫頓的理論發展為「均變論」。均變論認為，自然規律永遠不變，所以現在是通往過去的一把鑰匙。不過，雖然地質學家都相信赫頓的理論，但還是沒有令人滿意的確定地球年齡的方法。

實驗方法

到 18 世紀末，科學家已經知道地核由連續的沉積岩層組成。地質勘探顯示，經過日積月累，這些岩層已經變得很厚，很多都含有各種生物化石，其中的生物也有各自的沉積環境。到 19 世紀 50 年代，地層柱狀圖已或多或少列出了八個系，每個系都根據岩層和化石命名，代表一個地質年代。

岩層的總厚度為 25-112 千米，地質學家對此產生了興趣。他

1897年，開爾文勳爵宣稱，地球的年齡為4000萬年，同年放射性元素被發現。開爾文並不知道，地殼中放射性物質的衰變會產生熱量，大大減慢地球冷卻的速度。

朝時間的深淵遠遠望去，我們會變得頭暈目眩。

——約翰・普萊費爾

們觀察發現，岩屑堆積成岩層所經歷的侵蝕和沉積過程十分漫長，大約每 100 年才增加幾厘米。1858 年，查爾斯・達爾文也加入了這場爭辯，他指出，在英國東南部威爾德地區，需要 3 億年的侵蝕作用，第三紀和白堊紀的岩石才會被穿透，這一判斷其實並不符合實際情況。1860 年，牛津大學地質學家約翰・菲利普斯（John Phillips）估計，地球的年齡大約為 9600 萬年。

但是，1862 年，威廉・湯姆孫（即開爾文男爵）卻將這一切斥為不科學的計算。開爾文嚴格使用實驗觀察法，他表示自己可以用物理學的方法確定地球的實際年齡。他認為，地球的年齡受制於太陽的年齡。這一時期，人們對地球岩石、岩石熔點以及傳導性的理解已經比蒲豐伯爵那個年代有了很大

的進步。開爾文採用的地球初始溫度為 3900℃。他還通過觀察發現，越接近地心，溫度越高，大約每 15 米溫度升高 0.5℃。他通過這兩點，計算出地球冷卻到當前狀態的時間為 9800 萬年，後來又將之改為 4000 萬年。

放射性 「計時器」

因為開爾文的威望，大多數科學家都接受了他的測量方法。然而，地質學家卻感覺，就他們觀察到的地質作用的速度、岩層沉積的速度以及地質史而言，4000 萬年的時間根本不夠。但是，他們也想不出科學方法反駁開爾文。

19 世紀 90 年代，科學家在地球的礦石和岩石中發現了天然放射性物質，原子衰變的速度可以作為一個可靠的計時器，開爾文與地質學家之間的僵局由此打破。1903 年，歐內斯特・盧瑟福預測了放射性衰變的速率，並提出放射性元素可以作為「計時器」，計算含有這種元素的礦石的年代。

1905 年，盧瑟福第一次運用放射性測量法，計算出康涅狄格州格拉斯頓伯里一塊礦石的形成年代為 4.97 億到 5 億年前。他提醒說，這只是其形成年代的下限。1907 年，美國放射化學家伯特倫・博爾特伍德（Bertram Boltwood）改進了盧瑟福的方法，第一次用放射性測量方法計算出地質背景已知的岩石中礦物質的年齡。其中包括一塊斯里蘭卡 22 億年的岩石，這一年齡比之前的估計值上升了一個數量級。到

不整合面埋藏在岩石內部，是指將上下兩層不同年代的岩層分開的界面。下圖為角度不整合面，與詹姆斯·赫頓在蘇格蘭東海岸發現的類似。此圖中，地殼的火山運動使岩層發生傾斜，使之與上面更年輕的岩層間形成了一個角度不整合面。

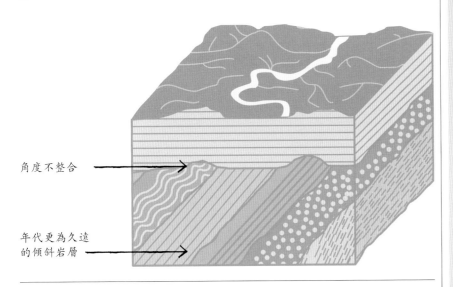

角度不整合 →

年代更為久遠
的傾斜岩層 →

詹姆斯·赫頓

1726 年，詹姆斯·赫頓出生在蘇格蘭愛丁堡一個受人尊敬的商人家庭。他曾在愛丁堡大學學習人文科學，後來又相繼對化學和醫學產生了興趣。不過，他並沒有成為一名醫生，而是開始研究英國東安格利亞使用的農業技術。在那裏，他常常與土壤和岩石打交道，因此燃起了對地質學的興趣。於是，他走遍英格蘭和蘇格蘭，開展野外考察。

1768 年，赫頓回到愛丁堡，與蘇格蘭啓蒙運動的幾位重要人物相識，其中包括工程師詹姆斯·瓦特和道德哲學家亞當·斯密。在接下來的 20 年裏，赫頓建立了計算地球年齡的著名理論，並同朋友們探討，最後於 1788 年發表了長篇概論，後來於 1795 年發表了一本更為厚重的著作，1797 年逝世。

1946 年，英國地質學家阿瑟·霍爾姆斯（Arthur Holms）用同位素測定法測量了格陵蘭島的含鉛岩石，得出這些岩石的年齡為 30.15 億年。這是第一個可信的地球年齡下限。鉛是鈾衰變的產物，霍爾姆斯又計算了岩石中鈾的年齡為 44.6 億年，但是他認為這一定是地球形成前氣體雲的年齡。

最終，美國地球化學家克萊爾·帕特森（Clair Patterson）用放射性測量法得出地球是在 45.5 億年前形成的，這是第一個廣為接受的地球年齡。我們並不知道哪些礦石或岩石形成於地球誕生之初，但是很多隕石都被認為源自太陽系的同一事件。帕特森用放射性測量法計算得出，坎寧迪亞布洛鐵隕石中鉛的年齡為 45.1 億年。用放射性測量法測得，地殼中花崗岩和玄武岩這兩種火成岩的平均年齡為 45.6 億年。帕特森對比兩個年齡之後總結道，兩者年齡相似，說明地球形成於這一時期。到 1956 年，帕特森又進一步做了多次測量，堅定地認為地球的精確年齡為 45.5 億年。這也是當今科學家廣泛接受的一個數值。■

地球過去的歷史一定可以用現在發生的一切來解釋。

—— 詹姆斯·赫頓

主要作品

1795 年 《地球學說：證據和說明》

高山的引力

內維爾·馬斯基林（1732－1811 年）
Nevil Maskelyne

背景介紹

科學分支
地球科學和物理學

此前

1687 年 艾薩克·牛頓發表《原理》一書，其中提到可以用實驗計算地球的密度。

1692 年 為了解釋地球的磁場，埃德蒙多·哈雷提出，地球由三個同心的空心球組成。

1738 年 皮埃爾·布給試圖在厄瓜多爾欽博拉索火山完成牛頓提到的實驗，但未獲成功。

此後

1798 年 亨利·卡文迪許採用另外一種方法計算出地球的密度，結果為 5448kg/m^3。

1854 年 喬治·艾里在礦井中用鐘擺測定地球的密度。

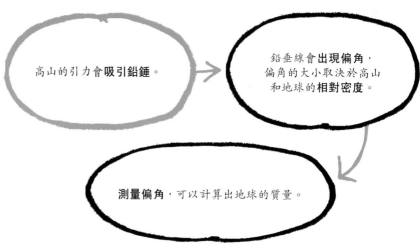

高山的引力會吸引鉛錘。

鉛垂線會出現偏角，偏角的大小取決於高山和地球的相對密度。

測量偏角，可以計算出地球的質量。

17 世紀，艾薩克·牛頓提出了幾種「測量地球重量」或計算地球密度的方法。其中一種方法是，在一座高山的兩側分別測量鉛垂線偏離垂直方向的角度，進而計算高山對鉛垂的引力。鉛垂線偏離垂直方向的角度可以用天文學方法測出。如果可以確定高山的密度和體積，就可以推出地球的密度。然而，牛頓當時打消了這個念頭，因為他認為偏角太小，用當時的儀器無法測出。

1738 年，法國天文學家皮埃爾·布給（Pierre Bouguer）試圖在厄瓜多爾欽博拉索火山完成牛頓提到的實驗。但是，天氣和海拔引發了很多問題，布給認為自己的測量並不準確。

1772 年，內維爾·馬斯基林向英國皇家學會提出，可以在英國做這項實驗。皇家學會表示應允，並派一位測量員負責選擇合適的

參見：艾薩克・牛頓 62~69 頁，亨利・卡文迪許 78~79 頁，約翰・米歇爾 88~89 頁。

高山。他最終選中了蘇格蘭樹赫倫山。馬斯基林在這裏待了將近 4 個月，不斷在山的兩側進行觀測。

岩石的密度

即使沒有任何引力的作用，因為緯度不同，以恆星為參照點，在不同地點測量的鉛垂線偏離角度也會不同。但是，即使將這個因素考慮在內，還是有 11.6 角秒（略大

樹赫倫山被選為實驗地點，因為此山形狀對稱，比較孤立（因此受到其他山峰的引力影響較小）。

於 0.003°）的差別。馬斯基林通過勘測山的形狀以及岩石的密度，計算出樹赫倫山的質量。他假設整個地球的密度與樹赫倫山的密度相同，但是實際的鉛垂線偏角只是預期的一半。馬斯基林意識到，一定是假設的地球密度存在問題，地球的密度顯然要比地表岩石大很多。他推論，地核可能是由金屬構成的。馬斯基林根據測得的實際偏角，計算出地球的整體密度大約是樹赫倫山岩石密度的兩倍。

當時流行的一種說法是地球是空心的，埃得蒙多・哈德就是該理論的支持者。馬斯基林的實驗結果不僅推翻了這一理論，還根據地球的體積和平均密度計算出地

……地球的平均密度至少是地表的兩倍……地球內部的密度遠大於地表。

—— 內維爾・馬斯基林

球的質量。馬斯基林得出的地球平均密度為 $4500kg/m^3$，與現在廣為接受的 $5515kg/m^3$ 相比，誤差不到 20%。此外，這也再次證明了牛頓萬有引力定律的正確性。■

內維爾・馬斯基林

內維爾・馬斯基林 1732 年生於倫敦，求學期間迷上了天文學。從劍橋大學畢業後，領受牧師一職，1758 年成為英國皇家學會成員，1765 年開始擔任皇家天文學家，直至去世。

1761 年，英國皇家學會派馬斯基林去大西洋的聖赫勒拿島觀測金星凌日。通過觀測金星從日面經過的過程，天文學家可以計算出太陽與地球之間的距離。馬斯基林還傾注了大量時間解決了當時的一個重要問題，測量了海上的經度。他採用的方法是測

量月球和某恆星的距離，並查閱當時已發表的星表。

主要作品

1764 年	《聖赫勒拿島的天文觀測》
1775 年	《樹赫倫山的引力及觀測》

自然之謎：花的結構和受精

克里斯蒂安・施普倫格爾（1750－1816 年）
Christian Sprengel

背景介紹

科學分支
生物學

此前

1694 年 德國植物學家魯道夫・卡梅拉留斯發現，花是植物的繁殖器官。

1753 年 卡爾・林奈發表《植物種誌》，提出根據花的結構對植物進行分類的方法。

18 世紀 60 年代 德國植物學家約瑟夫・戈特利布・克爾羅伊特證明，花需要花粉粒才能受精。

此後

1831 年 蘇格蘭植物學家羅伯特・布朗描述了花粉粒在柱頭（雌蕊的一部分）上的生長過程。

1862 年 查爾斯・達爾文發表《蘭花的傳粉》，詳細研究了花和傳粉昆蟲的關係。

18 世紀中葉，瑞典植物學家卡爾・林奈發現，植物的花部相當於動物的生殖器官。40 年後，德國植物學家克里斯蒂安・施普倫格爾研究了昆蟲在被子植物授粉以及受精過程中的重要作用。

互惠互利

1787 年夏天，施普倫格爾發現昆蟲會飛到盛開的花朵上吸食花蜜。他開始思考，花瓣是不是在用自己特殊的顏色和樣式為花蜜「賣廣告」。他推斷，昆蟲之所以被吸引到花朵上，是因為這樣花朵雄蕊上的花粉才能黏到昆蟲身上，並由牠傳遞到另一朵花的雌蕊上。昆蟲得到的報酬就是可以吸食能量很高的花蜜。

施普倫格爾發現，某些被子植物既不鮮艷，也沒有香味，它們依靠風傳播花粉。他還觀察到，很多花既有雄蕊，也有雌蕊，但兩者成熟的時間並不相同，以免自花受精。

1793 年，施普倫格爾將自己的研究著書發表，但在他有生之年都未受到重視，直到達爾文時期才得以正名。達爾文以這本著作為起點，研究了被子植物和某種昆蟲的協同進化。這種昆蟲會為被子植物授粉，並保證異花傳粉，兩者的關係是互惠互利的。■

一隻蜜蜂落在鮮艷花瓣中央的繁殖器官上。在所有的蟲媒傳粉中，蜜蜂佔了 60%，1/3 的糧食作物均靠蜜蜂授粉。

參見：卡爾・林奈 74~75 頁，查爾斯・達爾文 142~149 頁，格雷戈爾・孟德爾 166~171 頁，托馬斯・亨特・摩爾根 224~225 頁。

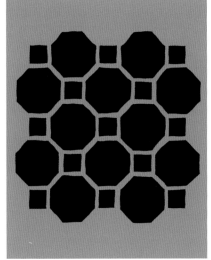

元素總是以一定比例結合

約瑟夫・普魯斯特 (1754–1836 年)
Joseph Proust

背景介紹

科學分支
化學

此前

約公元前 400 年 古希臘哲學家德謨克利特提出，從根本上講，世界是由原子構成的。原子是一種不可見的微粒。

1759 年 英國化學家羅伯特・多西指出，物質以合適的比例化合，他稱之為「飽和比例」。

1787 年 安托萬・拉瓦錫和克勞德・路易・貝托萊發明了我們現在所使用的化合物系統命名法。

此後

1805 年 約翰・道爾頓提出，元素由一定質量的原子組成，化合物由元素組成。

1811 年 意大利化學家阿莫迪歐・阿伏伽德羅將原子和分子區分開來，化合物由分子構成，分子由原子構成。

法國化學家約瑟夫・普魯斯特在 1794 年提出的定比定律指出，不論元素以何種方式結合，化合物中各種元素之間的比例都是相同的。這是在當時已知元素的基礎上創立的一條基本理論，為現代化學奠定了基礎。

在發現這條定律的過程中，普魯斯特利用的正是以安托萬・拉瓦錫為首的法國化學家所倡導的方法。拉瓦錫提倡仔細測量重量、比例和百分比。普魯斯特研究了金屬氧化物中金屬和氧氣的比例。他總結道，金屬氧化物形成時，金屬和氧氣的比例是恆定的。如果同一種金屬按不同比例與氧氣化合，將得到性質不同的另外一種物質。

當時，並非所有人都認同普魯斯特的看法。但是，1811 年，瑞典化學家約恩斯・雅各布・貝爾塞柳斯 (Jöns Jakob Berzelius) 發現，普魯斯特的理論與約翰・道爾頓新提出的原子論相吻合。道爾頓指出，每種元素都由單一的原子組成。如果原子總是以同樣的結合方式形成化合物，那麼普魯斯特認為元素總是以一定比例化合，也一定是正確的。現在，這一理論被視為化學領域的一條重要定律。■

> 鐵和很多其他金屬一樣，也要遵循所有物質化合的自然規律，也就是說，鐵和氧永遠按照 1:2 的比例化合。
>
> ——約瑟夫・普魯斯特

參見：亨利・卡文迪許 78~79 頁，安托萬・拉瓦錫 84 頁，約翰・道爾頓 112~113 頁，約恩斯・雅各布・貝爾塞柳斯 119 頁，德米特里・門捷列夫 174~179 頁。

A CENTURY OF PROGRESS

1800–1900

百年進步
1800年 — 1900年

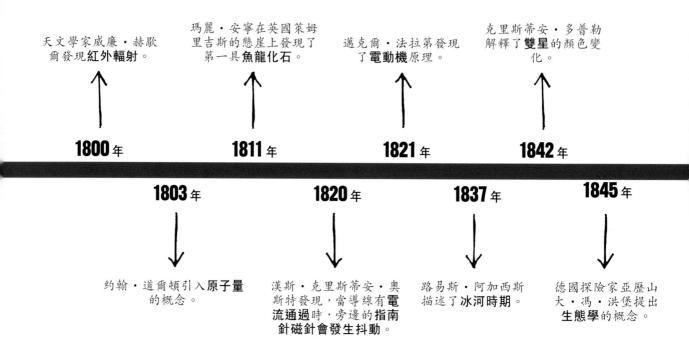

天文學家威廉·赫歇爾發現**紅外輻射**。

1800年

瑪麗·安寧在英國萊姆里吉斯的懸崖上發現了第一具**魚龍化石**。

1811年

邁克爾·法拉第發現了**電動機**原理。

1821年

克里斯蒂安·多普勒解釋了**雙星**的顏色變化。

1842年

1803年
約翰·道爾頓引入**原子量**的概念。

1820年
漢斯·克里斯蒂安·奧斯特發現,當導線有**電流通過**時,旁邊的**指南針磁針會發生抖動**。

1837年
路易斯·阿加西斯描述了**冰河時期**。

1845年
德國探險家亞歷山大·馮·洪堡提出**生態學**的概念。

1799年電池的發明開闢了新的科學研究領域。丹麥的漢斯·克里斯蒂安·奧斯特偶然發現了電與磁的關係。在倫敦皇家研究院工作的邁克爾·法拉第設想了磁場的形狀,發明了世界上第一台電動機。蘇格蘭的詹姆斯·克拉克·麥克斯韋在法拉第理論的基礎上,用複雜的數學方式描述了各種電磁現象。

變不可見為可見

人們發現不可見的電磁波之後,便展開研究,並發現了電磁波的各種規律。在英國巴斯工作的威廉·赫歇爾用棱鏡將太陽光分開成不同顏色的光,並利用溫度計測量它們的溫度。赫歇爾發現,溫度計顯示出最高溫度的光線,是在可見光譜最末端的紅光之外的。他碰巧發現了紅外線輻射,次年又發現了紫外線輻射,這說明可見光譜之外還存在着看不見的光線。之後,德國的威廉·倫琴在實驗室中偶然發現 X 射線。英國醫生托馬斯·楊設計了巧妙的雙縫實驗,以確定光究竟是一種粒子還是一種波。他發現的光波干涉現象成功解決了這一爭論。在布拉格,奧地利物理學家克里斯蒂安·多普勒用光波的頻率會發生變化這一理論解釋了雙星的顏色變化,這種現象就是我們現在所説的多普勒效應。同一時期,法國物理學家伊波利特·斐索和萊昂·傅科在巴黎測量了光速,並指出光在水中的傳播速度遠低於在空氣中的傳播速度。

化學變化

英國氣象學家約翰·道爾頓初步提出,對化學家來説,原子量可能是一個十分有用的概念,並嘗試計算了幾種元素的原子量。15年後,瑞典化學家約恩斯·雅各布·貝爾塞柳斯列出了更完整的原子量表。貝爾塞柳斯的學生弗里德里希·維勒用一種有機鹽合成

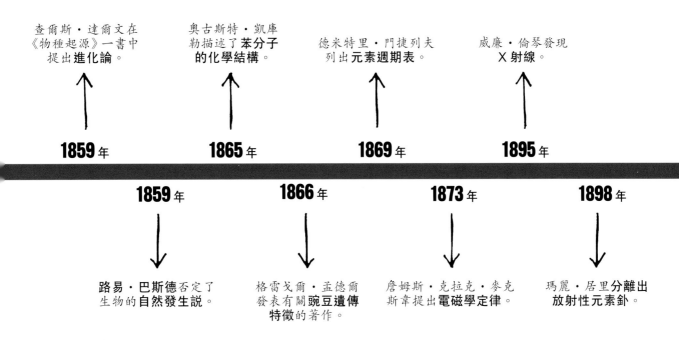

查爾斯‧達爾文在《物種起源》一書中提出**進化論**。

1859年

奧古斯特‧凱庫勒描述了**苯分子的化學結構**。

1865年

德米特里‧門捷列夫列出**元素週期表**。

1869年

威廉‧倫琴發現**X射線**。

1895年

1859年
路易‧巴斯德否定了生物的**自然發生說**。

1866年
格雷戈爾‧孟德爾發表有關**豌豆遺傳特徵**的著作。

1873年
詹姆斯‧克拉克‧麥克斯韋提出**電磁學定律**。

1898年
瑪麗‧居里**分離出放射性元素釙**。

了一種有機化合物，從而打破了有機化合物的生命力學說，即有機物只能從動植物體獲得的觀點。在巴黎，路易‧巴斯德進一步證明，生命不可能自然發生。各方人士紛紛為新的理論提供了靈感。德國化學家奧古斯特‧凱庫勒在即將進入夢鄉之際想出了苯的分子結構。俄國化學家德米特里‧門捷列夫用一副紙牌解決了元素週期表的問題。瑪麗‧居里分離出釙和鈾，成為唯一一名摘得諾貝爾物理學獎和諾貝爾化學獎兩項桂冠的科學家。

歷史的遺跡

在這一百年中，人們對生命的理解也發生了重大變革。在英國南海岸，瑪麗‧安寧通過在懸崖上的挖掘工作，記錄了一系列滅絕生物的化石。不久，理查德‧歐文創造了「恐龍」一詞，用來描述曾自由活動在地球上的「可怕蜥蜴」。瑞士地質學家路易斯‧阿加西斯指出，地球大部分都曾被冰覆蓋，並進一步拓展了自己的想法，認為地球經歷了一次又一次的環境變遷。亞歷山大‧馮‧洪堡通過跨學科研究發現了自然界中的各種關聯，建立了生態學這門學科。法國的讓－巴普蒂斯特‧拉馬克提出進化論，但誤認為獲得性狀的遺傳是進化的動力。到了19世紀50年代，英國

自然學家阿爾弗雷德‧拉塞爾‧華萊士和達爾文同時提出了自然選擇進化論。托馬斯‧亨利‧赫胥黎指出，鳥類很可能起源於恐龍，支持進化論的證據不斷增多。同時，操德語的西里西亞修士格雷戈爾‧孟德爾通過研究數千株豌豆苗，提出了遺傳學的基本定律。雖然孟德爾的遺傳學定律被淹沒了數十年，但最終又被重新發現，從而為自然選擇提供了遺傳機制。

據說，英國物理學家開爾文男爵1900年曾說過一句話：「物理學不會再有甚麼新發現了，剩下的只是更精確的測量而已。」他肯定沒有想到，驚人的發現近在咫尺。∎

陽光下極易操作的實驗

托馬斯・楊（1773－1829 年）
Thomas Young

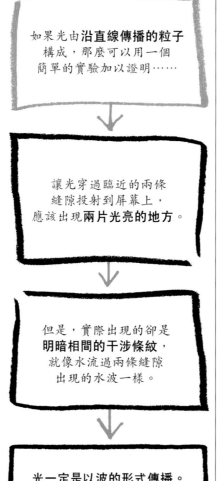

如果光由**沿直線傳播的粒子**構成，那麼可以用一個簡單的實驗加以證明⋯⋯

↓

讓光穿過臨近的兩條縫隙投射到屏幕上，應該出現**兩片光亮的地方**。

↓

但是，實際出現的卻是**明暗相間的干涉條紋，**就像水流過兩條縫隙出現的水波一樣。

↓

光一定是以波的形式傳播。

18 和 19 世紀之交，在光的性質這個問題上，科學界出現了分歧。牛頓認為，一束光由無數快速移動的「顆粒」組成。他表示，如果光由快如子彈的顆粒組成，就可以解釋為甚麼光沿直線傳播，並且還會產生影子。

但是，牛頓的粒子說並不能解釋光為甚麼會發生折射（比如進入玻璃時方向發生改變），以及為甚麼會分解為彩虹一樣多彩的顏色，後者其實也是一種折射現象。克里斯蒂安・惠更斯曾指出，光並不是由粒子構成的，而是一種波。惠更斯說，如果光以波的形式傳播，這些現象就會很容易解釋。但是，因為牛頓在學界的崇高地位，大多數科學家都支持光的粒子說。

1801 年，英國醫生及物理學家托馬斯・楊突然想到了一個簡單而又巧妙的實驗，他認為可以解決這種分歧。這個實驗是托馬斯・楊在觀察蠟燭在水霧中呈現的圖像時想到的，他發現燭火的四周

參見：克里斯蒂安・惠更斯 50~51 頁，艾薩克・牛頓 62~69 頁，萊昂・傅科 136~137 頁，阿爾伯特・愛因斯坦 214~221 頁。

出現了五顏六色的光環。托馬斯・楊認為，光環可能是因為光波干涉形成的。

雙縫實驗

托馬斯・楊在一塊紙板上裁開兩條狹縫，用一束光照射紙板，並在紙板後面放置一張紙。這張紙上所呈現的圖像證明，光是一種波。如果按照牛頓所說，光是由一束束粒子組成的，那麼每條縫隙後面只應該出現一道光。但是，托馬斯・楊看到的卻是明暗相間的條紋，就像是一個模糊不清的條形碼。所以他提出，光波通過狹縫時，發生了干涉現象。如果兩個波的波峰或波谷相遇，波的強度會加倍（相長干涉），產生的就是明亮條紋。如果一個波的波峰與另一個波的波谷相遇，兩者相互抵消（相消干涉），產生的就是黑暗條紋。這說明，光的顏色取決於波長。一

> 科學研究就是一場戰爭，對手包括所有同時代的人以及前輩們。
>
> —— 托馬斯・楊

個世紀以來，因為托馬斯・楊的雙縫實驗，很多科學家相信光是一種波，而不是粒子。直到 1905 年，阿爾伯特・愛因斯坦指出，光既是一種粒子，也是一種波。因為雙縫實驗極易操作，1961 年德國物理學家克勞斯・約恩松用其證明，電子這種亞原子粒子也會產生類似的干涉現象，所以電子肯定也是一種波。■

托馬斯・楊

托馬斯・楊出生於英國薩默塞特郡一個貴格會教徒家庭，家中有十個孩子，他是老大。他天資聰穎，是個不折不扣的神童，綽號為「奇人楊」。13 歲時，已熟練掌握 5 種語言，長大後成為翻譯埃及象形文字的第一人。

托馬斯・楊在蘇格蘭學習醫學，1799 年開始在倫敦行醫。但是，他博學多才，利用業餘時間研究各門科學，包括樂器的定弦理論和語言學等，其中最著名的當屬光學研究。他不僅建立了光的干涉原理，還提出了第一個有關彩色視覺的現代科學理論。他指出，我們看到的顏色都是紅、綠、藍三原色按不同比例混合而成的。

主要作品

1804 年 《物理光學的實驗和計算》

1807 年 《自然哲學與機械工藝課程》

此圖中，光穿過一塊含有兩條縫隙的紙板，到達屏幕。穿過縫隙的光波發生干涉，當波峰（黃色）與波谷（藍色）重疊時，發生相消干涉；當波峰與波峰或者波谷與波谷重疊時，發生相長干涉。

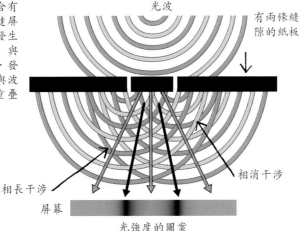

光波

有兩條縫隙的紙板

相長干涉

相消干涉

屏幕

光強度的圖案

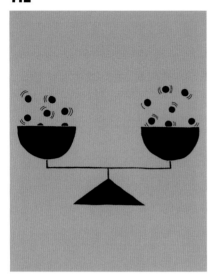

確定基本粒子的相對質量

約翰·道爾頓（1766－1844 年）
John Dalton

背景介紹

科學分支
化學

此前

約公元前 400 年 德謨克利特提出，世界是由看不見的粒子構成的。

公元 8 世紀 波斯博學家賈比爾·伊本·哈揚（亦稱吉伯）將元素分為金屬和非金屬。

1794 年 約瑟夫·普魯斯特指出，元素總是以一定的比例合成化合物。

此後

1811 年 阿莫迪歐·阿伏伽德羅指出，相同體積的任何氣體含有相同的分子數。

1869 年 德米特里·門捷列夫按照原子量排列了元素週期表。

1897 年 約瑟夫·約翰·湯姆孫發現電子，證明原子並不是最小的粒子。

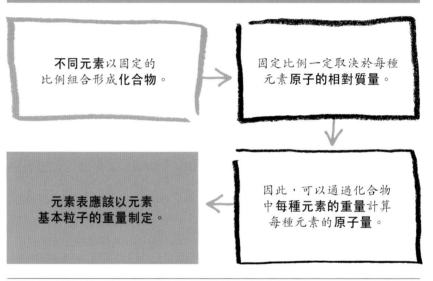

不同元素以固定的比例組合形成**化合物**。

固定比例一定取決於每種元素**原子的相對質量**。

因此，可以通過化合物中**每種元素的重量**計算每種元素的**原子量**。

元素表應該以元素基本粒子的重量制定。

18 世紀接近尾聲之時，科學家開始意識到，世界由一系列基本物質或化學元素組成，但是沒有人知道元素究竟是甚麼。英國氣象學家約翰·道爾頓通過對天氣的研究，發現每種元素都由同一種原子組成。正是這種獨特的原子將各種元素區分開來，並且決定了元素的性質。道爾頓提出原子論，為化學奠定了基礎。原子的概念可以追溯到古希臘，但是一直以來人們都認為所有原子都是一模一樣的。道爾頓的突破在於，他指出構成每種元素的原子是不同的。當時發現的元素包括氫、氧、氮等，道爾頓將構成這些元素的原子描述成「固態的、有質量的、堅硬的、不能穿透的、運動的粒子」。

道爾頓的這一理論源於他對空氣的研究。他發現，氣壓會影響空氣能吸收多少水分。他也堅信空氣由不同的氣體混合而成。道爾頓通過實驗觀察發現，一定量的純氧氣吸收的水蒸氣量要少於同體積

參見：約瑟夫・普魯斯特 105 頁，德米特里・門捷列夫 174~179 頁。

> 就我所知，研究物體基本粒子的相對質量是一個全新的課題。
>
> ——約翰・道爾頓

的純氮氣。他由此得出結論，這是因為氧原子比氮原子的體積更大和重量更沉，這一結論在當時看來尤為驚人。

有重量的物質

　　道爾頓靈光一現，意識到不同元素的原子可以用它們的質量進行區分。他發現，由兩種或兩種以上元素組成的化合物中，原子或「基本粒子」是以簡單比例化合的，因此可以通過計算化合物中每種元素的質量，得出每個原子的質量。道爾頓很快算出了當時已知元素的原子量。

　　道爾頓意識到，氫氣是最輕的氣體，所以他將氫的原子量定為 1。根據氧和氫化合生成水所需的氧氣質量，得出氧的原子量為 7。不過，道爾頓的計算方法存在一定的瑕疵，因為他沒有意識到同種元素的原子也會結合。相反，他一直認為，相同原子構成的化合物，也就是分子，僅含有一個該元素的原子。儘管如此，道爾頓的研究還是將科學家領上了正確的軌道。不到

道爾頓的元素表列出了不同元素的符號和原子量。他曾思考為甚麼空氣和水的粒子可以相互混合，由此通過氣象學的研究轉到了原子理論。

十年的時間，意大利物理學家阿莫迪歐・阿伏伽德羅（Amedeo Avogadro）用自己提出的分子學說正確計算了原子量。但是道爾頓理論的基本思想，即每種元素都由大小不同的原子構成，依然是正確的。■

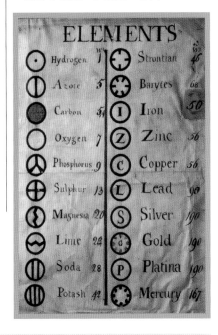

約翰・道爾頓

　　1766 年，約翰・道爾頓出生於英國湖區一個貴格會教徒家庭。15 歲時，道爾頓開始定期觀測天氣，這一經歷給他提供了很多重要的靈感，比如大氣中的水分遇冷會變成雨。除了氣象學研究，道爾頓還對色盲症很感興趣。他和哥哥都是色盲，道爾頓發表了關於這種疾病的科學論文，因此成為曼徹斯特文學哲學會會員，並於 1817 年當選為會長。他為曼徹斯特文學哲學會撰寫了數百篇科學論文，其中包括多篇論述原子論的文章。人們很快接受了原子論，道爾頓因此在有生之年就成為名人。道爾頓 1844 年卒於曼徹斯特，共有 4 萬多人參加了他的葬禮。

主要作品

1805 年　《大氣中的幾種氣體或彈性流體比例的實驗》
1808－1827 年　《化學哲學新體系》

電流的化學效應

漢弗萊・戴維（1778－1829 年）
Humphry Davy

1800 年，亞歷山德羅・伏打發明了電堆，這是世界上第一個電池。很快，很多科學家便開始用電池做實驗。

英國化學家漢弗萊・戴維意識到，電池產生的電來自化學反應。當電堆中兩種不同的金屬（電極）通過中間浸透鹽水的紙板相互反應時，電荷會流動起來。1807 年，戴維率先發現，可以利用電堆產生的電荷分解化合物，這就是後來所說的電解作用。

新金屬的發現

戴維將兩個電極插入乾燥的氫氧化鉀（鉀鹼）中，並將鉀鹼暴露在實驗室潮濕的空氣中，使其受潮，以便能夠導電。他高興地發現，陰極上出現了很多金屬小珠。這些小珠就是新的元素：金屬鉀。幾個星期後，他以同樣的方式電解了氫氧化鈉（苛性鈉），製出了金屬鈉。1808 年，他用電解法發現了四種新的金屬元素：鈣、鋇、鍶和鎂，以及半金屬元素硼。正如電解法一樣，這些元素的商業應用價值極高。■

圖中裝置與戴維在倫敦皇家研究院講課時使用的類似。他用該裝置證明，如何通過電解作用將水分解為兩種元素氫和氧。

參見：亞歷山德羅・伏打 90~95 頁，恩斯・雅各布・貝爾塞柳斯 119 頁，漢斯・克里斯蒂安・奧斯特 120 頁，邁克爾・法拉第 121 頁，德米特里・門捷列夫 174~179 頁。

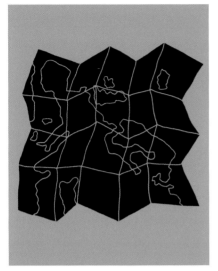

繪製國家地質圖

威廉・史密斯（1769－1839 年）
William Smith

背景介紹

科學分支
地質學

此前

1669 年　尼古拉斯・斯丹諾發表地層學定律，對地質學家進一步理解岩層起了積極作用。

18 世紀 60 年代　德國地質學家約翰・萊曼和格奧爾格・菲克塞爾率先測量了地層的剖面，並繪製地層圖。

1813 年　英國地質學家羅伯特・貝克韋爾根據英格蘭和威爾士的岩石種類繪製了第一張地質圖。

此後

1835 年　英國地質調查局建立，旨在繪製系統的英國地質圖。

1878 年　第一屆國際地質大會在法國巴黎召開，此後每隔 3~5 年召開一次。

18 世紀中期和後期，正值歐洲工業革命風起雲湧之時，對燃料和礦石的需求急劇增加，因此燃起了人們繪製地質圖的熱情。德國礦物學者約翰・萊曼和格奧爾格・菲克塞爾繪製了詳細的鳥瞰圖來展示地貌和岩層。很多地質圖隨後出現，但只是側重不同種類的岩石在地表的分布。直到法國的喬治・居維葉和亞歷山大・布隆尼亞爾，以及英國的威廉・斯

排列有序的化石之於自然學家，猶如錢幣之於古董收藏家。

——威廉・史密斯

密斯，才出現開創性的研究。1811 年，居維葉和布龍尼亞繪製了巴黎盆地的地質圖。

第一張國家地質圖

史密斯是一位自學成才的工程師及測量員，1815 年繪製了第一張國家地質圖，涵蓋英格蘭、威爾士以及蘇格蘭部分地區。史密斯從礦山、採石場、懸崖、運河、公路和鐵路路塹收集了大量岩石樣本。他運用斯丹諾的地層學定律，並根據岩層的獨特化石確定了岩層的年代，由此建立了地層順序。此外，他還繪製了地層的垂直剖面圖以及地殼運動後形成的地質結構圖。

接下來的幾十年裏，第一批國家地質調查局相繼建立，開始有系統地繪製覆蓋全國的地質圖。19 世紀下半葉，隨着國際標準的建立，對比不同國家年代類似的地層得以實現 。■

她知道骨化石屬於哪一族

瑪麗・安寧（1799－1847 年）
Mary Anning

背景介紹

科學分支
古生物學

此前
11 世紀 波斯學者阿維琴納（伊本・西拿）提出，岩石可能由石化流體構成，因此會有化石出現。

1753 年 卡爾・林奈將化石納入他的生物分類系統。

此後
1830 年 英國藝術家貝施創作了第一幅「深時」畫作，重建了史前時代的場景。

1854 年 理查德・歐文和便雅憫・瓦特豪斯・郝金斯製作了第一批原大小的滅絕動植物模型。

20 世紀初 隨着放射性測定技術的發展，科學家可以根據岩層推算岩層中化石所屬的年代。

化石是**存留**下來的動植物**遺體**。 → 人們發現了當今並**不存在**的**大型動物**的化石。

過去，地球上生存着**完全不同的動物**。

到18 世紀末，人們已經普遍認為化石是古代生物的殘骸。隨着周圍的沉積物固結成堅硬的岩石，這些殘骸也發生了石化。瑞典分類學家卡爾・林奈等自然學家首次將化石和生物共同納入了分類體系，將它們分為科、屬、種等層級。然而，化石研究並沒有與其周圍的生物環境結合起來。

19 世紀初，古生物學家發現了大型骨化石，這些化石與當時的任何動物都不相同，因此產生了很多新問題。它們應該分為哪一類呢？它們何時滅絕的？在西方猶太教與基督宗教的文化中，人們相信慈祥的上帝不會讓祂創造的任何生物滅絕。

海洋深處的巨獸

住在英國南海岸萊姆里吉斯的安寧一家世世代代都是化石收集者。這裏的峭壁常年受到海水侵蝕，侏羅紀時代的石灰岩和頁岩岩層已顯露出來，裏面藏有大量古代海洋生物的殘骸。最初的幾具最大的獨特化石都是這家人發現的。1811 年，約瑟夫・安寧（Joseph Anning）發現了一個 1.2 米長的頭骨，嘴部奇長，長滿牙齒。他的妹妹瑪麗找到這具骨架的剩餘部分，

參見：卡爾・林奈 74~75 頁，查爾斯・達爾文 142~149 頁，托馬斯・亨利・赫胥黎 172~173 頁。

總共賣了 23 英鎊。這就是史上第一具滅絕的「海洋巨獸」的完整化石。在倫敦展出後，這具化石備受關注，後被確定為一種已滅絕的海洋爬行動物，命名為「魚龍」，意思是「魚類蜥蜴」。

安寧一家人後來又發現了更多的魚龍，以及第一具完整的蛇頸龍化石，蛇頸龍也是一種海洋爬行動物。他們還發現了英國第一具完整的翼龍化石、新的魚類和甲殼類動物化石。在他們發現的魚類化石中，一部分是稱為箭石的頭足綱動物，有些箭石的墨囊也保存下來。安寧家族，尤其是瑪麗，極具尋找化石的天賦。雖然生活貧苦，但瑪麗能讀書識字，還自學了地質學和分類學，這使她成為一名效率更高的化石收集者。正如哈麗雅特・西爾韋斯特夫人（Lady Harriet

Sylvester）在 1824 年所言，瑪麗・安寧「對這門科學瞭如指掌，她發現骨化石的那一刻，就知道它屬於哪一族」。她成為很多種化石的權威人士，尤其是糞化石。

安寧的化石展現了多塞特郡史前的生物景象，這裏曾是一片熱帶海岸，各種各樣的動物在生活，但現在均已滅絕。1854 年，雕塑家便雅憫・瓦特豪斯・郝金斯（Benjamin Waterhouse Hawkins）和古生學家理查德・歐文，以安寧的化石為原型，為倫敦水晶宮公園製作了一個原大小的魚龍模型。雖然歐文創造了「恐龍」一詞，但正是因為安寧，我們才得以一睹侏羅紀時代豐盛的生物物種。■

1830年，**貝施**根據安寧發現的化石，創作了一幅畫，描述了多塞特郡侏羅紀時代的海洋生物。

瑪麗・安寧

瑪麗・安寧是一位自學成才的化石收集者，關於她的一生，坊間可以找到數本傳記和小說。她出生於英國多塞特郡一個貧窮的新教徒家庭，瑪麗的母親共生了 10 個孩子，但僅有兩個存活下來。他們一家人住在多賽特郡的一個海濱村莊，名為萊姆里吉斯，當時，越來越多的遊客到那裏觀光。瑪麗一家人靠挖掘化石賣給遊客勉強維持生活。正是瑪麗發現並出售了其中最重要的一些化石，即生活在 2.01 億–1.45 億年前侏羅紀時代爬行動物的化石。

因為安寧是一名女性，社會地位卑微，並且不信奉國教，所以在她有生之年並沒有受到正式的認可。她曾在一封信中寫道：「上天對我太刻薄了，我擔心這會讓我不相信任何人。」但是，她在地質學界廣為人知，很多科學家都因為她淵博的化石知識尋求她的幫忙。安寧生病後，因為對科學的貢獻曾被授予每年 25 英鎊的微薄薪金。瑪麗死於乳腺癌，時年 47 歲。

獲得性狀的遺傳

讓－巴普蒂斯特·拉馬克（1744－1829 年）
Jean-Baptiste Lamarck

1809 年，法國自然學家讓－巴普蒂斯特·拉馬克最先提出了一個重要理論，即地球上的生物隨時間不斷進化。他提出這一理論的依據是，發現了與現存生物完全不同的生物化石。1796 年，法國自然學家喬治·居維葉已經指出，從解剖學的角度講，當時發現的類似大象的骨化石與現代大象截然不同，一定屬於某種滅絕的生物，我們現在稱之為猛獁象和乳齒象。

居維葉解釋，古代的生物因為大災難而滅絕。拉馬克對此表示懷疑，他認為，生物進化的過程是漸進的、持續的，從最簡單的生物進化為最複雜的生物。拉馬克指出，環境變化可以促進生物性狀的變化。這些變化通過繁殖遺傳給下一代。有用的性狀會不斷發展，沒用的特徵可能會消失。

拉馬克認為，生物獲得某種性

> 我們每天都會突然改變某種植物的生長環境，而自然界要經過漫長的時期才會做到。
>
> ——讓－巴普蒂斯特·拉馬克

狀後，將這種性狀遺傳給後代。後來，達爾文指出，受孕期間發生的突變通過自然選擇傳遞給後代，這才是變化的根源。拉馬克的「獲得性遺傳」理論因此遭到排斥。但是，近年來，科學家指出，化學品、光、溫度和食物等環境因素確實能夠改變基因以及基因的表現形式。■

參見：威廉·史密斯 115 頁，瑪麗·安寧 116~117 頁，查爾斯·達爾文 142~149 頁，格雷戈爾·孟德爾 166~171 頁，托馬斯·亨特·摩爾根 224~225 頁，邁克爾·敍韋寧 318~319 頁。

每種化合物都由兩部分構成

約恩斯・雅各布・貝爾塞柳斯（1779－1848 年）
Jöns Jakob Berzelius

背景介紹

科學分支
化學

此前

1704 年　艾薩克・牛頓提出，原子在某種力的作用下結合在一起。

1800 年　亞歷山德羅・伏打證明，將兩塊不同的金屬相互靠攏會產生電，由此發明了世界上第一個電池。

1807 年　漢弗萊・戴維通過電解鹽分離出鈉以及其他金屬元素。

此後

1857－1858 年　奧古斯特・凱庫勒等人提出了化合價的概念，化合價是指原子能夠形成的化學鍵的數量。

1916 年　美國化學家吉爾伯特・路易斯提出共價鍵的概念，而德國物理學家瓦爾特・科塞爾提出了離子鍵的概念。共價鍵由共同電子對相互作用形成。

亞歷山德羅・伏打發明電池以後，給新一代的化學家帶來了靈感，約恩斯・雅各布・貝爾塞柳斯就是其中的一位重要人物。貝爾塞柳斯做了一系列實驗，研究電對化學物的影響。他提出了電化二元論，並於 1819 年發表。該理論指出，化合物由帶有正負電荷的元素組成。

習慣了一種觀點之後，往往會對其深信不疑，這會讓我們無法接受反對這種觀點的證據。

——約恩斯・雅各布・貝爾塞柳斯

1803 年，貝爾塞柳斯與一位礦主共同製作了一個伏打電堆，想弄清楚電究竟是如何分解鹽的。鹼金屬和鹼土金屬會向電堆的負極移動，而氧、酸和氧化物則會向電堆的正極移動。他總結道，鹽這類化合物是由一個帶正電的鹼性氧化物和一個帶負電的酸性氧化物組成。

貝爾塞柳斯提出了二元論，該理論表示，化合物由其組成成分之間正負電荷的吸引而結合起來。雖然後來證明該理論並不準確，但卻引發了對化學鍵的進一步探索。1916 年，科學家發現化合物是以離子鍵的形式結合的，其中原子失去或得到電子，形成帶相反電荷而相互吸引的原子，即離子。其實，這只是化合物中原子相互作用的一種方式，另一種則是共價鍵，即原子間形成共用電子對。■

參見：艾薩克・牛頓 62~69 頁，亞歷山德羅・伏打 90~95 頁，約瑟夫・普魯斯特 105 頁，漢弗萊・戴維 114 頁，奧古斯特・凱庫勒 160~165 頁，萊納斯・鮑林 254~259 頁。

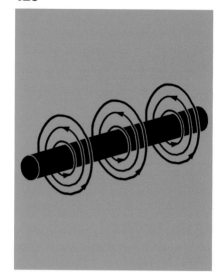

電流的作用並不限於導線內

漢斯·克里斯蒂安·奧斯特（1777－1851 年）
Hans Christian Ørsted

背景介紹

科學分支
物理學

此前

1600 年　威廉·吉爾伯特做了第一個有關電和磁的科學實驗。

1799 年　亞歷山德羅·伏打發明了第一個電池。

此後

1820 年　安德烈·瑪麗·安培提出了電磁學的數學理論。

1821 年　邁克爾·法拉第製造了第一台電動機，演示了電磁旋轉現象。

1831 年　法拉第和美國科學家約瑟夫·亨利分別發現了電磁感應現象，法拉第利用電磁感應發明了第一台發電機，將動能轉化為電能。

1864 年　詹姆斯·克拉克·麥克斯韋建立了一系列方程式來描述電磁波，光波也包括在內。

科學誕生之初，人們便開始尋找所有力和物質的潛在統一性，但是直到 1820 年才迎來了第一次重大突破。這一年，丹麥哲學家漢斯·克里斯蒂安·奧斯特發現了電與磁的關係。早在 1801 年奧斯特見到德國化學家及物理學家約翰·威廉·里特爾（Johann Wilhelm Ritter）時，就聽他提起過電與磁的關係。奧斯特還曾受到哲學家伊曼努爾·康德（Immanuel Kant）自然具有統一性這思想的影響，此時奧斯特正式開始研究這個問題。

電流的作用似乎不僅限於導線內部，而是擴展到了導線周圍的領域。

——漢斯·克里斯蒂安·奧斯特

偶然的發現

奧斯特在哥本哈根大學教書時，有一天想向學生展示伏打電堆產生的電流能夠使導線變熱、發紅。他發現，每次接通電源時，導線旁邊的指南針指針都會抖動一下。這是電磁關係的第一個證據。通過進一步研究，奧斯特確信，電流通過導線時產生了一個環形磁場。

奧斯特的發現促使歐洲的科學家迅速加入了研究電磁學的隊伍。同年晚些時候，法國物理學家安德烈·瑪麗·安培（André-Marie Ampère）提出了有關這一新現象的數學理論。1821 年，邁克爾·法拉第證明電磁力能夠將電能轉化為機械能。■

參見：威廉·吉爾伯特 44 頁，亞歷山德羅·伏打 90~95 頁，邁克爾·法拉第 121 頁，詹姆斯·克拉克·麥克斯韋 180~185 頁。

有一天，你會對此徵稅的

邁克爾・法拉第（1791－1867 年）
Michael Faraday

英國科學家邁克爾・法拉第發現的電動機和發電機原理為電學革命鋪平了道路。這場革命徹底改變了現代世界，燈泡、電信等各種發明紛紛出現。法拉第本人曾預料，他的發現極具價值，可以為政府帶來稅收。

1821 年，法拉第聽說漢斯・克里斯蒂安・奧斯特發現電磁關係之後幾個月，解釋了磁鐵在載流導線周圍以及載流導線在磁鐵周圍的運動方式。載流導線周圍產生環形磁場，磁場會對磁鐵產生切線方向的力，因此磁鐵會做圓周運動。這就是電動機的原理。改變電流方向，載流導線的磁場方向也隨之改變，磁鐵將做旋轉運動。

發電

十年後，法拉第有了更為重要的發現，運動的磁場能夠產生感應

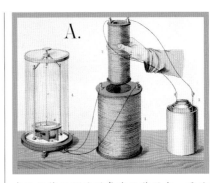

在法拉第證明電磁感應的裝置中，電流在較小的電磁線圈中流動，當該線圈在較大的電磁線圈中上下移動時，大線圈中也會產生電流。

電流。大約同一時期，美國物理學家約瑟夫・亨利（Joseph Henry）也發現了這一現象。這就是發電的根本原理。電磁感應將旋轉渦輪產生的動能轉化為電能。■

參見：亞歷山德羅・伏打 90~95 頁，漢斯・克里斯蒂安・奧斯特 120 頁，詹姆斯・克拉克・麥克斯韋 180~185 頁。

熱量能夠穿透宇宙中的一切物質

約瑟夫・傅里葉（1777－1831 年）
Joseph Fourier

背景介紹

科學分支
物理學

此前

1761 年 約瑟夫・布萊克發現潛熱，即在溫度不變的情況下冰融化和水沸騰時所吸收的熱量。他還研究了比熱，物質升高溫度所需要的一種特性。

1783 年 安托萬・拉瓦錫和皮埃爾－西蒙・拉普拉斯測定了一些物質的潛熱和比熱。

此後

1824 年 尼古拉・薩迪・卡諾提出熱能可以轉化為機械能的熱機定理，為熱力學定律奠定了基礎。

1834 年 埃米爾・克拉佩龍指出，熱能會不斷擴散，由此建立了熱力學第二定律。

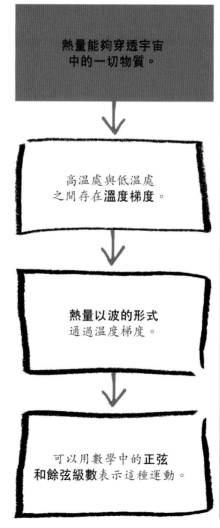

熱量能夠穿透宇宙中的一切物質。

↓

高溫處與低溫處之間存在**溫度梯度**。

↓

熱量以波的形式
通過溫度梯度。

↓

可以用數學中的**正弦和餘弦級數**表示這種運動。

能量守恆定律是目前最基本的物理學定律之一，其表述如下：能量既不會憑空產生，也不會憑空消滅，它只會從一種形式轉化為另一種形式，或者從一個物體轉移到其他物體。法國數學家約瑟夫・傅里葉率先研究了熱以及熱量是如何從高溫處傳到低溫處的。

傅里葉對固體中的熱傳導以及物體冷卻放熱十分感興趣。此前，他的同胞讓－巴普蒂斯特・畢奧（Jean-Baptiste Biot）曾設想，熱傳播這一現象屬於「超距作用」，在此過程中熱量從高溫處傳到低溫處。畢奧將固體中的熱流劃分為不同的部分，熱傳播的過程可以視為熱量從一部分跳躍至另一部分，這樣就可以利用傳統公式對其加以研究。

溫度梯度

傅里葉研究熱流的方式完全不同，他關注的是溫度梯度，即高溫處與低溫處之間的連續梯度。因

參見：艾薩克・牛頓 62~69 頁，約瑟夫・布萊克 76~77 頁，安托萬・拉瓦錫 84 頁，查爾斯・基林 294~295 頁。

> 數學可以對比各種各樣的現象，並發現連接這些現象的秘密類比關係。

—— 約瑟夫・傅里葉

為溫度梯度無法用傳統公式量化，所以傅里葉發明了新的數學方法。

傅里葉的重點在於波，並試圖用數學方法來表示這種波。傅里葉發現，不管甚麼波形，每一次類似於波的運動，即溫度梯度，都可以用數學方法將簡單的波疊加起來進行估算。這些疊加在一起的波就是三角函數中的正弦波和餘弦波，可以用級數加以表示。

這些波的運動方式一致，都是從波峰到波谷。疊加在一起的簡單波越多，形成的波就越複雜，可以用這種疊加方法估算任何一種波形。這種無窮的級數現稱為傅里葉級數。

1807 年，傅里葉發表了自己的觀點，但卻遭到批評，直到 1822 年才最終被人接受。傅里葉並沒有停止對熱的研究，1824 年，他又研究了地球從太陽那裏吸收的熱量以及散失到太空中的熱量之間的區別。傅里葉發現，考慮到日地距離，地球之所以暖和舒適，是因為大氣中的氣體將熱量保留，使其無法輻射到太空中，這一現象我們現在稱為溫室效應。

如今，傅里葉分析不僅應用在熱傳導領域，還被用於解決聲學、電氣工程、光學以及量子力學等很多前沿科學中的問題。■

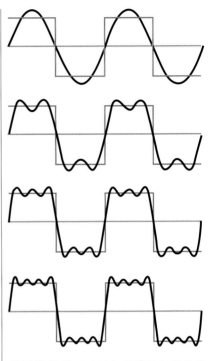

傅里葉級數可以近似計算任何形狀的波，甚至包括方波在內（粉紅色所示）。在級數中增加越多的正弦波，結果就越接近於方波。級數中最開始的四個近似值（黑色所示）中，每一個都比前一個多了一個正弦波。

約瑟夫・傅里葉

約瑟夫・傅里葉出生在法國歐塞爾一個裁縫家庭，十歲時父母雙亡，被當地的修院收養，後來進入軍校學習。在軍校裏，他表現出數學天賦。當時，法國正處於大革命的動盪之中。1794 年，法國恐怖統治期間，傅里葉與其他革命者爭吵後，被捕入獄，很快又得到釋放。

法國大革命結束後，傅里葉於 1798 年跟隨拿破崙遠征埃及。傅里葉受命擔任埃及長官，負責研究古埃及

文物。1801 年，傅里葉回到法國，任阿爾卑斯大區伊澤爾的省地方長官。在此期間，他負責監管道路和排水系統建設，同時發表自己對古埃及的開創性研究，並開始了對熱的探索。1831 年，傅里葉絆倒後跌落樓梯，不治身亡。

主要作品

1807 年 《熱在固體中的傳播》

1822 年 《熱的解析理論》

無機物人工合成有機物

弗里德里希・維勒（1800－1882 年）
Friedrich Wöhler

背景介紹

科學分支
化學

此前

18 世紀 70 年代 安托萬・拉瓦錫等人證明，水和鹽加熱後能夠回到初始狀態，但是糖和木頭卻不能。

1807 年 約恩斯・雅各布・貝爾塞柳斯指出無機化學物和有機化學物的根本區別。

此後

1852 年 英國化學家愛德華・弗蘭克蘭提出化合價的概念，化合價是指原子與其他原子結合的能力。

1858 年 英國化學家阿奇博爾德・庫珀提出原子間化學鍵的概念，解釋了化合價的用處。

1858 年 庫珀和奧古斯特・凱庫勒提出，有機物由碳原子結合成的碳鏈以及其他原子構成的側鏈組成。

1807 年，瑞典化學家約恩斯・雅各布・貝爾塞柳斯提出，生物體內的化學物與其他化學物存在本質的區別。貝爾塞柳斯指出，這些獨特的「有機」化學物只能由生物合成，一旦分解，用人工的方式無法再次合成。他的思想與當時盛行的「生命力學說」正好吻合。生命力

尿素富含氮，廣泛用於化肥中，因為氮是植物生長必需的原料。維勒是合成尿素的第一人，目前合成尿素已成為化學行業一種重要的原材料。

學說認為，生命具有特殊性，生物被賦予了化學家所無法參透的「生命力」。所以，當德國化學家弗里德里希・維勒通過開創性的實驗證明有機物根本沒有甚麼特別之處，而是和所有化學物都遵循一樣的基本規則時，世界一片嘩然。

我們現在知道，有機物由很多以碳元素為主的分子構成。這些分子確實是生命不可缺少的組成成分，但正如維勒所發現的那樣，很多都能用無機物合成。

化學領域的競爭對手

維勒的突破其實源於一次科學的較量。19 世紀 20 年代初，維勒和另一位化學家尤斯圖斯・馮・李比希（Justus von Liebig）分析兩種截然不同的物質後卻得出了相同的化學式。這兩種物質一種是極具爆炸性的雷酸銀，一種是較為穩定的氰酸銀。這兩位化學家都認為對方的結論是錯誤的，但是互通信件後，他們發現彼此都是正確的。這一組

參見：安托萬·拉瓦斯 84 頁，約翰·道爾頓 112~113 頁，約恩斯·雅各布·貝爾塞柳斯 119 頁，利奧·貝克蘭 140~141 頁，奧古斯特·凱庫勒 160~165 頁。

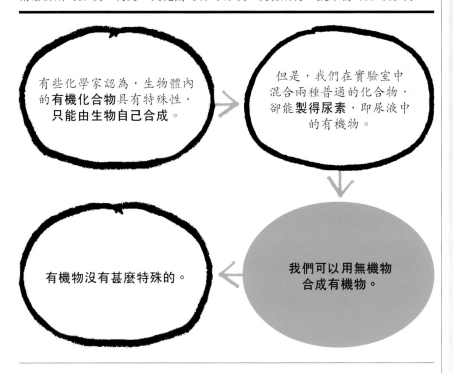

有些化學家認為，生物體內的**有機化合物**具有特殊性，**只能由生物自己合成**。

但是，我們在實驗室中混合兩種普通的化合物，卻能**製得尿素**，即尿液中的有機物。

我們可以用無機物合成有機物。

有機物沒有甚麼特殊的。

弗里德里希·維勒

弗里德里希·維勒出生於德國法蘭克福附近的埃申海默爾，曾在海德堡大學學習產科學，但化學才是他的興趣所在。1823年，維勒來到斯德哥爾摩跟隨約恩斯·雅各布·貝爾塞柳斯學習。回到德國後，維勒走上了化學研究和創新之路，開啓了自己輝煌的職業生涯。

維勒首次人工合成了有機物，除此之外，他還製出了鋁、鈹、釔、鈦、硅等其他元素，這些發現大多都是與尤斯圖斯·馮·李比希共同努力的結果。他還在「化學基」這一概念的提出上扮演了重要角色，化學基是指構成其他物質的基本分子團。雖然這一理論後來被人推翻，但卻為今天我們對分子組成方式的理解奠定了基礎。晚年時，維勒成為隕石化學研究的權威人士，並幫助建立了一家純化鎳的工廠。

主要作品

1830 年　《無機化學概論》
1840 年　《有機化學概論》

化合物讓化學家意識到，物質的性質不僅由分子中原子的數量和種類決定，還與原子排列的方式有關。同樣的化學式可能代表性質不同、化學結構也不同的化合物。貝爾塞柳斯後來將這些化學式相同而結構不同的化合物稱為同分異構體。

維勒的合成實驗

維勒將氰酸銀和氯化銨混合在一起，本以為會得到氰酸銨，結果卻生成了一種與氰酸銨性質不同的白色物質。當他將氰酸鉛和氫氧化銨混合時，也得到了這種白色粉末。經分析證明，這種物質是尿素，這種有機物是尿液中的重要成分，與氰酸銨化學式相同。根據貝爾塞柳斯的理論，尿素只能在生物體內產生，但維勒卻用無機物合成了這種有機物。維勒給貝爾塞柳斯寫了一封信，信中寫道：「我必須告訴您，我不需要腎臟也能製出尿素。」他還解釋，尿素實際上是氰酸銨的同分異構體。

雖然人們很多年後才意識到維勒這一發現的重要性，但它還是為現代有機化學的發展指明了方向。有機化學不僅揭示了所有生物對化學過程的依賴，還實現了珍貴有機物的規模化生產。1907 年，酚醛塑膠面世，這是一種由兩種有機物合成的聚合物，從此人們進入了「塑膠時代」，現代世界也因此塑造成形。■

風從不直着吹

古斯塔夫‧加斯帕爾‧科里奧利
（1792－1843 年）
Gaspard-Gustave de Coriolis

背景介紹

科學分支
氣象學

此前
1684 年 艾薩克‧牛頓提出向心力的概念，指出做曲線運動的物體一定受到了外力的作用。

1735 年 喬治‧哈得來指出，信風是吹向赤道的風，原因是地球自轉改變了氣流方向。

此後
1851 年 萊昂‧傅科證明，地球自轉改變了鐘擺的擺動方向。

1856 年 美國氣象學家威廉‧費雷爾指出，風的方向與等壓線平行。等壓線是指將氣壓相等的點連接起來所形成的線。

1857 年 荷蘭氣象學家白貝羅提出一條定律：人背風而立，在北半球，低氣壓區位於人的左側。

氣流和洋流的方向並非直線。隨着氣流和洋流的運動，在北半球會向右偏轉，在南半球會向左偏轉。19 世紀 30 年代，法國科學家古斯塔夫‧加斯帕爾‧科里奧利發現了這種現象背後的原理，也就是我們現在所說的科里奧利效應。

地轉偏向力

科里奧利是在研究轉動水輪時發現了這種現象，不過氣象學家後來意識到，這種效應也適用於風和洋流的運動方式。

科里奧利指出，當物體穿過一個旋轉表面時，它獲得的動量會使其做曲線運動。假設在一個旋轉平台的中心向外拋一個球，這個球也會做曲線運動，雖然在平台之外的人看來，它做的其實是直線運動。

同理，在不斷自轉的地球表面，風向也會發生偏轉。如果沒有

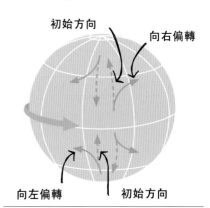

地球自轉使風在北半球向右偏轉，在南半球向左偏轉。

初始方向　向右偏轉

向左偏轉　初始方向

科里奧利效應，風只會從高氣壓區沿直線吹向低氣壓區。事實上，風向是低氣壓對風的拉力以及科里奧利力平衡後的結果。因此，在北半球，風以順時針方向流向低氣壓區，在南半球則是逆時針方向。同樣，洋流在北半球以順時針方向、在南半球以逆時針流動，進而形成一個巨大的迴環。■

參見：喬治‧哈得來 80 頁，羅伯特‧菲茨羅伊 150~155 頁。

論雙星的顏色

克里斯蒂安·多普勒（1803－1853 年）
Christian Doppler

背景介紹

科學分支
物理學

此前

1677 年 奧勒·羅默通過研究木星的衛星估算出光的速度。

此後

19 世紀 40 年代 荷蘭氣象學家白貝羅將多普勒頻移應用於聲波，法國物理學家伊波利特·斐索將多普勒頻移應用於電磁波。

1868 年 美國天文學家威廉·哈金斯利用紅移計算出一顆恆星的速度。

1929 年 埃德溫·哈勃指出星系紅移與星系和地球之間的距離有關，從而證明了宇宙在不斷膨脹。

1988 年 利用恆星的多普勒頻移現象，發現了繞其運轉的行星，這是歷史上發現的第一顆系外行星。因為行星的引力影響了恆星的旋轉，這顆恆星看起來「搖搖晃晃」。

光 的顏色取決於光的頻率，而頻率就是每秒鐘波源發出的波的數量。如果有一個波源正朝着我們移動，那麼波源放出的第二個波將比第一個波距離我們更近，所以到達我們的時間會比波源保持不動時更短。所以，如果波源和觀察者相互接近，波的頻率增大；如果兩者遠離，頻率減少。這種現象適用於所有類型的波，包括聲波在內，也可以解釋救護車通過時警笛的聲調由高變低。

就我們肉眼看來，大多數星星都是白色的，但是如果用望遠鏡觀看，很多星星會呈現出紅色、黃色或藍色。1842 年，奧地利物理學家克里斯蒂安·多普勒指出，有些星體之所以會呈現出紅色，是因為它們正遠離地球，在此過程中光波會越來越長。因為可見光中波長最長的是紅光，所以這種現象被稱為紅移（正如 241 頁所示）。

現在我們知道，星體的顏色主要取決於它的溫度（溫度越高，呈現的顏色越藍），但有些星體的運動可以通過多普勒頻移探知。雙星是相互環繞轉動的兩顆星，它們的旋轉會產生不斷變化的譜線藍移和譜線紅移。■

天空呈現出一片奇妙的景觀，我正後方的所有星星現在都是深紅色的，而我正前方的星星都是紫色的。紅寶石在我的後面，紫水晶在我的前方。

——奧拉夫·斯特普爾頓，
小説《造星者》作者(1937)

參見：奧勒·羅默 58~59 頁，埃德溫·哈勃 236~241 頁，傑弗里·馬西 327 頁。

冰川是上帝的偉大工具

路易斯・阿加西斯（1807－1873 年）
Louis Agassiz

背景介紹

科學分支
地球科學

此前
1824 年 挪威的延斯・埃斯馬克提出，冰川是峽灣、漂礫和冰磧產生的原因。

1830 年 查爾斯・萊爾指出，自然法則永遠都是一樣的，所以現在就是認識過去的鑰匙。

1835 年 瑞士地質學家夏彭蒂耶指出，日內瓦湖附近的漂礫是阿爾卑斯冰川從勃朗峰搬運而來的。

此後
1875 年 蘇格蘭科學家詹姆斯・克羅爾指出，地球軌道的變化可以用來解釋冰河時期的溫度變化。

1938 年 塞爾維亞物理學家米盧廷・米蘭科維奇發現氣候變化與地球軌道週期變化之間的關係。

冰川後退時會在途經的地表留下**特殊的印記**。

↓

在**沒有冰川**的地方發現了這些印記。

↓

那麼，這些地方**過去**肯定被**冰川覆蓋**。

冰川流經地表後會留下獨特的印記。冰川能夠使岩石變得平坦或圓滑，往往還會在上面留下條痕，這些條痕可以說明冰川的流動方向。此外，冰川還會從遙遠的地方帶來大小不一的石塊，也就是漂礫。一般來說，漂礫容易辨認，因為它們的組成成分與下面的岩石有所不同。地表的岩石通常由河流搬運至別處，但很多漂礫十分巨大，河流是搬不動的。因此，

如果眾多岩石中存在與眾不同的成員，那麼它將是冰川曾經流經此地的明顯標誌。谷底的冰磧也是冰川作用的結果。冰磧由碎石堆積而成，冰川流過時，碎石被推向兩側，冰川消退時，它們就留在了那裏。

岩石之謎

19 世紀，地質學家將條痕、漂礫和冰磧等特徵看作是冰川流過的證據，但他們無法解釋在地球上

參見：威廉·史密斯 115 頁，阿爾弗雷德·魏格納 222~223 頁。

沒有冰川的區域為何也會發現這種遺跡。當時，一種理論認為，岩石被一次又一次的洪水搬運至此。洪水可以解釋歐洲大部分基岩上方覆蓋的「漂礫」（當時，「漂礫」指泥沙以及包括我們現在所說的漂礫在內的砂石）。當最後一次洪水消退時，這種物質便沉積下來。那些最大的漂礫原來可能在冰山裏，冰山消融後，便沉積下來。但是，這一理論無法解釋所有的冰川遺跡。

冰河世紀

19 世紀 30 年代，瑞士地質學家路易斯·阿加西斯（Louis Agassiz）用了幾個假期的時間，在歐洲阿爾卑斯山研究冰川和峽谷。他發現，冰山遺跡到處都是，不僅僅限於阿爾卑斯山上。如果地球曾經被更多的冰層覆蓋，這種現象就可以得到解釋。曾幾何時，地球絕大部分都被冰蓋覆蓋，而現在的冰川肯定是剩下的冰蓋。不過，阿加西斯想先說服其他人再發表自己的理論。阿加西斯在阿爾卑斯山老紅砂岩中挖掘魚化石時，曾見到了英國著名的地質學家威廉·巴克蘭（William Buckland）。他給巴克蘭看了有關冰河世紀理論的證據，巴克蘭對此深信不疑。1840 年，二人前往蘇格蘭，在那裏尋找冰河作用的證據。此行結束後，阿加西斯在倫敦地質學會發表了自己的理論。雖然當時頂尖的地質學家巴克蘭和查爾斯·萊爾都支持他的理論，但學會的其他成員卻無動於衷。起初，地球幾乎被冰層覆蓋的說法還不如大洪水可信。不過，冰河世紀的理論逐漸得到了認可。如今，地質學很多領域都有證據證明，歷史上地球曾多次被冰層覆蓋。■

阿加西斯首次提出，巨大的漂礫，比如愛爾蘭凱爾谷中的漂礫，是古代冰川消退沉積下來的。

路易斯·阿加西斯

1807 年，路易斯·阿加西斯出生在瑞士的一個小村莊。他學的是醫學，卻成為納沙泰爾大學的自然歷史教授。他最初的科學研究是在法國自然學家喬治·居維葉手下完成的，其中包括給巴西的淡水魚分類。此外，阿加西斯還承擔了研究魚化石的各種工作。19 世紀 30 年代末，他的興趣擴展至冰川和動物分類。1847 年，他開始供職於美國哈佛大學。

阿加西斯自始至終都未接受達爾文的進化論，他認為物種是「上帝心裏的想法」，所有物種都是為其生存環境專門設計的。他支持「多祖論」，這種理論認為不同人種擁有不同的祖先，但都是上帝分別創造的。由於他曾經的種族主義思想，令他在現代的聲譽嚴重受損。

主要作品

1840 年　《冰川研究》
1842－1846 年　《動物命名法》

自然界是一個統一的整體

亞歷山大・馮・洪堡（1769－1859 年）
Alexander von Humboldt

背景介紹

科學分支
生物學

此前
公元前 5 世紀－前 4 世紀 古希臘作家發現,動植物及其周圍環境之間存在着一種關係網。

此後
1866 年 恩斯特・黑克爾創造了「生態學」一詞。

1895 年 歐根紐斯・瓦明出版第一本生態學大學教科書。

1935 年 阿瑟・坦斯利創造了「生態系統」一詞。

1962 年 蕾切爾・卡森在《寂靜的春天》一書中,對殺蟲劑的危害提出了警告。

1969 年 「地球之友」組織成立。

1972 年 詹姆斯・洛夫洛克在蓋亞假說中將地球視為一個有機體。

生態學是研究有生命的世界與無生命的世界之間相互關係的科學。經過 150 年的時間,它才成為一門重視科學研究的嚴謹、系統的學科。1866 年,德國進化生物學家恩斯特・黑克爾(Ernst Haeckel)創造了「生態學」(Ecology)一詞。這個詞源於希臘的「oikos」,意為房子、居所或理念,以及「logo」意為學習或話語。不過,在他之前的德國博物學家亞歷山大・馮・洪堡才被視為現代生態學思想的先驅。

通過大量的考察和寫作,洪堡提出了一種新的科學方法。他將所有自然科學聯繫在一起,運用最新的科學儀器,不斷地觀察,並嚴謹地分析數據,以這種史無前例的方式試圖將自然看成一個統一的整體。

鱷魚的牙齒

雖然洪堡的整體觀很新,但生態學的概念最早是從古希臘作家對

引領我前行的主要動力是竭盡全力弄清楚物體之間的普遍聯繫,並將自然界描繪成一個由內力驅動並注入生機的統一整體。

——亞歷山大・馮・洪堡

自然歷史的研究中發展而來的。公元前 5 世紀的希羅多德(Herodotus)就是其中一位作家。在他最早的一部有關「相互依賴」(也就是「互利共生」)的論述中,希羅多德描述,埃及尼羅河的鱷魚會張開嘴,讓鳥兒為牠清理牙齒。

百年過後,古希臘哲學家亞里士多德和他的學生泰奧弗拉斯托斯(Theophrasus)通過觀察物種的遷徙、分布和行為,首先提出了生態位這一概念。生態位是指大自然中的一個特定地點,與物種生活方式之間是相互塑造的關係。泰奧弗拉斯托斯廣泛地研究植物,並撰寫了大量相關文章,他發現了氣候和土壤對植物生長和分布的重要性。他

1803年,**洪堡帶領**一行人登上了墨西哥的華魯羅火山,此時該火山剛剛形成44年。洪堡通過研究不同植物的生長地點,將地質學、氣象學和生物學聯繫起來。

參見：讓－巴普蒂斯特·拉馬克 118 頁，查爾斯·達爾文 142~149 頁，詹姆斯·洛夫洛克 315 頁。

們師徒二人的觀點影響了之後 2000 年的自然哲學。

自然界的統一力量

洪堡的自然觀繼承了 18 世紀末浪漫主義的思想。浪漫主義強調感覺、觀察和經驗對理解世界統一性的價值，與理性主義正好相反。與同時代的詩人約翰·沃爾夫岡·馮·歌德（Johann Wolfgang von Goethe）和弗里德里希·席勒（Friedrich Schiller）一樣，洪堡也倡導自然統一論以及自然哲學和人文主義的觀點。他的研究十分廣泛，包括解剖學、天文學、礦物學、植物學、商業和語言學，這為他探索歐洲以外的自然世界提供了必要的廣博知識。

正如洪堡所說：「看到外來植物，即使是集中收藏的植物標本，也會燃起我的想像力，我真希望可以親眼看到南半球的熱帶植物。」洪堡與法國植物學家艾梅·邦普朗（Aimé Bonpland）在美洲進行了長達五年的考察，這也是他最重要的一次探索。1799 年 6 月出發時，洪堡說：「我要收集植物和化石，我要用最好的儀器進行天文學觀測，但這並不是我此行的主要目的。我要努力找尋自然界的各種力量是如何相互作用，以及地理環境對動植物的影響。簡言之，我必須弄清楚自然的和諧統一。」洪堡行如其言。

此外，洪堡還在其他很多領域取得了成就。比如，他測量了海水溫度，並提出用「等溫線」將溫度相同的地點連接起來，以此描述全球環境尤其是氣候的特點，並繪製等溫線圖，然後對比不同國家的氣候條件。

洪堡還是第一個研究氣候、高度、緯度和土壤等物理條件對生物分布影響的科學家。在邦普朗的幫助下，洪堡繪製了安第斯山脈從海平面到高海拔地區的動植物變化圖。1805 年，也就是從美洲回來的那年，洪堡發表了自己對美洲地理的研究，總結了自然的內部關聯性，並繪製了垂直植被帶，這些研究目前仍很著名。多年後，通過對比安第斯山脈的植被帶以及歐洲阿爾卑斯山、比利牛斯山、拉普蘭、特內里費島以及亞洲喜馬拉雅山的植被帶，洪堡於 1851 年描述了全球的植被帶分布規律。

定義生態學

黑克爾創造「生態學」一詞時，遵循的也是生物和環境相統一的傳統觀點。作為一位充滿熱情的進化論者，黑克爾受到了查爾斯·達爾文的啓發。達爾文 1859 年發表《物種起源》一書，推翻了世界保持不

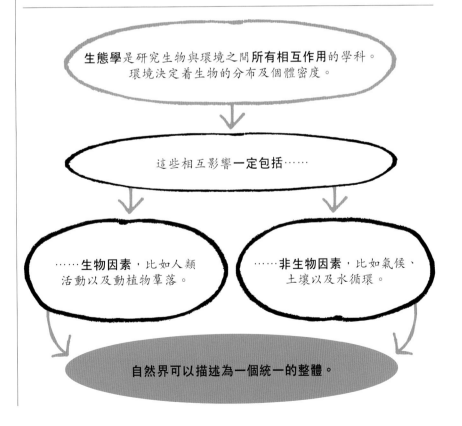

生態學是研究生物與環境之間**所有相互作用**的學科。環境決定着生物的分布及個體密度。

這些相互影響**一定包括**……

……**生物因素**，比如人類活動以及動植物羣落。

……**非生物因素**，比如氣候、土壤以及水循環。

自然界可以描述為一個統一的整體。

變的觀點。黑克爾對自然選擇的作用表示懷疑，但相信環境在進化和生態學中扮演着重要角色。

19 世紀末，丹麥植物學家歐根紐斯・瓦明（Eugenius Warming）在大學開設了第一門生態學課程，他還於 1895 年編寫了第一本生態學教材《植物生態學》。在洪堡的開創性研究的基礎上，瓦明根據動物與環境尤其是氣候之間的相互關係，進一步劃分了全球植物的地理分布，即生物羣落，比如熱帶雨林生物羣落。

個體與羣落

20 世紀初，生態學的現代定義發展為研究生物與其周圍環境相互關係的科學。這種相互關係決定着生物的分布及個體密度，包括生物的環境在內。環境則涵蓋了影響生物的所有因素，既有生物因素，又有非生物因素（比如土壤、水、空氣、溫度和光照等）。現代生態學的範圍很廣，有個體生物、同種個體生物組成的生物種羣，還有生活在一定環境中的各種生物組成的生物羣落。

在這些基本的生態學術語和概念中，很多都是在 20 世紀最初幾十年由幾位走在前列的生態學家提出的。1916 年，美國植物學家弗雷德里克・克萊門茨（Frederic Clements）首次提出了生物羣落的概念。他認為，隨着時間的推移，某一特定區域的植物會經歷一系列的生態演替，從最開始的先鋒羣落發展為最理想

的頂級羣落。在此期間，不同物種組成的羣落不斷相互適應，形成一個聯繫緊密、互利共生的單位，就像人體的器官一樣。克萊門茨將生物羣落比作「複雜的生物體」，起初遭到了批評，但卻影響了後來的思想。

1935 年，英國植物學家阿瑟・坦斯利（Arthur Tansley）提出了生態系統的概念，其生態整合的程度要高於生物羣落。一個生態系統既包括生物因素，也包括非生物因素，兩者的相互作用形成了一個穩定的體系，能量（通過食物鏈）持續地從環境流入生物體內。生態系統的規模可大可小，可以小到一個水窪，大到海洋甚至整個地球。

通過對動物羣落的研究，英國生物學家查爾斯・埃爾頓（Charles Elton）1927 年提出了食物鏈和食物循環的概念，後來被稱為「食物網」。能量通過生態系統從初級生產者（比如陸地上的綠色植物）傳遞給一

食物鏈將能量從初級生產者（將太陽能轉化為食物熱量的植物和藻類）傳遞給以植物為食的消費者（比如兔子和其他食草動物），然後再傳遞給以消費者為食的食肉動物。

獅子，頂級捕食者（不會被其他動物捕食）

鳶

野貓

貓頭鷹

蛇

豺

山羊

兔子

老鼠

綠色植物

蕾切爾‧卡森（右）促使人們開始關注環境污染的破壞性影響，從而為科學以及公眾對生態學的了解作出了重大貢獻。

系列的消費者，形成食物鏈。埃爾頓還發現，某些生物羣會長期在食物鏈中佔據一定的位置。埃爾頓所謂的生態位不僅包括環境，還包括這些生物賴以生存的資源。美國生態學家雷蒙德‧林德曼(Raymond Lindeman)和羅伯特‧麥克阿瑟(Robert MacArthur)研究了能量通過營養級的傳遞方式。他們的數學模型使生態學從一門以描述為主的科學變為一門實驗科學。

綠色運動

20 世紀 60 年代和 70 年代，公眾以及學界對生態學的興趣迅速提高，在多方關注以及強而有力的倡導者的推動下，環境運動發展起來。美國海洋生物學家蕾切爾‧卡森(Rachel Carson)就是其中的一位倡導者。她在 1962 年出版的《寂靜的春天》(*Silent Spring*) 一書中，描述了殺蟲劑 DDT 等人造化學品對環境做成的有害影響。1968 年，阿波羅八號的太空人在太空中拍攝了第一張地球照片，公眾由此意識到地球是多麼脆弱。1969 年，「地球之友」成立，這個組織的宗旨是「確保地球能夠養育各種各樣的生物」。

環保、清潔和可再生能源、有機食品、資源回收利用，以及可持續發展都列入了北美和歐洲的政治議程，各國紛紛根據生態學建立環保機構。近幾十年來，人們越來越關注全球氣候變化及其對環境和生態系統的影響，很多地方的生態系統都因為人類活動而受到威脅。■

亞歷山大‧馮‧洪堡

洪堡生於柏林一個富裕的名門之家，曾在法蘭克福大學學習金融，在哥廷根大學學習自然歷史和語言學，在漢堡大學學習語言和商業，在弗賴堡大學學習地質學，在耶拿大學學習解剖學。1796 年母親去世，洪堡繼承了一筆可觀的財產，遂得以遊歷美洲。1799 至 1804 年，洪堡在植物學家艾梅‧邦普朗的陪伴下到美洲探險。他使用最新的科學儀器，測量了很多數據，涵蓋植物、人口、礦物、氣象學等諸多方面。

回國之後，洪堡的聲譽傳遍歐洲。他定居巴黎，用了 21 年的時間處理收集的數據，並將其發表，共成卷 30 冊。後來，他又將自己的理論進一步綜合，寫成四卷本《宇宙》。洪堡卒於柏林，享年 89 歲。第五卷本《宇宙》在其死後由他人完成。達爾文稱洪堡為「有史以來最偉大的旅行科學家」。

主要作品

1825 年　《新大陸熱帶區域旅行記》
1845－1862 年　《宇宙》

光在水中的速度小於在空氣中的速度

萊昂·傅科（1819－1868 年）
Léon Foucault

背景介紹

科學分支
物理學

此前

1676 年 奧勒·羅默利用木星的衛星艾奧，首次成功估算出光的速度。

1690 年 克里斯蒂安·惠更斯發表《光論》，提出光是一種波。

1704 年 艾薩克·牛頓在《光學》中提出光是一束「顆粒」。

此後

1864 年 詹姆斯·克拉克·麥克斯韋發現，電磁波的速度與光速如此接近，光一定也是一種電磁波。

1879－1883 年 德裔美籍物理學家阿爾伯特·邁克爾遜改進了傅科的方法，計算的光速（在空氣中）與現在的數值十分接近。

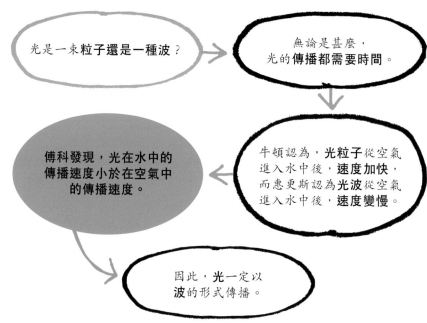

光是一束粒子還是一種波？

無論是甚麼，光的**傳播都需要時間**。

牛頓認為，**光粒子**從空氣進入水中後，**速度加快**，而惠更斯認為**光波**從空氣進入水中後，**速度變慢**。

傅科發現，光在水中的傳播速度小於在空氣中的傳播速度。

因此，**光**一定以**波**的形式傳播。

17 世紀，科學家開始了對光的研究，並且試圖弄清楚光的速度是否有限，是否可測。1690 年，克里斯蒂安·惠更斯發表理論，提出光是一種壓力波，在一種叫做「以太」的神奇流體中傳播。惠更斯認為光是一種縱波，並預測這種波在玻璃或水中的傳播速度小於在空氣中的傳播速度。1704

年，艾薩克·牛頓發表光學理論，認為光是一束「顆粒」或微粒。光的折射是指，光從一種透明介質斜射入另一種介質時，傳播方向發生改變的現象。牛頓對此的解釋是，光從空氣進入水中後，速度變快。

當時，光速的計算主要依靠天文現象，得出的是光在天空中的傳播速度。第一次在地球上測量光

參見：克里斯蒂安・惠更斯 50~51 頁，奧勒・羅默 58~59 頁，艾薩克・牛頓 62~69 頁，托馬斯・楊 110~111 頁，詹姆斯・克拉克・麥克斯韋 180~185 頁，阿爾伯特・愛因斯坦 214~221 頁，理查德・費曼 272~273 頁。

> 最重要的是，我們必須做到精確，這是我們要認真履行的一項義務。

—— 萊昂・傅科

速，是法國物理學家伊波利特・斐索於 1849 年完成的。一束光線從旋轉齒輪的一個齒槽射出，然後被放置在 8 千米以外的鏡子反射回來，通過調整齒輪的旋轉速度，使得返回的光線恰好穿過下一個齒槽。通過精確計算齒輪旋轉的速度，以及時間和距離，斐索計算的光速為 313000km/s。

反駁牛頓

1850 年，斐索與同是物理學家的萊昂・傅科共同測量光速。傅科改裝了斐索的裝置，使之變得更小，他用一面轉動的鏡子來反射光線，而不是讓光線通過齒輪。當轉動的鏡子處於某一角度時，射向它的光線恰好會被反射到遠處的一面固定鏡子上。從這面鏡子上反射回來的光線會再次被轉動的鏡子反射回去，但是，因為鏡子轉動的同時，光在傳播，光不會直接返回至光源。通過測量光源射出光線與轉動鏡子反射回來的光線之間的角度，以及鏡子的轉動速度，可以計算出光速。

在上述裝置中的轉動鏡子與固定鏡子中間放置一小筒水，可以測量光在水中的傳播速度。傅科利用這個裝置證明了光在水中的傳播速度小於在空氣中的傳播速度。因此，他指出光不可能是一種粒子，同時這個實驗也被視為對牛頓粒子說的一種反駁。傅科進一步完善裝置，並於 1862 年計算出光在空氣中的傳播速度為 298000km/s，這與目前測定的光速 299792km/s 非常接近。∎

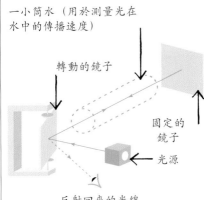

一小筒水（用於測量光在水中的傳播速度）

轉動的鏡子

固定的鏡子

光源

反射回來的光線

在傅科的試驗中，通過測量一束光線在轉動鏡子和固定鏡子中間來回反射後的夾角，可以計算出光速。

萊昂・傅科

萊昂・傅科生於法國巴黎，主要在家中接受教育，後來入醫學院讀書，同時跟隨細菌學家阿爾弗雷德・多內（Alfred Donné）做研究。因為暈血，傅科很快放棄了醫學，成為多內的實驗室助手。他發明了一種用顯微鏡拍攝照片的方法，後來與伊波利特・斐索一起拍攝了史上第一張太陽的照片。除了測量光速以外，傅科還因證明地球自轉而聞名。傅科 1851 年使用鐘擺，後來又用回轉儀證明了地球的自轉。雖然他在科學方面並沒有受過正規教育，巴黎皇家天文台卻為他提供了一個職位。此外，他還是多個科學學會的會員，他的名字與其他 71 位法國科學家共同刻在了埃菲爾鐵塔上。

主要作品

1851 年 《用鐘擺實驗證明地球自轉》

1853 年 《論光在空氣和水中的相對速度》

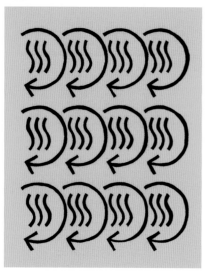

生命力也許可以轉化為熱量

詹姆斯·焦耳（1818－1889 年）
James Joule

能量守恆定律指出，能量不會憑空消失，只會從一種形式轉化為另一種形式。不過，在 19 世紀 40 年代，科學家對於能量是甚麼只有一個模糊的概念，改變這一現狀的是英國一個釀酒廠廠主的兒子，他證明了熱量、機械運動和電是可以相互轉換的能量；並指出一種能量轉化為另一種能量時，總量保持不變，這個人就是詹姆斯·焦耳。

能量轉換

焦耳的實驗開始於自己家中的實驗室。1841 年，他計算出一定量的電流能夠產生多少熱量。焦耳還研究了機械運動轉化為熱能的問題。他設計了一個實驗，利用一件重物由高處向下跌落去拉動連上了重物的葉輪，葉輪因此在水中轉動，水溫因此升高。通過測量水溫升高的度數，焦耳計算出一定量的機械運動能夠生成多少熱量。他進而斷言，轉化過程中沒有能量消失。他的理論一開始基本沒有引起任何重視，直到 1847 年德國物理學家亥姆霍茲（Hermann Helmholtz）在發表的論文中總結了能量守恆定律，後來焦耳又在牛津的英國學會上展示了自己的研究。能量的國際單位焦耳就是以他命名的。■

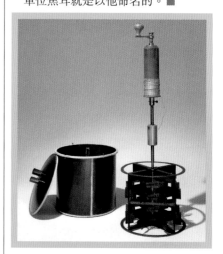

在焦耳的實驗中，落體驅動葉輪在一桶水中轉動，動能因此轉化為熱能。

參見：艾薩克·牛頓 62~69 頁，約瑟夫·布萊克 76~77 頁，約瑟夫·傅里葉 122~123 頁。

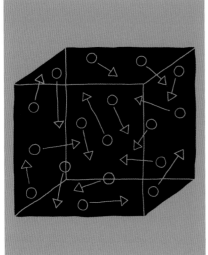

分子運動的統計分析

路德維希·玻爾茲曼（1844－1906 年）
Ludwig Boltzmann

19世紀中葉，原子和分子佔據了化學領域的核心地位，大多數科學家都知道，它們是確定元素和化合物性質的關鍵所在。幾乎所有人都認為，分子和原子不會與物理有甚麼關係。但是，到了 19 世紀 80 年代，奧地利物理學家路德維希·玻爾茲曼（Ludwig Boltzmann）提出氣體分子運動論，又將原子和分子推到了物理學的中心。

早在 18 世紀初，瑞士物理學家丹尼爾·伯努利就提出，氣體由大量運動的分子構成。正是由於分子的作用，產生了氣壓和分子動能（分子運動所具有的能量），進而產生了熱能。19 世紀 40 和 50 年代，科學家開始意識到，氣體的性質反映了無數粒子的平均運動。1859 年，詹姆斯·克拉克·麥克斯韋計算出分子速率，以及碰撞前分子間的距離，並證明溫度可以用來衡量分子的平均速率。

在人類為了生存和進化而鬥爭的過程中，可用能源變得岌岌可危。

——路德維希·玻爾茲曼

統計學的中心地位

玻爾茲曼揭示了統計學的重要性。他指出，物質的性質只是基本的運動定律和概率統計的結合。根據這一原理，他計算出玻爾茲曼常數，用公式將氣壓和氣體體積與分子的數量和能量聯繫起來。■

參見：約翰·道爾頓 112~113 頁，詹姆斯·焦耳 138 頁，詹姆斯·克拉克·麥克斯韋 180~185 頁，阿爾伯特·愛因斯坦 214~221 頁。

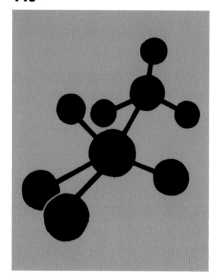

發明塑膠並非我的本意

列奧·貝克蘭（1863－1944 年）
Leo Baekeland

背景介紹

科學分支
化學

此前

1839 年 柏林藥劑師愛德華·西蒙從土耳其的楓香樹中提取出苯乙烯樹脂。百年之後，德國法本公司將其製成聚苯乙烯。

1862 年 亞歷山大·帕克斯第一次合成塑膠，命名為「帕克辛」。

1869 年 美國的約翰·海厄特製出了賽璐珞，很快便取代象牙用來製作桌球。

此後

1933 年 英國帝國化學工業公司的化學家埃里克·福西特與雷金納德·吉布森首次製作出實用的聚乙烯。

1954 年 意大利人朱利奧·納塔和德國人卡爾·雷恩分別發明了聚丙烯，也就是我們現在廣泛使用的塑膠。

19 世紀合成塑膠的發明為新材料打開了大門。各種各樣的固體材料紛紛湧現，它們與以往的材料迥然不同：質輕、耐腐蝕、幾乎可以做成想要的任何形狀。雖然自然界中存在着天然塑膠，但是我們現在廣泛使用的塑膠完全是合成的。1907 年，美籍比利時人列奧·貝克蘭製造出第一種獲得商業成功的塑膠，也就是酚醛塑膠。

塑膠的分子形狀令它們擁有一些特殊的性能。除了極少數情況以外，塑膠都是一些長長的有機化合物分子，即聚合物組成的，聚合物又由很多小分子即單體組成。自然界中只有幾種天然聚合物，比如植物中主要的木質成分纖維素。

雖然 19 世紀最初十年，過於複雜的天然聚合物分子還無人參

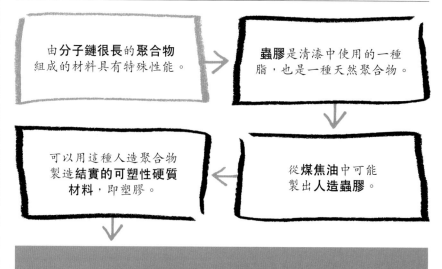

由**分子鏈很長**的**聚合物**組成的材料具有特殊性能。

蟲膠是清漆中使用的一種脂，也是一種天然聚合物。

從**煤焦油**中可能製出**人造蟲膠**。

可以用這種人造聚合物製造**結實的可塑性硬質材料**，即塑膠。

發明塑膠並非我的本意。

參見：弗里德里希・維勒 124~125 頁，奧古斯特・凱庫勒 160~165 頁，萊納斯・鮑林 254~259 頁，哈里・克羅托 320~321 頁。

> **我正試着做一種硬質材料，但隨後我便想還是應該做一種軟質材料，一種可以塑造成各種形狀的材料，於是我就想到了第一種塑膠。**
>
> ——列奧・貝克蘭

透，但有些科學家已經開始探索如何通過化學反應合成這些天然聚合物。1862 年，英國化學家亞歷山大・帕克斯 (Alexander Parkes) 合成了一種纖維素，他將其命名為 Parkesine（帕克辛）。幾年後，美國人約翰・海厄特 (John Hyatt) 製出了另一種，後來被稱為 Celluloid（賽璐珞）。

模仿大自然

19 世紀 90 年代，貝克蘭發明了世界上第一種照相紙後，將其賣給了柯達，然後購買了一座帶有實驗室的房子。貝克蘭在這個實驗室中開始合成蟲膠。蟲膠是由雌性甲蟲分泌的一種樹脂。它是一種天然聚合物，像具等物體塗上它後表面會變得堅固光亮。貝克蘭發現，用煤焦油製得的酚樹脂和甲醛混合可以製出一種蟲膠。1907 年，貝克蘭在樹脂中加入了各種粉末，結果製成了一種非比尋常、可以注入模具成形的硬質塑膠。

這種材料的化學結構十分複雜，貝克蘭簡單地稱其為酚醛塑膠。酚醛塑膠是一種熱固性塑膠，即受熱條件下能固化的塑膠。因為它具有絕緣耐熱的特性，所以很快便用於製作收音機、電話以及電絕緣體，其他更多的用途也隨之發現。

我們現在擁有數千種合成塑膠，比如亞加力有機玻璃、聚乙烯、低密度聚乙烯、賽璐玢等，每種塑膠都有其各自的性能和用途。絕大多數塑膠的主要成分是石油或天然氣中提煉出的碳氫化合物（由碳和氫兩種元素組成的有機化合物）。近幾十年來，塑膠中加入了碳纖維、納米管以及其他物質，形成了超輕、超高強度的塑膠，比如克維拉纖維。■

耐熱絕緣的酚醛塑膠是製作電話、收音機等電氣設備外殼的理想材料。

列奧・貝克蘭

列奧・貝克蘭出生於比利時根特市，在當地完成了大學學業。1889 年，受聘為化學副教授，娶塞莉納・斯瓦茨為妻。當這對新婚夫婦在紐約度蜜月時，貝克蘭見到了當時一家著名攝影公司的老闆理查德・安東尼。貝克蘭對照相法的研究深深吸引了安東尼，於是安東尼請他做化學顧問。於是貝克蘭搬到美國，很快也做起了生意。

貝克蘭發明了第一種照相紙，名為維洛克斯 (Velox)，之後又發明了酚醛塑膠，後者給他帶來了巨額財富。除了塑膠以外，貝克蘭還擁有多項發明，總共註冊了 50 多項專利。晚年的時候，貝克蘭過着奇怪的隱居生活，只吃罐裝食品。1944 年，貝克蘭去世，葬於紐約的睡谷公墓。

主要作品

1909 年 《宣讀於美國化學學會上的酚醛塑膠論文》

自然選擇

查爾斯·達爾文 (1809－1882 年)
Charles Darwin

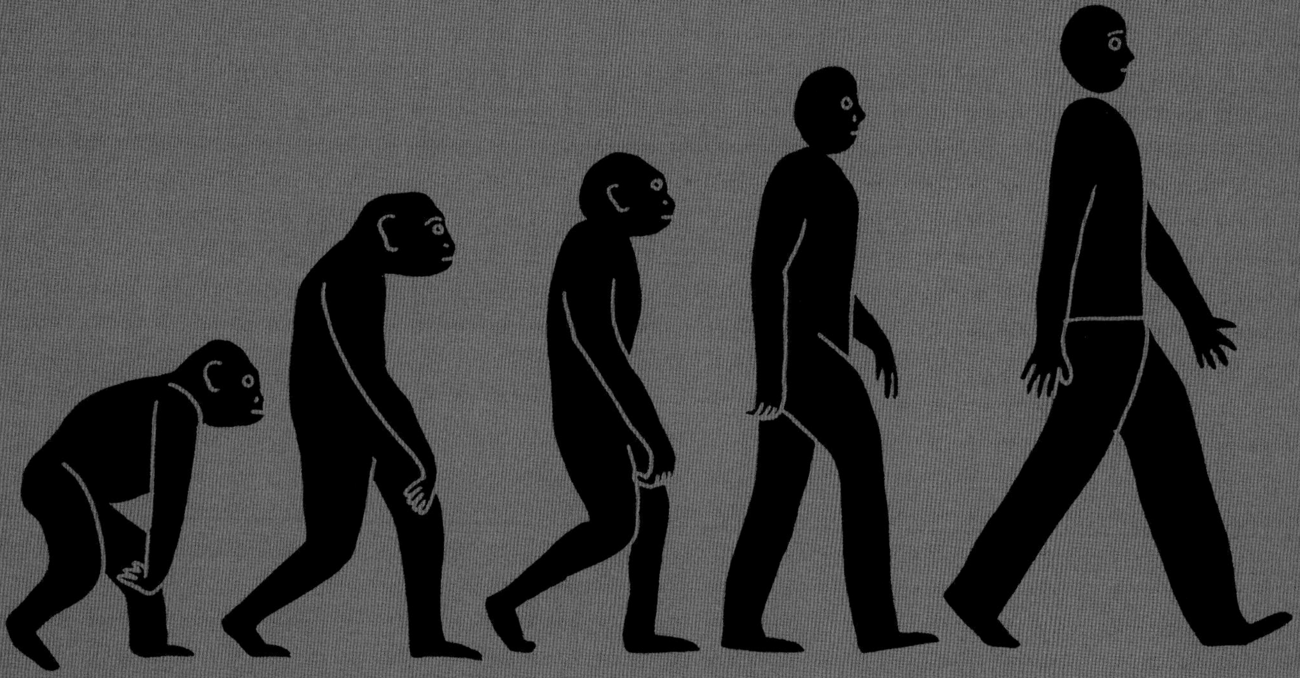

背景介紹

科學分支
生物學

此前

1794 年 伊拉斯謨・達爾文（達爾文的祖父）在《生物學》一書中對進化論曾有表述。

1809 年 讓－巴普蒂斯特・拉馬克提出一種進化論觀點，認為生物通過獲得性狀的遺傳不斷進化。

此後

1937 年 特奧多修斯・多布然斯基公開實驗證據，證明了生物進化的遺傳基礎。

1942 年 恩斯特・邁爾將物種定義為物種是由種羣組成的，種羣之間可以相互配育。

1972 年 奈爾斯・埃爾德雷德和史蒂芬・傑伊・古爾德提出，生物的進化是一個長期穩定與短暫劇變交替的過程。

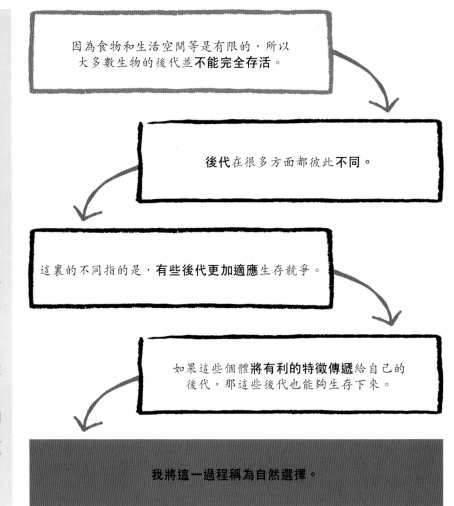

因為食物和生活空間等是有限的，所以大多數生物的後代並**不能完全存活**。

後代在很多方面都彼此**不同**。

這裏的不同指的是，**有些後代更加適應**生存競爭。

如果這些個體**將有利的特徵傳遞**給自己的後代，那這些後代也能夠生存下來。

我將這一過程稱為自然選擇。

英國自然學家查爾斯・達爾文絕對不是第一個提出以下說法的科學家：動植物以及其他生物並非固定不變的，或者用當時流行的話說，並非「永恆不變的」。像很多前人一樣，達爾文也認為，生物物種是隨時間不斷變化或演變的。他的偉大貢獻在於，描述了生物的進化過程，也就是他所說的自然選擇。在 1859 年發表的《物種起源》一書中，達爾文提出了進化論的中心思想。他把這本書稱為是「一部長篇爭辯」。

「供認一樁謀殺案」

《物種起源》一開始便遭到學界以及大眾的非議。這本書沒有提到宗教教義，當時的宗教堅持認為，物種是上帝創造的，實際上是固定的、永恆不變的。不過，達爾文書中的思想逐漸改變了人們看待自然世界的科學角度。它的核心思想是現代生物學的基礎，為過去以及現在的生命形態提供了一種簡單卻極為有力的解釋。

達爾文在幾十年的著書過程中，深知自己的著作可能會褻瀆神靈。在《物種起源》發表 15 年前，達爾文向他的摯友植物學家約瑟夫・胡克坦言，他的理論根本不需要上帝，也不需要永恆不變的物種，「最後光明到來，我幾乎確信（這與我最初的看法截然不同）物種並非永恆不變的（這就像是供認一樁謀殺案）。」

達爾文在博物學領域的研究

> 地球並不是公元前 4004 年一次性創造而成的，而是始於大約 100 億年前，並且現在仍在進行當中。

—— 特奧多修斯·多布然斯基

可謂十分廣泛，研究方法也十分謹慎、仔細和慎重，他對進化論的研究也是如此。他一步一腳印，在研究過程中收集了大量證據。在將近 30 年的時間裏，達爾文綜合了自己在化石、地質學、動植物和選擇育種方面的廣博知識，以及人類學、經濟學以及其他諸多領域的概念，最終提出了自然選擇進化論，這是歷史上最重大的科學進步之一。

上帝的角色

19 世紀初的維多利亞時代，化石是學界廣泛討論的一個話題。有些人認為，它們是天然生成的具有某種形狀的岩石，與生物沒有任何關係。還有些人要麼認為，它們是造物主的傑作，放在地球上用來試煉信徒；要麼認為它們是生物的軀體，而這些生物還存活在世界上的某個地方，因為上帝造物是完美的。

1796 年，法國自然學家喬治·居維葉察覺到，猛獁或巨型樹懶等化石是動物的遺跡，而這些動物已經滅絕。為了讓這一觀點與自己的宗教信仰相一致，居維葉提出，這種現象源於災難，比如《聖經》中描述的大洪水。每次災難會清除很大數量的各種生物，之後上帝會創造出新的物種，置於地球。兩次災難之間，物種保持固定不變。這一理論被稱為「災變説」，居維葉 1813 年發表《研究導論》(*Preliminary Discourse*) 後，這一學説變得廣為人知。

不過，居維葉著書立説之時，有關進化論的各種觀點也已經開始流傳。查爾斯·達爾文的祖父伊拉斯謨·達爾文 (Erasmus Darwin) 是一位自由思想家，他提出了一個特殊理論，即進化論的早期版本。更具影響力的理論來自法國國家

自然歷史博物館動物學教授讓－巴普蒂斯特·拉馬克。在 1809 年發表的《動物哲學》(*Philosophie Zoologique*) 一書中，拉馬克首次充分論述進化論的觀點。他從理論上闡明了生物在「複雜力」的作用下從簡單到複雜的進化過程。它們的身體形態受到環境的影響，拉馬克由此提出了用進廢退學説。「經常使用的器官逐漸發達增大……而永遠不用的器官在不知不覺中逐漸退化……直到最後消失。」而後，這一更為發達的器官傳遞給後代，這一現象被稱為獲得性狀的遺傳。

雖然拉馬克的理論基本上不可信，但後來達爾文卻給予了他高度的評價，因為拉馬克的理論表明，生物的變化可能並不是因為「超自然的干涉」。

小獵犬號航行

1831 年到 1836 年，達爾文乘坐皇家海軍艦艇小獵犬號進行環球旅行。在這艘勘探船上，達爾文有充足的時間思考物種的不變性。作為這次勘探的科學家，達爾文的任務是收集各種各樣的化石以及動植物標本，在停靠港將其寄回英國。

這次漫長而艱巨的航行開拓了達爾文的視野，這位年僅 20 多

通過研究化石記錄，喬治·居維葉證實，有些物種已經滅絕。但是，他認為這源於一系列的災變事件，而非逐漸變化的。

歲的年輕人看到了數量驚人的各種生物。每當小獵犬號停靠時，達爾文都會仔細觀察那裏的自然環境。1835 年，他在加拉帕戈斯羣島收集了一羣普通的小鳥，並對其進行了描述。加拉帕戈斯羣島是太平洋的一個羣島，位於厄瓜多爾以西 900 公里。達爾文認為，這羣鳥共有 9 個品種，其中 6 種是雀。

回到英國後，達爾文開始整理大量的數據，並負責組織多位作者撰寫一份多卷本的報告，即《皇家海軍艦艇小獵犬號航行之動物學》。在鳥類那一卷中，著名的鳥類學家約翰·古爾德 (John Gould) 指出，在達爾文收集的鳥類標本中，共有 13 種，都屬於雀形目。但是，每種鳥的喙形狀都有所不同，可以適應不同的食物。

在他自己的暢銷書《小獵犬號環球航行記》(The Voyage of the Beagle) 中，達爾文寫道：「看到這些體型小巧、密切相關的鳥類在構造上的級進和多樣性之後，人們確實會推想，這個羣島最初沒有甚麼雀鳥，後來飛來一個物種，這個物種為了各種不同的目的發生了變異。」這是達爾文第一次公開提出進化論的最初想法。

對比物種

在加拉帕戈斯羣島發現的雀鳥物種後來被稱為「達爾文雀」，但這並不是觸發達爾文進化論的唯一因素。事實上，他的進化論思想是在小獵犬號航行期間不斷加深的，尤其是在加拉帕戈斯羣島勘察期間。達爾文在這裏發現了巨型陸龜，而每個島嶼上陸龜龜殼的形狀都有細微差別，達爾文對此極感興趣。此外，這裏的嘲鶇也吸引了達爾文的注意。這種鳥也因島嶼不同而存在差異，但是牠們的共性並不僅限於加拉帕戈斯羣島上，牠們還與南美洲大陸上的物種類似。

達爾文指出，不同種類的嘲鶇可能由同一祖先進化而來。最初，這種鳥從南美洲大陸飛過太平洋

> 自然選擇描述了這樣一個原則：如果（某一特徵的）微小變異有用，就會保留下來。
>
> —— 查爾斯·達爾文

到達加拉帕戈斯羣島，為了適應每個島嶼的環境和食物而不斷進化。對巨型陸龜、福克蘭羣島的狐狸以及其他物種的觀察支撐了達爾文早期的結論。但是，達爾文十分清楚這種褻瀆上帝的理論會導致甚麼樣的結果。「這些事實會動搖物種穩定性的説法。」

靈感的來源

1831 年，在去南美洲的途中，達爾文讀到了查爾斯·萊爾的《地質學原理》第一卷。萊爾反對居維葉的災變説和化石形成理論，而是將詹姆斯·赫頓的地質更新理論發展為「均變説」。在漫長的歲月裏，地球不斷在波浪侵蝕和火山爆發等自然現象的作用下形成、改變、重新組成，這一過程現在仍在繼續。沒有必要援引上帝創造的災難來解釋這種現象。

這種巨型陸龜只發現於加拉帕戈斯羣島。在這個羣島的每個島嶼上，都有這種陸龜的獨特亞種。達爾文在這裏收集了進化論的證據。

加拉帕戈斯羣島的雀鳥為了適應特定的食物，喙進化成不同形狀。

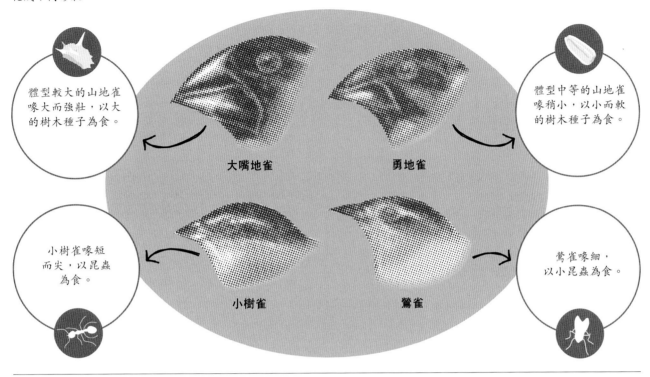

體型較大的山地雀喙大而強壯，以大的樹木種子為食。

大嘴地雀

勇地雀

體型中等的山地雀喙稍小，以小而軟的樹木種子為食。

小樹雀喙短而尖，以昆蟲為食。

小樹雀

鶯雀

鶯雀喙細，以小昆蟲為食。

在萊爾的影響下，達爾文從新的角度解讀了地貌形成、岩石以及他在航行過程中收集的化石，此時他正「通過萊爾的雙眼」看待一切。不過，當他到達南美洲時，讀到了《地質學原理》第二卷。在這一卷中，萊爾否定了動植物逐漸進化的思想，其中也包括拉馬克的理論。他提出「創造中心」的概念，來解釋物種的多樣性及分布。雖然達爾文很敬仰地質學家萊爾，但隨着支撐進化論的證據越來越多，他不得不對萊爾的最新觀點表示質疑。

1838 年，達爾文讀到了英國人口學家托馬斯・馬爾薩斯 40 年前發表的《人口論》一書，從中得到了一些啟示。馬爾薩斯指出，人口數量呈指數式增長，25 年後會翻一番，再過 25 年還會翻一番，以此類推。然而，食品供應的增長卻沒有這麼快，所以會出現生存競爭。馬爾薩斯的理論對達爾文的進化論起到了重要的啟發作用。

默默無聞的歲月

在小獵犬號回到英國之前，達爾文就已出名，因為他寄回的標本引起了人們很大的興趣。達爾文回國之後，他對航行既科學又通俗的描述更是提升了他的名氣。但是，他的健康每況愈下，所以漸漸淡出了公眾視野。

1842 年，達爾文搬至肯特郡平靜安寧的唐恩小築（Down House），繼續收集支持進化論的證據。世界各地的很多科學家都給他寄來標本和數據。達爾文研究了動植物馴化以及選擇育種的作用，研究對象以鴿子為主。1855 年，他開始飼養各種原鴿，《物種起源》前兩章的主要內容都以此為基礎。

通過對鴿子的研究，達爾文明白了個體間變異的程度與關聯。當時普遍接受的觀點是，環境因素是變異的主要原因，但達爾文反對這種觀點，堅持認為繁殖才是主因，變異從某種程度上說是從父母那裏遺傳而來的。他將這一理論與馬

爾薩斯的理論結合起來，應用到自然界中。

多年後，達爾文在自傳中回憶了 1838 年初次讀到馬爾薩斯《人口論》時的反應。「我已經做好準備接受生存競爭的概念……我突然想到，在這種情況下，有利的變異可能會被保存下來，而不利的變異會逐漸消失，結果就會產生新的物種……最後我終於找到了一個可以研究的理論。」

隨着對變異的了解越來越深，到 1856 年，養鴿者達爾文認為，作出選擇的不是人類而是自然界。他從「人工選擇」一詞想到了「自然選擇」。

猛然醒悟

1858 年 6 月 18 日，達爾文收到了英國年輕自然學家阿爾弗雷德‧拉塞爾‧華萊士寫的一篇小論文。華萊士描述了自己的一個閃念，說明自己如何突然明白了進化論的過程，並詢問達爾文的意見。

阿爾弗雷德‧拉塞爾‧華萊士和達爾文一樣，通過廣泛的野外考察提出了進化論。他先在亞馬遜河盆地，後來在馬來羣島進行勘察。

達爾文驚奇地發現，華萊士的觀點與自己研究了 20 多年的理論幾乎是不謀而合。因為擔心優先權的問題，達爾文找查爾斯‧萊爾商量了一番。他們決定於 1858 年 7 月 1 日在倫敦林奈學會上同時發表達爾文和華萊士的論文。兩位當事人都沒有到場，與會者的反應也比較客氣，並沒有因為文章褻瀆上帝而強烈反對。達爾文此時已經完成了自己的著作，因為論文並沒有遭到非議，達爾文受到鼓舞，於 1859 年 11 月 24 日出版《物種起源》，上市第一天即售罄。

達爾文的理論

達爾文指出，物種並非永恆不變。它們不斷進化，而導致這一變化的主要機制就是自然選擇。自然選擇的過程基於兩個因素：第一，

因為氣候、食物供給、競爭、捕食者和疾病的因素，生物的後代出生後並不能全部存活，這就會導致生存競爭；第二，某一物種的後代會發生變異，雖然有時變異很小，但是仍會出現。要達到進化的結果，變異必須滿足兩個條件。首先，變異必須對生存競爭和繁殖產生一定的影響，也就是說，它們必須促進繁殖的成功。其次，它們應該遺傳給後代，使之具有這種進化優勢。

達爾文表示，進化是一個緩慢

查爾斯‧達爾文

1809 年，達爾文出生於英國什魯斯伯里，開始時注定要繼承祖業做一名醫生。但是，達爾文小時候卻擁有各種各樣的愛好，比如收集甲蟲。因為無心當醫生，達爾文開始學習神學。1831 年，偶然得到一個機會，可以作為探險科學家跟隨皇家海軍艦艇小獵犬號進行環球航行。

航行結束後，達爾文在科學領域備受關注，作為敏銳的觀察者、可靠的實驗家，以及才華橫溢的作家而聞名。他的著作涵蓋珊瑚礁的形成以及海洋無脊椎動物，尤其是他研究了近十年的藤壺，還包括蘭花的受精、吃昆蟲的植物、植物的運動，以及家養動植物的變異。晚年期間，他研究了人類起源。

主要作品

1839 年 《小獵犬號環球航行記》
1859 年 《物種起源》
1871 年 《人類起源和性選擇》

> 我想我發現了（這是一種假設）物種巧妙適應各種目的的簡單方式。

—— 查爾斯·達爾文

漸進的過程。一種生物在適應新環境的過程中，會變成一個新的物種，與自己的祖先有所不同。與此同時，這些原種可能會保持不變，也可能因環境的變化而發生變異，抑或在生存競爭中失利，從而滅絕。

後話

自然選擇進化論的闡述周密、詳盡，且以事實為據，所以大多數科學家都接受了達爾文「適者生存」的觀點。達爾文在著作中盡量避免提到人和進化的關係，他只寫了這樣一句話：「人類的起源與歷史終將得以闡明。」這句話的含義十分清晰，即人類是從其他動物進化而來的，這遭到了教會的抗議，以及多方的奚落。

達爾文像之前一樣，從不想引人注目，他繼續在唐恩小築潛心研究。隨着爭論的升級，很多科學家都開始為達爾文辯護。生物學家托馬斯·亨利·赫胥黎贊同人類從猿猴進化而來的觀點，並極力支持達爾文的理論，他自稱是「達爾文的

鬥犬」。但是，為甚麼有些特徵會傳遞給後代，有些則不會，以及特徵是如何傳遞的，有關遺傳機制的問題仍是一個謎。巧合的是，在達爾文出版圖書之時，一位名為格雷戈爾·孟德爾的修士正在布魯（現屬捷克共和國）做豌豆實驗。1865年，孟德爾發表了有關遺傳性狀的研究，為遺傳學奠定了基礎。但是，孟德爾的理論當時並沒有引起主流科學的重視，直到 20 世紀遺傳學的新發現與進化論結合，才形成了遺傳機制。達爾文的自然選擇學說仍是理解這一過程的關鍵所在。■

此幅**諷刺漫畫**作於1871年，這一年，達爾文將進化論應用於人類，而這一點是他早期研究過程中所竭力避免的。

天氣預報

羅伯特・菲茨羅伊（1805－1865 年）
Robert Fitzroy

背景介紹

科學分支
氣象學

此前
1643 年 埃萬傑利斯塔・托里拆利發明了氣壓計。

1805 年 弗朗西斯・蒲福制定了蒲福風力等級。

此後
1847 年 約瑟夫・亨利提出,可以用電報提醒美國東海岸暴風雨正從西海岸襲來。

此外
1870 年 美軍通信兵團開始繪製全美氣象圖。

1917 年 挪威卑爾根氣象學派提出了鋒面的概念。

2001 年 統一表面分析系統運用功能強大的電腦,可以極為詳細地預測當地的天氣。

150 年前,預測天氣彷彿是天方夜譚。正是英國海軍軍官及科學家羅伯特・菲茨羅伊船長改變了這種狀況,給我們帶來了現代天氣預報。

其實,我們現在更為熟知的是菲茨羅伊曾擔任過小獵犬號的船長,達爾文就是乘坐這艘船進行的環球航行,從而得出了自然選擇進化論。但是,菲茨羅伊本人也是一位傑出的科學家。

1831 年菲茨羅伊率領小獵犬號離開英國時,年僅 26 歲。不過,他此時已經擁有十多年的航海經驗。他曾在格林威治皇家海軍學院學習,是第一個以優異成績通過中尉考試的學生。他甚至在更早的時候就曾帶領小獵犬號到南美洲進行考察。因為沒有注意到船上氣壓計讀數降低,他的船險些在巴塔哥尼亞海岸的暴風中遇難,他也因此認識到了研究天氣的重要性。

> 拿一個氣壓計,兩三個溫度計,加上一些簡單的指導以及細心的觀察,一邊觀察儀器,一邊觀察天空和大氣,這就是在做氣象學研究了。

> —— 羅伯特・菲茨羅伊

海軍中的氣象先驅

天氣預報領域的很多突破都源自海軍軍官,這並非偶然。在帆船時代,提前知道即將到來的天氣十分重要。錯過一場有利的風可能會造成巨大的經濟損失,而在海上遇上風暴可能會人財兩空。

有兩位海軍軍官曾為氣象學領域作出過重大貢獻,其中一位

羅伯特・菲茨羅伊

1805 年,羅伯特・菲茨羅伊出生於英國薩福克郡一個貴族家庭。菲茨羅伊年僅 12 歲時就加入海軍,後來成為一名傑出的船長,在海上服役多年。他曾帶領小獵犬號到南美洲進行了兩次重要的考察,其中一次環球航行就包括查爾斯・達爾文在內。但是,菲茨羅伊是一位虔誠的基督徒,他反對達爾文的進化論。從海軍退役後,菲茨羅伊被任命為新西蘭總督,但因為他主張毛利人與英國移民享有同等的權力,遭到英國移民的強烈反對。1848 年,菲茨羅伊回到英國,掌管英國海軍的第一艘螺旋槳船,並在 1854 年英國氣象局成立時被任命為局長。菲茨羅伊發明的很多方法為科學的天氣預報奠定了基礎。

主要作品

1839 年《小獵犬號航海記事》
1860 年《氣壓計手冊》
1863 年《天氣手冊》

參見：羅伯特・玻意耳 46~49 頁，喬治・哈得來 80 頁，古斯塔夫・科里奧利 126 頁，查爾斯・達爾文 142~149 頁。

是愛爾蘭航海者弗朗西斯・蒲福（Francis Beaufort）。他制定了標準的風級，將風速或者說風力與海上以及陸地的特定情形聯繫起來。在此基礎上，記錄風暴強度得以實現，並且第一次系統地對比了風力。風級共分為 12 級，從 1 到 12，1 級代表「軟風」，12 級代表「颶風」。菲茨羅伊在小獵犬號航行過程中首次使用了蒲福風級，後來蒲福風級成為所有海軍航行日誌的標準。

另外一位海軍氣象先驅是美國人馬修・莫里（Matthew Maury）。他繪製了北大西洋的風向和洋流圖，大大縮短了航行時間，並且提高了航行的穩定性。他還提倡建立國際海洋及陸地氣象服務系統，

菲茨羅伊發明天氣預報系統之前，船員已經發現，颶風到來時會形成氣旋，並且可以根據風向預測風暴的路徑。

並且於 1853 年在布魯塞爾召開會議，開始整理全球各地觀察到的海上天氣類型。

氣象局

1854 年，菲茨羅伊在蒲福的鼓勵下，接受了建立英國氣象局的任務。不過，菲茨羅伊生性熱情，並且極富洞察力，他比自己設想的走得更遠。菲茨羅伊發現，在世界各地同時觀察氣象，不僅能夠記錄未曾發現的天氣類型，實際上還可以預測天氣。

當時，氣象觀測員已經知道，

不同**類型**的天氣會**重複**出現。

每種天氣在形成過程中都會**出現一定的跡象**，比如氣壓、風向和雲型。

因為不同類型的天氣是**重複**的，所以可以**預測**它們的未來走向。

在**多個位置**進行觀察，可以提供一張覆蓋**大片地區**的天氣類型「快照」。

通過這張快照，氣象學家可以預測天氣。

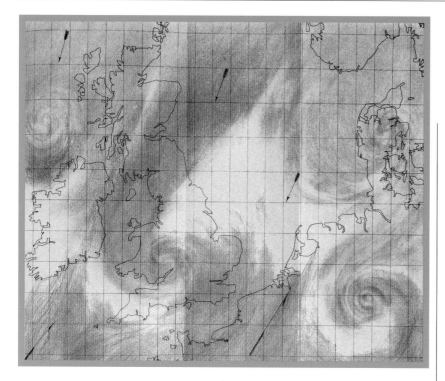

菲茨羅伊用蠟筆繪製每日氣象圖。左圖繪於1863年，其中鋒面氣旋正將風暴帶往北部地區，右下角顯示颶風正在形成。

在熱帶颶風中，風圍繞低氣壓區旋轉，形成氣旋。他們很快發現，中緯度地帶的大型風暴大多屬於這種氣旋類型。所以，通過風向可以辨別風暴正襲來還是消退。

19 世紀 50 年代，天氣事件的記錄更為完善，新的電報系統可以實現遠距離通訊，人們隨即發現陸地上形成的氣旋風暴向東移動，而海上形成的颶風（北大西洋熱帶風暴）向西移動。所以，如果北美的內陸地區發生風暴，會發電報警告東部地區風暴即將到來。氣象觀測員已經知道，氣壓降低是風暴來襲的信號。如果用電報將氣壓降低的消息迅速通知相關地區，預警就可以更加提前。

氣象圖

菲茨羅伊明白，在廣泛區域內定時系統地觀測氣壓、溫度、風速和風向，是預測天氣的關鍵。當這些觀測數據用電報即刻發往他在倫敦的協調中心時，就可以繪製一張覆蓋廣闊區域的氣象圖。

這種全景式呈現氣象條件的氣象圖，不僅能夠大範圍顯示當前的天氣類型，還能對其進行追蹤。菲茨羅伊意識到，天氣類型是重複出現的，所以他知道自己可以根據以往的歷史記錄，判斷天氣類型在較短的時間內會如何變化。這為第一次詳細的天氣預報奠定了基礎。

菲茨羅伊的一個重要舉措就是將不列顛羣島劃分為不同的氣象區，收集當時的氣象條件，根據每

個氣象區以往的數據對天氣做出預測。菲茨羅伊在各地僱用觀測員，尤其在不列顛羣島的海上以及港口。他還向法國和西班牙索取數據，持續觀測天氣當時正是這兩個國家盛行的做法。通過幾年的努力，菲茨羅伊的觀察員網絡運行十分有效率，他每天都可以拿到一份西歐的氣象圖。其中的天氣類型繪製得十分清晰，菲茨羅伊至少可以據此預測下一天的天氣變化，第一次全國性的天氣預報由此誕生。

每日天氣預報

當時，西歐建立了很多氣象站。每天早上，氣象站會將天氣報告送到菲茨羅伊的辦公室，一小時後，氣象圖便製成了。天氣預報立即發往《泰晤士報》，出版後供

我試圖判斷是否會出現糟糕天氣，來避免船隻遇難。

——羅伯特・菲茨羅伊

民眾閱讀。第一次天氣預報發表於 1861 年 8 月 1 日。

菲茨羅伊在港口最顯眼的位置建立了信號預警系統，通知人們是否有風暴來襲，並且來自甚麼方向。該系統效果顯著，挽救了無數的生命。

但是，有些船主對該系統十分反感，因為船長收到風暴預警後會推遲起航時間。另外，天氣預報的及時性也存在問題。報紙發行需要 24 小時的時間，所以菲茨羅伊不能只提前預報一天的天氣，而要提前兩天，否則人們讀到天氣預報時已經沒有用處了。他意識到，天氣預報時間跨度越長，就越不可靠，所以他常常遭到奚落，尤其是《泰晤士報》將預報錯誤說得跟自己無關。

菲茨羅伊的遺產

面對既得利益者不斷諷刺挖苦，天氣預報被叫停，菲茨羅伊也於 1865 年自殺身亡。政府發現他將自己的錢用於氣象局的研究後，給他的家人作了補償。但是，沒過幾年，面對船員的壓力，菲茨羅伊的風暴預警系統再次廣泛啟用。如今，收聽某一航海區域的詳細天氣情況以及風暴預警，是船員每天的重要職責之一。

隨着通訊技術的發展以及氣象數據的精細化，菲茨羅伊系統的價值在 20 世紀得以體現。

現代的預測技術

如今，全球各地分布着超過 11000 個氣象站，還有無數的衛星、飛機和輪船不斷向全球氣象數據庫發送信息。至少就短期而言，功能強大的超級電腦做出的天氣預報是極為精確的。從乘坐飛機到運動賽事等各種活動都離不開天氣預報。■

> 整理好愛爾蘭（或其他任何氣象區）發來的電報，並經過適當考慮後，作出第一次預測……並立刻發出，以便迅速刊登發表。
>
> —— 羅伯特·菲茨羅伊

此氣象站位於烏克蘭的偏遠山區，由衛星將溫度、濕度和風向數據發送到預測天氣的超級電腦。

一切生命均來自生命

路易・巴斯德（1822－1895 年）
Louis Pasteur

背景介紹

科學分支
生物學

此前

1668 年 弗朗切斯科・雷迪證明蛆是由蠅產生的，而不是自然發生的。

1745 年 約翰・尼達姆將肉湯煮沸以殺滅微生物，當微生物再次出現在肉湯時，他認為肯定是自然發生的。

1768 年 拉扎羅・斯帕蘭扎尼證明，隔離空氣後肉湯中不會出現微生物。

此後

1881 年 羅伯特・科赫分離出致病細菌。

1953 年 斯坦利・米勒和哈羅德・尤里在模仿生命起源的實驗中，製造出生命必需的物質氨基酸。

現代生物學告訴我們，生物只能通過繁殖產生生物。現在看來，這似乎不言自明，但是在生物學的基本原理還處於雛形階段時，很多科學家都相信自然發生說，即生命可以自然生成。亞里士多德曾宣稱，生物可以從腐爛的物質中生成。很多年以後，甚至有人相信可以從無生命物質中創造出生物。例如，17 世紀，比利時人揚・巴普蒂斯塔・範・海爾蒙特（Jan Baptista von Helmont）曾寫道，把被汗浸濕的內衣和小麥放在一口缸

參見：羅伯特・胡克 54 頁，安東尼・範・列文虎克 56~57 頁，托馬斯・亨利・赫胥黎 172~173 頁，斯坦利・米勒和哈羅德・尤里 274~275 頁。

> 很多**生物只有在顯微鏡下才能看到**，它們懸浮在我們周圍的空氣中。

> 這些微生物中，**有的會使食物變壞或導致傳染病**。

> 如果**防止微生物侵染物體，防止其滋生**，就不會出現食物變化或傳染病。

微生物不可能自然發生。一切生命都源自生命。

裏，敞開蓋，就會產生一隻老鼠。直到 19 世紀，自然發生說依然不乏支持者。不過，1859 年法國微生物學家路易・巴斯德設計了一個巧妙的實驗，推翻了自然發生說。巴斯德在研究過程中，還證明了細菌這種微生物是傳染病的根源。

在巴斯德之前，人們曾懷疑疾病或腐物與有機物存在一定的關係，但從未得到證實。在顯微鏡發明之前，認為自然界中存在肉眼看不到的微小生物似乎是一種怪誕的想法。1546 年，意大利醫生吉

> «
> **在實驗領域，機會只青睞那些準備好的人。**
> ——路易・巴斯德
> »

羅拉摩・法蘭卡斯特羅（Girolamo Fracastoro）描述了「傳染病的種子」，已接近真相。但是，他並沒有清晰地解釋，這些種子是可以繁殖的生物，所以其理論影響甚微。當時，人們認為，傳染病是腐物散發出的臭氣造成的。因為對細菌這種微生物的本質沒有一個清晰的認識，所以沒有人能夠正確理解傳染病的傳播與生命的繁殖其實是一枚硬幣的正反兩面。

第一次科學觀察

17 世紀，科學家試圖通過繁殖研究較大生物的起源。1661 年，英國醫生威廉・哈維（因發現血液循環而聞名）解剖了一隻懷孕的鹿，試圖找到鹿胎的起源。他宣稱，一切生命皆來自卵。他並沒有找到鹿的卵，但這至少為後來的研究埋下了伏筆。

意大利醫生弗朗切斯科・雷迪（Francesco Redi）是第一個找到實驗證據推翻自然發生說的人，至

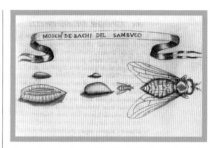

此圖為弗朗切斯科・雷迪所作，意在表明蛆變為蠅的過程。他通過研究證明，蛆不僅會變為蠅，蛆也是由蠅產生的。

少就肉眼能看到的生物而言，自然發生說不可能成立。1668 年，他研究了肉生滿蛆的過程。他準備了兩塊肉，一塊用牛皮紙包好，一塊暴露在空氣中，而只有後者生出了蛆，因為肉會引來蒼蠅，蒼蠅將卵產在肉上。雷迪用棉布重複了上述實驗，這塊棉布沾染了肉的味道，也會引來蒼蠅。他發現，這塊棉布上的蠅卵可以使乾淨的肉生蛆。雷迪表示，蛆只能源自蒼蠅，不可自然生成。然而，雷迪的實驗並沒有引起重視，甚至雷迪自己也不完全反對自然發生說，他認為在某些

情況下，生物會自然發生。

　　很多人開始製造顯微鏡，並將其用於細緻的科學研究，其中一位便是荷蘭科學家安東尼·範·列文虎克。他發現，有些微小生物用肉眼是看不見的，並且較大生物繁殖所依靠的生物只有在顯微鏡下才能看到，比如精子。

　　但是，自然發生說已經在科學家的大腦中根深蒂固，很多人仍然認為這些微生物太小，不可能長有生殖器官，因此肯定是自然生成的。1745年，英國自然學家約翰·尼達姆（John Needham）開始證明自然發生說。他知道，加熱能夠殺死微生物，所以他將羊肉湯倒入燒瓶中加熱，以殺滅微生物，之後讓其冷卻。觀察一段時間後，他發現微生物又出現了。因此他總結說，微生物是從無菌肉湯中自然生成的。20年後，意大利心理學家拉扎羅·斯帕蘭扎尼（Lazzaro Spal-

> 我想説，自然發生説過去從未發生過，將來也絕不可能發生。
>
> —— 托馬斯·亨利·赫胥黎

lanzani）重複了尼達姆的實驗，但是他發現如果將空氣從燒瓶中抽出，微生物就不會再次出現。斯帕蘭扎尼認為，空氣給肉湯「撒下了種子」，但是反對他的人認為空氣實際上是新生成的微生物的「活力」。

　　從現代生物學的角度來看，尼達姆和斯帕蘭扎尼的實驗很容易解釋。雖然加熱可以殺滅大多數微生物，但是有些細菌可以變成休眠的

耐熱孢子，從而倖存下來。另外，大多數微生物與很多生物一樣，需要從空氣中獲取氧氣，生成營養所需的能量。不過，最重要的是這些實驗很容易受到污染，即使剛剛接觸新的環境，空氣微生物也很容易在這種生長介質中滋生。所以，這些實驗實際上都沒有從根本上否定自然發生説。

確鑿的證據

　　一個世紀以後，顯微鏡和微生物學已經有了十足的進步，以往實驗存在的問題現在似乎可以解決。路易·巴斯德的實驗證明，空氣中懸浮着各種微生物，可以侵染任何暴露在空氣中的物體。他先用棉布過濾空氣，然後分析了這塊已經不再乾淨的過濾棉布。他用顯微鏡觀察棉布中沾染的灰塵，發現其中滿是微生物，與導致食物腐爛變質的微生物一樣。疾病的傳染似乎是微

巴斯德的鵝頸瓶實驗證明，只要防止微生物從空氣中進入殺過菌的肉湯，肉湯就會一直保持無菌狀態。

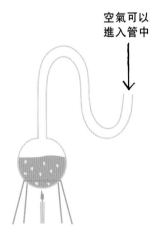

空氣可以進入管中

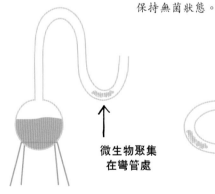

微生物聚集在彎管處

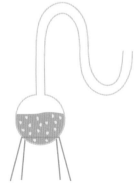

煮沸肉湯，殺滅其中的所有微生物。

肉湯冷卻後，其中已沒有微生物。

管子歪斜後，微生物回到肉湯中。

微生物很快又滋生起來。

生物從空氣中墜落所致。這一信息對巴斯德下一步實驗的成功至關重要。他接受了法國科學院的任務，徹底推翻自然發生說。

正如 100 年前尼達姆和斯帕蘭扎尼的實驗一樣，巴斯德也加熱試驗中營養豐富的肉湯，但是他對燒瓶做了重要改進。他加熱燒瓶的瓶頸，待玻璃軟化後將其向下拉成鵝頸狀的彎管。當儀器冷卻後，彎管的中間處會向下彎曲，這樣即使溫度適宜微生物的成長，而且彎管因為與外界空氣相通而擁有充足的氧氣，但微生物也不可能落入肉湯中。微生物唯一的出現方式就是自然發生，而肉湯中並未再次出現微生物。

為了最終證明微生物需要通過空氣污染肉湯，巴斯德重新做了一次實驗，這次他折斷了鵝頸狀的彎管，結果肉湯受到了污染。他最終推翻了自然發生說，並證明一切生命均源自生命。微生物不會在燒瓶的肉湯中自然產生，正如老鼠不會自然出現在骯髒的缸中一樣。

自然發生說的回歸

1870 年，英國生物學家托馬斯·亨利·赫胥黎發表了「生源論和自然發生說」的演講，支持了巴斯德的研究成果。這是對自然發生說殘餘支持者的一次毀滅性打擊，標誌着一門生物學科的誕生，這門學科穩固地建立在細胞學說、生物化學和遺傳學理論的基礎上。到 19

世紀 80 年代，德國醫生羅伯特·科赫（Robert Koch）證明，炭疽熱是通過感染細菌傳播的。

然而，赫胥黎演講近百年之後，科學家開始研究地球生命起源時，自然發生說再次成為焦點。1953 年，美國化學家斯坦利·米勒（Stanley Miller）和哈羅德·尤里（Harold Urey）模擬原始地球的大氣條件，甲烷、氨、氫和水蒸氣的混合物進行幾個星期的火花放電後，形成了多種氨基酸。氨基酸是組成蛋白質的基本單位，也是活細胞的重要化學成分。米勒和尤里的實驗再次掀起了證明生物產生於無生命物質的研究風潮，不過，這一次科學家不僅配備了研究生物化學的儀器，還對數十億年前生命的形成過程有了深入的了解。■

我只觀察事實，我只尋求讓生命顯現的科學條件。
—— 路易·巴斯德

路易·巴斯德

1822 年，路易·巴斯德出生在法國了一戶窮人家庭，後來成為科學界的泰斗級人物，去世時法國為他舉行了國葬。學習了化學和醫學之後，巴斯德開始了自己的職業生涯。他曾在法國斯特拉斯堡大學和里爾大學擔任學術職務。

巴斯德首先研究的是化學晶體，但是他在微生物學領域更為著名。巴斯德發現，微生物會使酒和牛奶變酸，並且發明了殺滅微生物的加熱方法，即巴氏消毒法。他的微生物研究有助於建立現代的細菌理論，即有些微生物能夠導致傳染病。他在職業生涯後期發明了多種疫苗，並建立了專門研究微生物的巴斯德研究所，該研究所至今仍蓬勃發展。

主要作品

1866 年　《葡萄酒研究》
1868 年　《醋的研究》
1878 年　《微生物及其在發酵、腐化和傳染中的作用》

蛇咬住了
自己的尾巴

奥古斯特 · 凱庫勒（1829－1896 年）
August Kekulé

背景介紹

科學分支
化學

此前

1852 年 愛德華・弗蘭克蘭提出化合價的概念，化合價是指一種元素的一個原子與其他元素的原子構成的化學鍵的數量。

1858 年 阿奇博爾德・庫珀指出，碳原子可以互相結合形成碳鏈。

此後

1858 年 意大利化學家斯塔尼斯勞・坎尼扎羅解釋了原子和分子的區別，並公布了原子量和分子量。

1869 年 德米特里・門捷列夫列出元素週期表。

1931 年 萊納斯・鮑林利用量子力學的理論從整體上闡述了化學鍵的結構，尤其是苯分子的結構。

19世紀初期，化學的巨大進步從根本上改變了科學物質觀。1803 年，約翰・道爾頓指出，元素都由同一種原子構成的，並用原子量的概念解釋為甚麼不同元素化合時，原子以整數比例結合。約恩斯・雅各布・貝爾塞柳斯研究了 2000 種化合物的結合比例，他發明的命名系統一直沿用至今，H 代表氫，C 代表碳等等。他還為當時已知的 40 種元素制定了原子量表，並創造了「有機化學」一詞，用來表示研究有關生命體的化學，後來也泛指研究碳化合物的化學。1809 年，法國化學家約瑟夫・路易・蓋-呂薩克（Joseph Louis Gay-Lussac）指出，幾種氣體形成化合物時，是按體積比結合的，而體積比可以用很小的整數比表示。兩年後，意大利人阿莫迪歐・阿伏伽德羅指出，相同體積的不同氣體含有相同的粒子數。顯然，元素結合遵循着嚴格的規律。雖然原子和分子仍然是人

> 晚上我花了些時間，至少先把我的想法畫在紙上，結構理論就是這麼產生的。
>
> —— 奧古斯特・凱庫勒

們無法直接看到的理論上的概念，它們卻能夠解釋越來越多的現象。

化合價

1852 年，英國化學家愛德華・弗蘭克蘭（Edward Frankland）提出了化合價的概念，即某種元素的一個原子能夠結合其他原子的數量，邁出了理解原子化合方式的第一步。氫一價、氧二價。1858 年，英國化學家阿奇博爾德・庫珀

每種元素的**原子**與**其他元素的原子**結合時構成的化學鍵的數量，稱為**化合價**。

在苯分子中，**碳原子**相互結合形成**苯環**，每個碳原子還分別與氫原子結合。

碳原子的化合價是4。

凱庫勒在幻象中看到一條蛇咬住了自己的尾巴，由此想到了苯分子的結構。

參見：羅伯特‧玻意耳 46~49 頁，約瑟夫‧布萊克 76~77 頁，亨利‧卡文迪許 78~79 頁，約瑟夫‧普里斯特利 82~83 頁，安托萬‧拉瓦錫 84 頁，約翰‧道爾頓 112~113 頁，漢弗萊‧戴維 114 頁，萊納斯‧鮑林 254~259 頁，哈里‧克羅托 320~321 頁。

(Archibald Couper) 指出，碳原子可以互相結合形成碳鏈，分子就是原子結合而成的鏈狀結構。因此，已知水由兩部分氫和一部分氧組成，那麼水的化學式為 H_2O，或 H—O—H，其中「一」表示化學鍵。碳為四價，因此一個碳原子可以形成 4 條化學鍵，例如甲烷 (CH_4) 中，氫原子在碳原子周圍形成一個四面體。（現在，化學家用一條化學鍵表示兩個原子之間的一對共用電子對，H、O 和 C 分別代表相應原子的中心部分。）

　　庫珀在巴黎實驗室工作的同時，奧古斯特‧凱庫勒在德國海德堡也提出了相同的觀點，並與 1857 年宣稱碳為四價，1858 年提出碳原子可以相互結合。因為庫珀的論文沒有及時發表，凱庫勒在他之前一個月發表了自己的理論，成為碳原子自相連接學說的創立者。凱庫勒將原子間的化學鍵稱為「親和力」，並在《有機化學教程》(Text-book of Organic Chemistry) 一書中進行了頗為詳細的解釋。這本書出版於 1859 年。

碳化合物

　　凱庫勒根據化學反應得出了碳化合物的理論模型，並指出四價碳原子相互連接形成「碳架」，而具有各種化合價的其他原子（比如氫、氧和氯）再與碳原子相連。突然

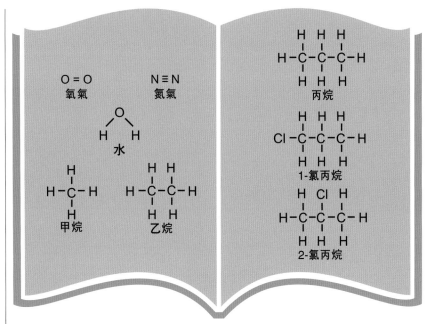

凱庫勒用化合價來描述原子結合為不同分子時所形成的化學鍵。此圖中，每條化學鍵用短線表示。

間，有機化學開始為人所理解，化學家為各種分子繪製了結構式。

　　當時，化學家就因而定出甲烷 (CH_4)、乙烷 (C_2H_6) 和丙烷 (C_3H_8) 等簡單碳氫化合物的結構，即碳原子自相結合成鏈，剩餘的化合鍵與氫原子結合。假設氯氣 (Cl_2) 與此類化合物反應，化合物中的一個或多個氫原子會被氯原子取代，生成氯甲烷、氯乙烷等化合物。這種取代反應的一個特點是，氯丙烷會出現兩種形式，即 1-氯丙烷和 2-氯丙烷，具體取決於氯原子與中間的碳原子結合，還是與兩邊的碳原子結合（見上圖所示）。有些化合物需要雙鍵才能滿足原子的化

合價，比如氧分子 (O_2) 和乙烯分子 (C_2H_4)。乙烯與氯氣反應並不是取代反應，而是加成反應。乙烯的雙鍵斷裂，兩個氯原子分別與兩個碳原子結合，生成 1，2-二氯乙烷 ($C_2H_4Cl_2$)。有些化合物甚至含有三鍵，比如氮氣 (N_2) 和乙炔 (C_2H_2)，化學性質較為活潑，可以用作氧乙炔焊炬。

　　但是，苯的結構仍是一個謎。苯的分子式為 C_6H_6，雖然碳氫比與乙炔相同，但活潑性遠低於乙炔。如何設計一個化學性質不活潑的線性結構，的確是個難題。顯然，苯分子中一定含有雙鍵，但是究竟如何排列仍是個謎。

另外，苯與氯氣的反應不像乙烯那樣是加成反應，而是取代反應，即一個氯原子取代一個氫原子。當苯分子的一個氫原子被氯原子取代時，只會生成一種化合物氯苯（C_6H_5Cl）。這似乎表明，碳原子間的化學鍵完全相同，因為氯原子可以與任何一個碳原子結合。

苯環

1865 年，凱庫勒在夢中解開了苯結構之謎。苯分子是一個由碳原子組成的環狀結構，六個碳原子等同，每個碳原子連接一個氫原子。這就是說，氯苯中的氯原子可以位於苯環的任意位置。

用兩個氯原子取代氫原子製成二氯苯（$C_6H_4Cl_2$）的實驗進一步支撐了苯環結構。如果苯分子的確是由六個等同碳原子組成的苯環結構，那麼生成的化合物應該有三種形式，即同分異構體。兩個氯原子

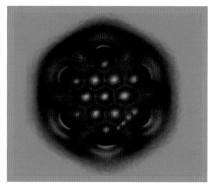

此圖為原子力顯微鏡觀察到的六苯並蔻分子，該分子直徑為1.4納米，碳碳鍵鍵長不等。

可以連接在相鄰的碳原子上、之間間隔一個碳原子，或是位於相對的碳原子上。結果正是如此，這三種同分異構體分別命名為鄰二氯苯、間二氯苯和對二氯苯。

苯環的對稱性

但是，苯環的對稱性還有未解開的謎團。要滿足四價，每個碳原子需要與其他原子形成四條化學鍵。這就是說，每個碳原子會有一個「多餘」的化學鍵。起初，凱庫勒繪製的苯環結構單雙鍵交替出現，但實驗證明苯環必須是對稱的，於是凱庫勒提出，苯分子在兩種結構之間搖擺不定。

電子直到 1896 年才被發現。1916 年，美國化學家吉爾伯特・路易斯（Gilbert Lewis）首次提出共用電子對形成化學鍵。20 世紀 30 年代，萊納斯・鮑林用量子力學解釋了苯的結構，苯環中多餘的六個電子並沒有形成雙鍵，而是游離在苯環的周圍，由所有碳原子共享，所

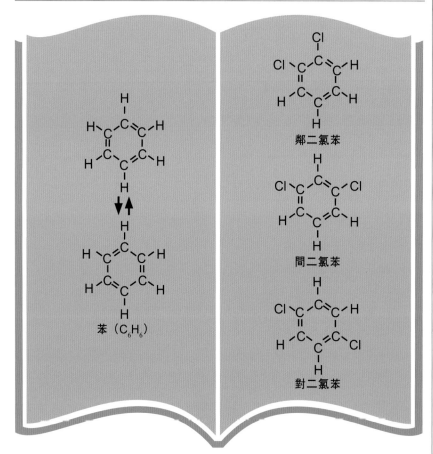

凱庫勒指出，苯環中的碳原子單雙鍵交替出現（如左所示），兩個氯原子有三種取代氫原子的方式（如右所示）。

凱庫勒表示，自己在似夢非夢中看到一條蛇咬住了自己的尾巴，就像古代的銜尾蛇標誌一樣，由此想到了苯環結構。此圖中用龍代替了銜尾蛇。

以碳碳鍵既不是單鍵也不是雙鍵，而是介於二者之間（見 254-259 頁）。最終，正是通過物理學的新概念解開了苯分子結構之謎。

夢中的靈感

凱庫勒從夢中得到靈感這件事在整個科學界被廣為傳頌。他當時似乎處於一種即將入睡的狀態，即現實與想像相互糅雜的狀態。凱庫勒稱之為半睡半醒的狀態。事實上，凱庫勒曾描述過兩次類似的經歷。第一次大概是在 1855 年，他當時在倫敦南部，正坐在一輛開往克拉珀姆路的巴士上。「原子在我的眼前飄動。我總是能看到這些微小的粒子在不停運動，但是我從未想像出它們的運動方式。今天，我看到兩個較小的原子結合為一對，較大的原子吞併了兩個較小的原子，更大的原子與三個甚至四個較小的原子結合在一起。」

第二次是在比利時根特的書房中，凱庫勒當時可能是受到了古代銜尾蛇標誌的啓發。「苯環理論也是這樣發現的……我把椅子轉向壁爐，打起了瞌睡……原子又再次在我眼前運動……它們排成長長的隊伍，快速連接起來，越來越密，一切都動了起來，像很多條蛇一樣不停地旋轉。天啊，那是甚麼？其中一條蛇咬住了自己的尾巴，這一圖像在我眼前不停地轉動。」■

奧古斯特·凱庫勒

1829 年 9 月 7 日，弗里德里希·奧古斯特·凱庫勒出生於達姆施塔特（現位於德國黑森州），他給自己取了個名字「奧古斯特」。凱庫勒在吉森大學上學期間，曾聽過尤斯圖斯·馮·李比希的講座，並因此放棄了建築學，改學化學，最終成為波恩大學的化學教授。

1857 年以後，凱庫勒發表了一系列論文，論述碳的四價鍵、簡單有機分子的結構以及苯的結構，因此成為分子結構理論的主要創造者。1895 年，凱庫勒被德皇威廉二世封為貴族，在其名字之後加上了「馮·斯特拉多尼茨」的名號。最初三屆諾貝爾化學獎得主均為他的學生。

主要作品

1859 年　《有機化學教程》
1887 年　《苯衍生物或芳香族化學》

3：1的性狀分離比

格雷戈爾・孟德爾（1822－1884 年）
Gregor Mendel

背景介紹

科學分支
生物學

此前
1760 年 德國植物學家約瑟夫·克爾羅伊特完成煙草雜交實驗,但未能對實驗結果做出正確的解釋。

1842 年 瑞士植物學家卡爾·馮·內格利研究細胞分裂時發現絲狀物體,即後來所說的染色體。

1859 年 查爾斯·達爾文發表自然選擇進化論。

此後
1900 年 植物學家雨果·德弗里斯、卡爾·科倫斯和威廉·貝特森同時「再次發現」了孟德爾遺傳定律。

1910 年 托馬斯·亨特·摩爾根證實了孟德爾遺傳定律,並創立了染色體遺傳學說。

在了解科學的漫長過程中,遺傳學機制可謂所有自然奧秘中最大的一個謎團。從發現家庭成員長相相似時起,人們就知道了遺傳的作用。遺傳的實際應用到處可見,比如農業上糧食作物和牲畜的雜交,人們還知道血友病等疾病會遺傳給後代。但是,沒有人知道這些現象發生的原因。

古希臘哲學家認為,某種要素或物質「成分」會由父母傳遞給後代。父母在性交過程中將這種成分傳給下一代。這種成分應該從血液中產生,父親和母親的成分相互混合後,造出了一個新人。這種思想持續了幾百年,主要因為沒有人提出更好的理論。但是,到查爾斯·達爾文時期,這一學說的根本缺點顯露無遺。達爾文的自然選擇進化論指出,物種在世世代代的繁衍過程中,會不斷進化,因此會導致生物多樣性。但是,如果遺傳依靠的是化學成分的混合,那麼生物多樣

在孟德爾之前幾千年,人們就已經知道**遺傳性狀**的存在,但是這種現象背後的生物機制卻不為人知,比如同卵雙胞胎的產生。

性一定會被沖淡,進而消失殆盡。這就像是將不同顏色的顏料混在一起,結果得到灰色一樣。達爾文理論中的適應性和新物種也將不復存在。

孟德爾的發現

達爾文發表《物種起源》之後

格雷戈爾·孟德爾

1822 年,孟德爾出生於奧地利西里西亞,原名約翰·孟德爾。起初學習數學和哲學,而後為了接受更多的教育而領受司鐸聖品。他將名字改為格雷戈爾·孟德爾,成為奧斯定修會的隱修士。他在維也納大學完成學業後,回到布爾諾(現捷克共和國境內)的修道院教課。在這裏,他對生物遺傳產生了興趣,並經常研究老鼠、蜜蜂和豌豆。在主教的施壓下,他放棄了動物研究,專事豌豆雜交試驗。正是通過豌豆實驗,孟德爾提出了遺傳學規律以及一個重要理論,即遺傳性狀由離散的顆粒所控制,這些顆粒後來被稱為基因。1868 年孟德爾升為修道院院長後停止了科學研究。孟德爾死後,他的科學論文被他的繼承者焚毀。

主要作品

1866 年 《植物雜交試驗》

參見：讓–巴普蒂斯特·拉馬克 118 頁，查爾斯·達爾文 142~149 頁，托馬斯·亨特·摩爾根 224~225 頁，詹姆斯·沃森 與弗朗西斯·克里克 276~283 頁，邁克爾·敍韋寧 318~319 頁，威廉·弗倫奇·安德森 322~323 頁。

不到十年，遺傳學就取得了重大突破，而後近百年的時間，人們才確定了 DNA 的化學結構。布爾諾有一位奧斯定修會的隱修士名為格雷戈爾·孟德爾，他既是教師，又是科學家和數學家，他在很多更有名氣的自然學家都屢屢失敗的領域取得了巨大成就。也許是孟德爾在數學和概率方面的優勢使他脫穎而出。

孟德爾的實驗對象就是普通的豌豆。這種植物具有多個可以相互區分的性狀，比如高度、花的顏色、種子的顏色以及種子的形狀。孟德爾一次研究一種性狀的遺傳，並運用自己的數學才能計算結果。在修道院的院子裏種豌豆很方便，孟德爾做了一系列豌豆實驗，獲得了頗具價值的數據。

孟德爾在試驗中採取了重要的預防措施。他意識到，有些性狀可以幾代都不顯現，所以他開始時使用的都是純種豌豆，比如只能產生白花後代的白花植株。他讓純種的紫花豌豆與純種的白花豌豆進行雜交，純種的高莖豌豆與矮莖豌豆雜交，等等。每種情況下，他都嚴格控制受精過程。他用鑷子從未開放的花蕾中取下花粉，以防止花粉隨意散播。他重複了很多次實驗，並記錄子一代和子二代植物的性狀及數量。孟德爾發現，一對相對性狀（比如紫花和白花）的遺傳比例是固定的。子一代中，只有一種性狀出現，比如紫花。子二代中，這種性狀所佔的比例為 3/4。孟德爾稱這種性狀為顯性性狀，另外一種為隱性性狀。在紫花與白花的實驗中，白花為隱性性狀，在子二代中佔比 1/4。根據這一比例，可以確定高莖與矮莖、種子與花的顏色、種子形狀中哪種為顯性性狀，哪種為隱性性狀。

重要的結論

孟德爾做了進一步研究，他同時測試了兩種性狀的遺傳，比如花的顏色和種子的顏色。他發現，後代中會出現不同的性狀組合，當然這些組合出現的比例也是一定的。子一代中，所有植物都是顯性性狀（紫花和黃色種子），但子二代中則出現了各種組合。比如，1/16 的植株同時具有兩種隱形性狀（白花和綠色種子）。孟德爾得出結論，兩對相對性狀是獨立遺傳的。換句話說，花色的遺傳不會影響種子顏色的遺傳，反之亦然。孟德爾根

豌豆有**白花**和**紫花**之分。

純種的**紫花豌豆**與純種的**白花豌豆**雜交，子一代全部為紫花。

第一代紫花豌豆自交後，產生的**子二代**豌豆**紫花**和**白花**的比例為3:1。

紫花為**顯性性狀**，而白花為**隱性性狀**。

如果遺傳性狀由遺傳自父母的一對對粒子決定，上述現象就可以得到解釋。

據遺傳性狀的這種精確比例推論，遺傳根本不是模糊的化學成分的混合，而是由不相關聯的「遺傳因子」導致的。有控制花色的遺傳因子，還有控制種子顏色的遺傳因子，不一而足。這些遺傳因子完好無損地從親代傳到子代。這就是為甚麼隱性性狀不會表現出來，而會跳過一代。一株植物只有遺傳了兩個同樣的隱性遺傳因子，才會表現出隱性性狀。如今，我們將這些遺傳因子稱為基因。

實至名歸

1866 年，孟德爾在一本博物學雜誌上發表了自己的研究結果，但並未在科學界引起關注。他的論文題目為「植物雜交試驗」，這個題目本身就限制了讀者羣。但是不管怎樣，30 多年後孟德爾的成就還是受到了學界的認可。1900 年，荷蘭植物學家雨果・德弗里斯（Hugo de Vries）發表了自己的植物雜交實驗結果。他的研究與孟德爾的十分相似，也得出了 3:1 的性狀分離比。德弗里斯隨後承認，孟德爾首先發現了這條遺傳規律。幾個月後，德國植物學家卡爾・科倫斯（Carl Correns）清晰描述了孟德爾遺傳定律。同時，英國劍橋的植物學家威廉・貝特森（William Bateson）看到德弗里斯和科倫斯的論文後，第一

> **在雜交物種中某些性狀會完全消失，但是還會在後代中再次出現。**
>
> ——格雷戈爾・孟德爾

次閱讀了孟德爾發表的論文，並立刻認識到這篇文章的重要性。貝特森可謂孟德爾遺傳定律的擁躉，他最後創造了「遺傳學」一詞，用來指代這門新的生物學科。最終，這位奧斯定修會的隱修士死後獲得了應有的讚譽。

此時，細胞學和生物化學領域正進行着另一種研究，帶領生物學家進入了新的研究領域。科學家開始在細胞內部尋找遺傳線索，顯微鏡隨之替代了植物雜交實驗。19 世紀，生物學家有種預感，遺傳的關鍵線索位於細胞核內。1878 年，德國人瓦爾特・弗萊明（Walther Flemming）發現，細胞分裂時細胞核內有一種絲狀結構在游動，他稱之為染色體，意為「帶顏色的物體」，此時他並沒有聽說孟德爾的研究。重新發現孟德爾遺傳定律幾年後，生物學家證實，孟德爾提出的「遺傳因子」的確存在，而且位於染色體上。

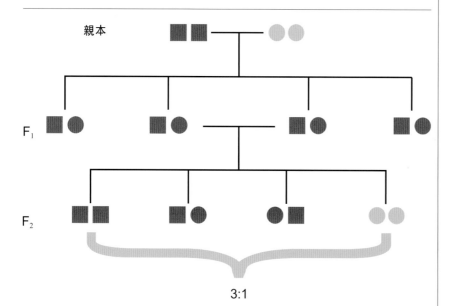

3:1

純種白花豌豆與純種紫花豌豆雜交產生的子一代（F_1）中，遺傳因子一個來自父本，一個來自母本。紫色是顯性性狀，所以子一代的花都是紫色的。在子二代（F_2）中，四棵植株中有一個遺傳了兩個「白色」遺傳因子，因此長出白花。

圖例

○ 白花遺傳因子

□ 紫花遺傳因子

19世紀90年代，**雨果·德弗里斯**通過實驗發現很多植物都滿足3:1的分離性狀比。他後來承認，孟德爾是這一發現的第一人。

代。這就是說，同一條染色體上不同基因控制的性狀遺傳並非獨立的。孟德爾研究的每對豌豆性狀，都由不同染色體上的基因控制。如果這些基因都在同一條染色體上，研究結果將更為複雜，也更難解讀。

20世紀的研究發現，有些現象並不符合孟德爾遺傳定律。隨着基因和染色體行為的研究不斷深入，科學家證實遺傳問題要比孟德爾的研究結果複雜得多。但是，孟德爾的遺傳定律為現代遺傳學奠定了基礎，後來的發現只是完善了孟德爾遺傳定律，而非與之背道而馳。■

遺傳定律的完善

孟德爾提出了兩條遺傳定律。第一，後代中性狀分離比是固定的，孟德爾由此推斷遺傳因子是成對的，例如，有一對控制花色的遺傳因子，還有一對控制種子顏色的遺傳因子。成對的遺傳因子在受精過程中形成，一個遺傳因子來自父本，一個來自母本，這對遺傳因子在下一代形成生殖細胞時發生分離。如果結合到一起的遺傳因子是不同的（比如紫花遺傳因子和白花遺傳因子），那麼只有顯性性狀會表現出來。

用現在的話說，這種控制相對性狀的基因被稱為等位基因。孟德爾的第一條遺傳定律現在稱為分離規律，因為等位基因在形成生殖細胞的過程中會發生分離。孟德爾在研究兩對相對性狀時提出了第二條定律，即自由組合定律。該定律指出，控制每對性狀的基因是獨立遺傳的。

孟德爾在選擇植物種類上其實只是一種巧合。我們現在知道，豌豆的性狀遵循最簡單的遺傳形式。每對性狀，比如花的顏色，都由一對等位基因控制。不過，很多生物性狀都是由不同基因共同作用的結果，比如人的身高。

此外，孟德爾研究的基因是獨立遺傳的。後來的研究表明，基因在同一條染色體上一個挨着一個排列。每條染色體上載有數萬個基因，排列在 DNA 鏈上。染色體配對形成生殖細胞，然後傳給下一

我認為……遺傳學這個術語足以表明我們所致力於闡明的遺傳及變異現象。

——威廉·貝特森

鳥與恐龍的進化關係

托馬斯‧亨利‧赫胥黎（1825－1895 年）
Thomas Henry Huxley

背景介紹

科學分支

生物學

此前

1859 年 查爾斯‧達爾文發表《物種起源》，提出了進化論。

1860 年 第一具始祖鳥化石在德國發現，並賣給了倫敦的自然歷史博物館。

此後

1875 年 帶有牙齒的始祖鳥「柏林標本」被發現。

1969 年 美國古生物學家約翰‧奧斯特羅姆通過研究小盜龍，發現了更多鳥類與恐龍的相似性。

1996 年 中華龍鳥，迄今發現的第一種帶羽毛恐龍，發現於中國。

2005 年 美國生物學家克里斯‧奧根發現了鳥類和霸克斯霸王龍DNA 的相似性。

1859 年，查爾斯‧達爾文提出了自然選擇進化論。在隨後的一次激辯中，托馬斯‧亨利‧赫胥黎成為達爾文理論最堅定的支持者，並自稱為「達爾文的鬥犬」。更為重要的是，這位英國植物學家率先發現了一個重要理論，即鳥和恐龍擁有很近的親緣關係，為達爾文的學說提供了證據。

達爾文提出，物種會逐漸進化為其他物種，如果這一理論屬實，那麼化石應該記錄着截然不同的物種是如何從類似的祖先演變而來的。1860 年，德國一處採石場的石灰石中，發現了一具重要的化石。該化石可以追溯到侏羅紀時期，命名為印石板始祖鳥。始祖鳥像鳥一樣擁有羽毛和翅膀，但卻存在於恐龍時代。達爾文進化論曾預測，進化過程中會出現過渡物種，而始祖鳥似乎就是過渡物種的一個例證。

但是，僅此一個證據不足以證

目前已經發現11具始祖鳥化石。這種像鳥一樣的恐龍生活在侏羅紀晚期，大約1.5億年前，地點為現今德國南部。

明鳥類和恐龍的關聯。另外，始祖鳥也可能是一種早期的鳥類，而非有羽毛恐龍。赫胥黎開始研究鳥和恐龍的結構，他認為自己發現了令人信服的證據。

過渡化石

赫胥黎對比了始祖鳥和各種恐龍，發現始祖鳥與體型較小的棱齒龍和秀頜龍十分相似。1875 年，發現了一具更為完整的始祖鳥化石，這具化石擁有恐龍一樣的牙齒，似乎證實了鳥類和恐龍的關係。

赫胥黎開始相信，鳥和恐龍之

參見：瑪麗·安寧 116~117 頁，查爾斯·達爾文 142~149 頁。

對**小型恐龍化石**的詳細研究發現，恐龍與鳥類有很多共同的特徵。

始祖鳥化石體型像鳥，卻擁有恐龍一樣的**牙齒**。

鳥和恐龍的結構十分相似，不可能是一種巧合。

鳥和恐龍之間存在着一種進化關係。

托馬斯·亨利·赫胥黎

赫胥黎出生於倫敦，13 歲時開始給外科醫生當學徒，21 歲以外科醫生的身份隨英國皇家海軍軍艦赴澳洲和新幾內亞進行海洋考察。在航行期間，赫胥黎收集了海洋無脊椎動物，並撰寫相關論文，因受到皇家學會的肯定，於 1851 年當選為皇家學會院士。1854 年，赫胥黎隨船回到英國，成為皇家海軍學院博物學講師。

1856 年，赫胥黎見到查爾斯·達爾文，成為達爾文理論的堅定支持者。1860 年，在一場有關進化論的辯論會上，赫胥黎打敗了主張上帝創造論的牛津主教塞繆爾·威爾伯福斯。赫胥黎證明了鳥類和恐龍的相似之處，同時收集了人類起源的證據。

主要作品

1858 年 《顱椎說》
1863 年 《人在自然界中的地位》
1880 年 《物種起源學說時代的到來》

間存在着進化關係，但是他認為根本無法找到牠們共同的祖先。赫胥黎認為，最重要的是兩者之間的明顯相似性。鳥和爬行動物一樣具有鱗片，羽毛就是從鱗片演變而來的，並且鳥也下蛋。牠們的骨骼也有很多相似之處。

儘管如此，鳥和恐龍關係的爭論還是持續了一個世紀。20 世紀 60 年代，通過研究外皮光滑、行動敏捷的恐爪龍（迅猛龍的近親），很多古生物學家開始相信鳥類與這些體型較小的食肉恐龍有一定的關聯。近年來，中國發現了一系列古代鳥類以及與鳥很像的恐龍，其中包括 2005 年發現的足羽龍，進一步證實了鳥與恐龍的關係。2005 年，科學家從一具擁有軟組織的雷克斯霸王龍化石中提取了 DNA，經研究發現比起其他爬行動物，恐龍與鳥類的基因更為相似。∎

從本質上說，鳥與爬行動物十分相似……可以說鳥只是一種發生重大改變的異常爬行動物。

——托馬斯·亨利·赫胥黎

元素性質的
週期性變化

德米特里・門捷列夫（1834－1907 年）
Dmitri Mendeleev

1661

年，英裔愛爾蘭人羅伯特·玻意耳給元素下了一個定義：「原始的簡單物體，或者說完全沒有摻雜的物體；它們既不能由其他任何物體混合而成，也不能由自身相互混成；它們只能是我們所說的完全結合物的組分，是它們直接複合成完全結合物，而完全結合物最終也將分解成它們。」換句話說，元素不可能通過化學方法分解為更簡單的物質。1803 年，英國化學家約翰·道爾頓引入了原子量（現稱為相對原子質量）的概念。氫是最輕的元素，道爾頓將氫的原子量定為1，此法一直沿用至今。

八音律

19 世紀上半葉，化學家漸漸地分離出更多的元素。很顯然，有些元素的化學性質十分相近。例如，鈉和鉀是銀白色固體，屬於鹼金屬，遇水會發生激烈反應，釋放出氫氣。鈉和鉀如此相近，英國化學家漢弗萊·戴維最初發現這兩種元素時，甚至沒有對其進行區分。同樣，雖然氯是氣體而溴是液體，但它們都是鹵族元素，具有刺激性氣味，有毒，並且可作為氧化劑。英

第一個對化學元素進行分類的人是德國化學家約翰·德貝賴納。到1828年時，他已經發現三個元素組，每組的元素具有相似的化學性質。

可以**根據元素的原子量**將元素排列在一個圖表中。

假設元素性質具有週期性，根據週期表中的空位可以**發現缺失的元素**。

這些缺失元素的發現表明，週期表解釋了**原子結構的重要特性**。

週期表可以用來**指導實驗**。

參見：羅伯特‧玻意耳 46~49 頁，約翰‧道爾頓 112~113 頁，漢弗萊‧戴維 114 頁，瑪麗‧居里 190~195 頁，歐內斯特‧盧瑟福 206~213 頁，萊納斯‧鮑林 254~259 頁。

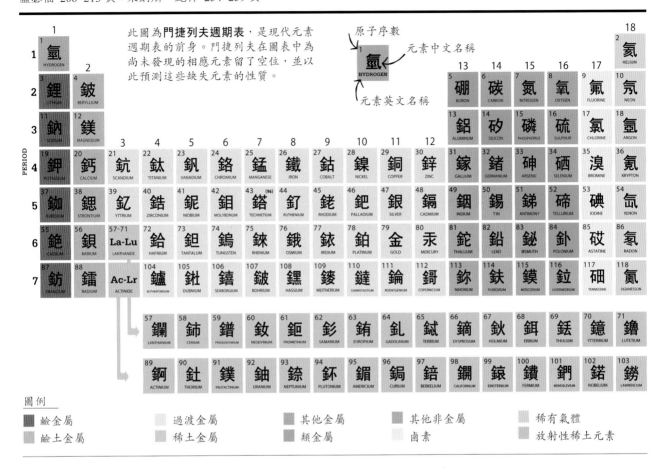

圖例

- 鹼金屬
- 鹼土金屬
- 過渡金屬
- 稀土金屬
- 其他金屬
- 類金屬
- 其他非金屬
- 鹵素
- 稀有氣體
- 放射性稀土元素

國化學家約翰‧紐蘭茲 (John Newlands) 發現，如果按原子量遞增順序排列已知元素，從任意一種元素算起，每排到第八種元素就會出現性質跟第一個元素相似的情況。紐蘭茲於 1864 年發表了自己的研究結果。

紐蘭茲在《化學報》上寫道：「同一組元素水平排為一行，每隔 7 種元素便出現性質相似的元素……這種特殊的關係我稱之為元素八音律。」但這一規律僅適用於鈣以前的元素，再往後則不符合。1865

年 3 月 1 日，紐蘭茲遭到了皇家化學學會的奚落，有人諷刺道還不如按照字母順序排列元素，並拒絕發表他的論文。

紐蘭茲成就的重要性直到 20 多年後才被承認。與此同時，法國礦物學家德尚寇特斯也發現了這一規律，並於 1862 年將其發表，但幾乎無人關注。

紙牌之謎

大約同一時期，德米特里‧門捷列夫正在俄國聖彼得堡撰寫《化

學原理》一書，他也碰到了同樣的問題。1863 年，已經有 56 種已知元素，新元素以每年一種的趨勢增長。門捷列夫堅信，元素肯定存在某種規律。為了解決這個問題，他製作了一套 56 張的紙牌，每張上面標有一種元素的名稱和主要性質。

據說，門捷列夫 1868 年冬天正準備旅行時取得了突破。出發之前，門捷列夫將紙牌擺在桌子上，陷入了思考，彷彿在進行一場耐心的較量。當車夫進來取行李時，

門捷列夫擺擺手，説他正忙着。他來回移動紙牌，直到最後擺出了自己滿意的方式，同一族元素排成豎排。次年，門捷列夫在俄國化學學會上宣讀了自己的論文。「如果按照原子量的順序排列元素，會發現其性質具有明顯的週期性變化。」他解釋道，具有相似化學性質的元素要麼具有相近的原子量（比如鉑、銥、鋨），要麼原子量按照一定的規律增加（比如鉀、銣、銫）。他進一步解釋，按照原子量的順序排列元素，與化合價也是相對應的。化合價是指一種元素的一個原

> 科學的用途就是發現自然界的普遍規律，並找到掌控這一規律的原因。
>
> —— 德米特里・門捷列夫

子與其他元素的原子構成化學鍵的數量。

預言新的元素

門捷列夫在這篇論文中做出了一個大膽預測：「我們一定會發現很多未知的元素，例如，分別與鋁和硅十分相似的兩種元素，原子量在 65 到 75 之間。」

門捷列夫的排列方式比紐蘭茲的八音律有了重要改進。紐蘭茲把鉻排在了硼和鋁的下方，這是沒有任何意義的。門捷列夫推斷，肯定還有一個尚未發現的元素，並預測該元素的原子量大約為 68，可以形成氧化物（即一種元素與氧元素組成的化合物），化學式為 M_2O_3，其中 M 代表新的元素。這個化學式表示這種新元素的兩個原子可以與三個氧原子組成氧化物。他還預測了兩種元素：一種的原子量約為 45，可以形成氧化物 M_2O_3；另一種原子量約為 72，可以形成氧化物 MO_2。

有人對此表示懷疑，但是門捷列夫的預言非常明確，而支持某個

六種鹼金屬質地柔軟，十分活潑。圖中為一塊純淨的鈉，外層與空氣中的氧氣發生反應，生成了一層氧化鈉。

科學理論的最有利證據就是預言成真。1875 年，發現了元素鎵（原子量為 70，氧化物為 Ga_2O_3），1879 年發現鈧（原子量為 45，氧化物為 Sc_2O_3），1886 年發現鍺（原子量為 73，氧化物為 GeO_2）。這些發現為門捷列夫建立了聲譽。

週期表的錯誤

門捷列夫並非沒有錯誤。1869 年，他在一篇論文中斷言，碲的原子量一定存在問題，應該在 123－126 之間，因為碘的原子量

六種天然存在的**稀有氣體**（週期表中第18列）包括氦、氖、氬、氪、氙和氡，它們的化學性質極不活潑，因為它們擁有飽和的電子層結構，每層電子圍繞原子核排布。氦只有一個電子層，含有兩個電子，而其他元素都有包含8個電子的電子層。氡具有放射性，十分不穩定。

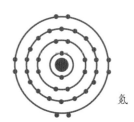
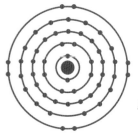

氦　　氖　　氬　　氪　　氙

原子核　　電子

為 127，而由碘的性質判斷，它在週期表中的位置顯然應該在碲的後面。門捷列夫錯了，碲的相對原子量實際上大於碘，為 127.6。另一種類似的異常現象發生在鉀（原子量 39）和氬（原子量 40）之間，鉀顯然應該在氬的後面，但是門捷列夫 1869 年時並沒有意識到這些錯誤，因為氬直到 1894 年才被發現。氬氣是一種稀有氣體，無色無味，幾乎不與任何元素發生反應。因為難以發現，當時稀有氣體還屬於未知元素，因此也沒有出現在門捷列夫的週期表中。發現氬氣之後，週期表中有了更多的空位需要填充。到 1898 年，蘇格蘭化學家威廉·拉姆賽（William Ramsay）分離出氦氣、氖氣、氪氣和氙氣。1902 年，門捷列夫將稀有氣體作為第 18 族加入自己的週期表中，此時的週期表為我們現在所用的週期表奠定了基礎。

1913 年，英國物理學家亨利·莫斯萊（Henry Moseley）用 X 射線

我們一定會發現很多未知的元素，例如，分別與鋁和硅十分相似的兩種元素，原子量在 65 到 75 之間。

——德米特里·門捷列夫

確定了每種元素原子核的質子數，並稱其為元素的原子序數。原子序數決定了元素在週期表中的位置，由此解決了根據原子量排序的異常現象。對於較輕的元素而言，原子量大約（而非正好）是原子序數的兩倍，所以用原子量排序和用原子序數排序結果十分相似。

週期表的使用

元素週期表看起來只是一份目錄表，一種整齊排列元素的方式，但是它對化學和物理學卻十分重要。化學家可以據此預測元素的性質，並做出不同的嘗試。比如，如果鉻不會發生某種反應，也許週期表中鉻下方的鉬則會發生此類反應。

元素週期表對確定原子結構也十分重要。為甚麼元素的化學性質會呈現出規律性變化？為甚麼第 18 族元素是惰性的，而旁邊兩組元素卻是最活潑的？這些問題直接引發了人們對原子結構的探索，而原子結構圖一直為人們所接受。

從某種程度上說，門捷列夫因元素週期表而聞名於世是很幸運的。他發表元素週期表的時間不僅晚於德尚寇特斯和紐蘭茲，而且沒過多久洛塔爾·邁耶爾（Lothar Meyer）就發現原子體積隨原子量遞增而發生週期性變化，並於 1870 年發表了自己的元素週期表。在科學領域，當某一發現的時機成熟時，往往會有多個人在不知道其他人研究的情況下，獨自得出同樣的結論。■

德米特里·門捷列夫

1834 年，德米特里·門捷列夫出生在西伯利亞的一個農村，家中至少有 12 個孩子，他是最小的一個。門捷列夫的父親雙目失明後，母親靠一個玻璃工廠養家糊口。後來玻璃廠在一次大火中燒毀，她帶着 15 歲的兒子來到聖彼得堡，讓其接受高等教育。

1862 年，門捷列夫與費奧茲娃·尼基季奇娜·列謝瓦結為連理，但 1876 年門捷列夫又愛上了安娜·伊萬諾娃·波波娃，在沒有與第一任妻子離婚的前提下便與波波娃結婚。

19 世紀 90 年代，門捷列夫制定了生產伏特加酒的新標準。他還研究了石油化學，並幫助建立了俄國第一家煉油廠。1905 年，門捷列夫當選瑞典皇家科學院院士，該學院推薦他參選諾貝爾獎，但可能因為重婚罪，他的候選資格被取消。101 號放射性元素鍆就是以門捷列夫的名字命名的。

主要作品

1870 年 《化學原理》

光和磁是
同一種物質的
不同表現

詹姆斯・克拉克・麥克斯韋（1831－1879 年）
James Clerk Maxwell

背景介紹

科學分支
物理學

此前

1803 年 托馬斯·楊的雙縫實驗證明光是一種波。

1820 年 漢斯·克里斯蒂安·奧斯特證明電與磁之間的關係。

1831 年 邁克爾·法拉第證明，變化的磁場可以產生電流。

此後

1900 年 馬克斯·普朗克提出，在某些情況下，光可以看成由「波包」（即量子）組成的。

1905 年 阿爾伯特·愛因斯坦證明，光量子，即我們現在所說的光子，是真實存在的。

20 世紀 40 年代 理查德·費曼等人提出量子電動力學，來解釋各種光現象。

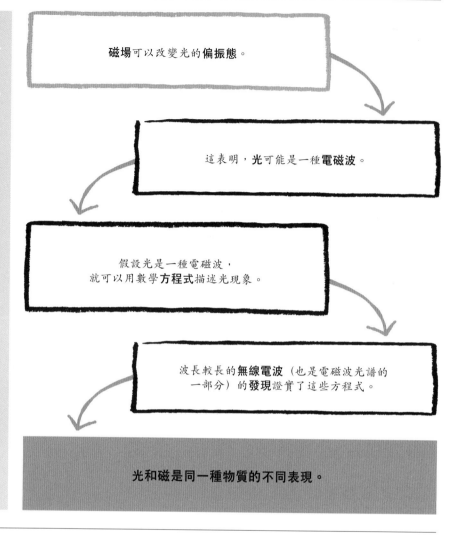

磁場可以改變光的偏振態。

這表明，光可能是一種電磁波。

假設光是一種電磁波，就可以用數學方程式描述光現象。

波長較長的無線電波（也是電磁波光譜的一部分）的發現證實了這些方程式。

光和磁是同一種物質的不同表現。

19 世紀 60 年代和 70 年代，蘇格蘭物理學家詹姆斯·克拉克·麥克斯韋建立的一組描述電磁場的微分方程可謂物理學歷史上的傑出成就。這個方程組極具變革能力，不僅徹底改變了科學家對電、光、磁的看法，還為全新的數學物理學奠定了基本規則。這一發現不僅在 20 世紀產生了深遠影響，也為我們今天建立理解宇宙的統一理論「萬有理論」帶來了希望。

法拉第效應

1820 年，丹麥物理學家漢斯·克里斯蒂安·奧斯特發現了電與磁之間的關係，不僅開啓了透過看似無關的現象探索其內在聯繫的百年歷程，還為邁克爾·法拉第的重大突破提供了靈感。如今，法拉第最著名的也許是電動機的發明以及電磁感應現象，但這只是麥克斯韋偉大成就的一個起點。

20 多年來，法拉第一直在斷斷續續地探索光和電磁學之間的關係。1845 年，他設計了一個巧妙的實驗，一次性解答了這個問題。試驗中，法拉第將一束偏振光（沿固定方向震蕩的光波，讓一束光照射到光滑表面反射回來就可以產生偏振光）通過強磁場，用一個特殊

參見：亞歷山德羅‧伏打 90~95 頁，漢斯‧克里斯蒂安‧奧斯特 120 頁，邁克爾‧法拉第 121 頁，馬克斯‧普朗克 202~205 頁，阿爾伯特‧愛因斯坦 214~221 頁，理查德‧費曼 272~273 頁，謝爾登‧格拉肖 292~293 頁。

> 狹義相對論起源於麥克斯韋的電磁場方程。

—— 阿爾伯特‧愛因斯坦

的目鏡在另一側觀察偏振角。法拉第發現，轉動磁場的方向可以影響偏振角。根據這一現象，法拉第首次提出光波是力線的一種振動，並以此解釋了各種電磁現象。

電磁學理論

不過，雖然法拉第是一位傑出的實驗學家，但為這一直觀現象建立堅實理論基礎的卻是天才麥克斯韋。麥克斯韋研究這一問題的角度與法拉第相反，他偶然發現了電、磁、光三者之間的關係。

當時，麥克斯韋主要想解釋，法拉第電磁感應等現象中的電磁力究竟是如何起作用的。電磁感應是指移動的磁鐵會產生電流的現象。法拉第曾創造了「力線」這一獨創

性的概念，力線在電流周圍或是在磁鐵的兩極以同心圓的形式分布。當導體通過力線時，內部就會產生電流。力線的疏密以及導體的速度都會影響電流強度。

雖然力線有助於理解這一現象，但實際上它們並不存在。在電場和磁場的影響範圍內，隨處都可以感受到它們的存在，並非只有在力線被切割時才感受得到。當時，試圖描述物理電磁學的科學家一般分為兩派：一派認為電磁現象是一種「超距作用」，類似於牛頓的引力模型；另一派認為電磁波以波的形式在空間傳播。總之，超距作用的支持者來自歐洲大陸，遵循電學先驅安德烈‧瑪麗‧安培（見 120 頁）的理論，而電磁波的支持者一

般來自英國。有一種方法可以將這兩種基本理論清晰地區分開來，超距作用是瞬時發生的，而波顯然需要一定的時間在空間傳播。

麥克斯韋模型

麥克斯韋在 1855 年和 1856 年的兩篇論文中開始論述他的電磁學理論。他試圖用（假想的）不可壓縮流體為法拉第的力線建立幾何模型，但他並沒有獲得顯著的成功。在後來的論文中他又採用了另外一種方法，建立了分子渦流模型。通過類比，麥克斯韋證明了安培環路定理，該定理描述了通過閉合電路的電流與周圍磁場之間的關係。他還根據這個模型證明了電磁波的傳播速度如果很快，也是有

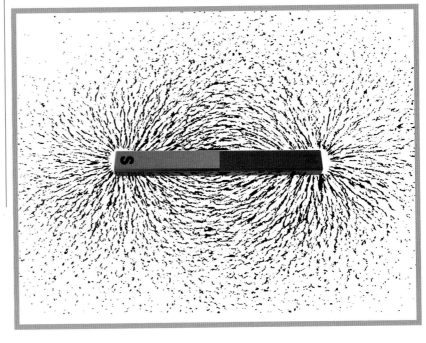

鐵屑在磁鐵周圍的分布似乎可以表示法拉第提出的力線。事實上，它們表示的是電磁場中某一點電荷的受力方向，正如麥克斯韋方程組中描述的一樣。

限的。

麥克斯韋計算出電磁波的傳播速度大約為 310700km/s，這一數值與很多實驗中測定的光速十分接近，麥克斯韋立刻意識到，法拉第關於光的本質的想法正確無疑。在這一系列論文的最後一篇中，麥克斯韋描述了法拉第效應中磁場改變電磁波的原理。

建立方程組

麥克斯韋確信，自己理論的核心部分都是正確的，於是在 1864 年開始為理論建立堅實的數學根基。麥克斯韋在《電磁場的動力學理論》中寫道，光是由一對橫波組成的，即電波和磁波，這兩種波相互垂直，振動同步，電場的改變會加強磁場，反之亦然（電波的方向基本決定了波的整體偏振）。麥克斯韋在這篇論文的結尾處列出了

縱觀人類歷史……19世紀最重要的事件無疑是麥克斯韋的電動力學定律。
——理查德·費曼

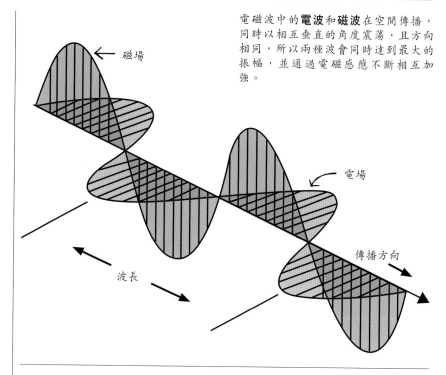

電磁波中的**電波**和**磁波**在空間傳播，同時以相互垂直的角度震蕩，且方向相同，所以兩種波會同時達到最大的振幅，並通過電磁感應不斷相互加強。

磁場

電場

波長

傳播方向

20 個方程，用數學方法完整地描述了電磁現象，其中使用了電勢和磁勢的概念，換句話說，就是點電荷在電磁場中特定位置的電勢能和磁勢能。

麥克斯韋繼而解釋了如何從方程組中輕而易舉地推論出電磁波以光速傳播，一次性解決了有關電磁波本質的爭論。

1873 年，麥克斯韋在《論電和磁》一書中總結了自己在電磁波方面的研究。雖然他的理論十分令人信服，但在麥克斯韋去世時仍未得到證明，因為光波波長短，頻率高，其性質無法測量。不過，1887 年，也就是麥克斯韋去世八年後，德國物理學家海因里希·赫茲

(Heinrich Hertz) 取得了巨大的技術突破，為這一問題提供了最後的佐證。當時，赫茲發現了另外一種電磁波，這種電磁波頻率低，波長長，但傳播速度卻相同，我們現在稱之為無線電波。

亥維賽的加入

赫茲發現無線電波的同時，還有另外一項重大成就將麥克斯韋方程組重新表述成我們現在所熟悉的樣式。

這項成就歸功於英國電氣工程師、數學家和物理學家奧利弗·亥維賽 (Oliver Heaviside)。亥維賽是一位自學成才的天才，之前已取得同軸電纜的專利權，這一專利大

麥克斯韋方程組對人類歷史的貢獻超過了任何十位總統。

——卡爾·薩根

了重大危機，同時也為 20 世紀量子理論和相對論的發展鋪平了道路。■

大加快了電信號的傳播速度。1884 年，亥維賽將麥克斯韋方程組中的勢能改為向量。這裏的向量是指電荷在電磁場中任何一點的受力大小和方向。亥維賽描述了電荷在電磁場中的方向，而非僅僅關注某一點的受力大小，從而將麥克斯韋最初的 20 個方程減為 4 個，使其在實際應用過程中更為有用。如今，亥維賽的功勞基本被遺忘，但我們現在所說的麥克斯韋方程組正是他改進後的 4 個簡練的方程式。

麥克斯韋的研究雖然解決了有關電、磁、光本質的諸多問題，但也使很多未解的謎團顯露出來。其中最重要的一個也許是電磁波傳播介質的本質問題。光波以及其他各種波一定需要介質才能傳播嗎？19 世紀末，測定這種被稱為「以太」的介質成為物理學的主流，不少巧妙的實驗應運而生。但是，一直未能發現這種介質，這給物理學帶來

雖然**麥克斯韋–亥維賽方程組**是用深奧的微分方程表示的，但實際上卻簡明地描述了電場和磁場的結構和作用。

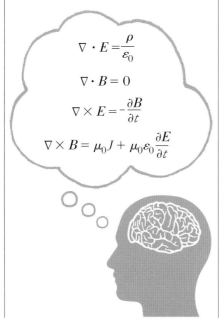

$$\nabla \cdot E = \frac{\rho}{\varepsilon_0}$$

$$\nabla \cdot B = 0$$

$$\nabla \times E = -\frac{\partial B}{\partial t}$$

$$\nabla \times B = \mu_0 J + \mu_0 \varepsilon_0 \frac{\partial E}{\partial t}$$

詹姆斯·克拉克·麥克斯韋

1831 年，詹姆斯·克拉克·麥克斯韋出生於蘇格蘭愛丁堡，小時候就展現出過人的天賦，14 歲發表了一篇幾何學論文，後來就讀於愛丁堡大學和劍橋大學，25 歲成為蘇格蘭阿伯丁馬里沙爾學院教授。正是在這所學院，麥克斯韋開始了電磁學研究。

麥克斯韋的興趣十分廣泛，涵蓋當時的很多科學難題。1859 年，他首先解釋了土星環的結構；1855 到 1872 年，他對色覺理論作出了重要貢獻；1859 到 1866 年，他建立了氣體分子速度分布的數學模型。

麥克斯韋生性靦腆，也很喜歡作詩，一生非常虔誠。麥克斯韋死於癌症，時年 48 歲。

主要作品

1861 年 《論物理的力線》
1864 年 《電磁場的動力學理論》
1872 年 《熱理論》
1873 年 《論電和磁》

管中射出了射線

威廉・倫琴（1845－1923 年）
Wilhelm Röntgen

背景介紹

科學分支
物理學

此前
1838 年　邁克爾・法拉第讓電流通過充滿稀薄空氣的玻璃管，產生了發光的電弧。

1869 年　約翰・希托夫觀察到陰極射線。

此後
1896 年　X 射線首次用於臨床診斷，拍攝了一張骨折照片。

1896 年　X 射線首次用於癌症治療。

1897 年　約瑟夫・約翰・湯姆孫發現，陰極射線實際上是一束電子。當一束電子打在金屬靶上就會產生 X 射線。

1953 年　羅莎琳德・富蘭克林用 X 射線確定了 DNA 的結構。

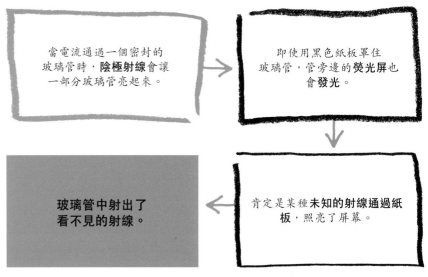

當電流通過一個密封的玻璃管時，**陰極射線會讓一部分玻璃管亮起來。**

即使用黑色紙板罩住玻璃管，管旁邊的**熒光屏**也**會發光。**

肯定是某種**未知的射線通過紙板**，照亮了屏幕。

玻璃管中射出了看不見的射線。

很多科學發現都是科學家在做其他研究時觀察到的，X 射線也是一樣，它是科學家研究電時發現的。1838 年，邁克爾・法拉第首次觀察到了人造電弧（兩個電極之間的發光放電現象）。法拉第讓電流通過充滿稀薄空氣的玻璃管，負電極（陰極）和正電極（陽極）之間出現了電弧。

陰極射線

　　將電極置入封閉的器皿中可以製成放電管。到 19 世紀 60 年代，英國物理學家威廉・克魯克斯（William Crookes）研製出一種高真空放電管。德國物理學家約翰・希托夫（Johann Hittorf）用這種放電管測量了原子和分子的帶電能力。希托夫的放電管中兩個電極之間沒有

參見：邁克爾・法拉第 121 頁，歐內斯特・盧瑟福 206~213 頁，詹姆斯・沃森與弗朗西斯・克里克 276~283 頁。

發光的電弧，但玻璃管本身卻在發光。希托夫總結道，「射線」一定源自陰極。希托夫的同事歐根・戈爾德施泰因（Eugen Goldstein）將其命名為陰極射線。但是，1897 年，英國物理學家約瑟夫・約翰・湯姆孫（Joseph John Thompson）發現，陰極射線實際上是一束束電子。

發現X射線

希托夫在實驗中發現，同一房間內的照相底片產生了灰霧，但他並沒有進一步研究這種現象。還有人也觀察到了類似的效應，但第一

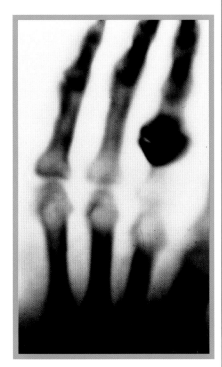

第一張X射線照片是倫琴拍攝的，拍攝對象是妻子安娜的手。圖中有一處黑色的圓圈，是安娜的結婚戒指。據說安娜看到這張照片時，驚嘆道：「我看到了我死後的樣子。」

個研究其中原因的是威廉・倫琴。他發現，有一種射線可以通過不透明的物質。倫琴要求在他死後燒毀他的實驗記錄，所以我們現在不能確定他如何發現了 X 射線。他很可能注意到，即使用黑色紙板罩住放電管，管旁邊的屏幕仍會發光，從而發現了 X 射線。於是他暫時放棄了之前的實驗，用兩個月的時間研究了這種看不見的射線的性質。很多國家稱這種射線為「倫琴射線」。我們現在知道，X 射線是一種波長很短的電磁輻射，波長為 0.01－10 納米（1 納米 $=10^{-9}$ 米），而可見光的波長為 400－700 納米。

X射線的用途

如今，我們用一束電子打在金屬靶上，以產生 X 射線。X 射線的穿透性強，可以用來拍攝體內的照片，或是探測密閉容器內的金屬。在 CT 掃描中，電腦將一系列人體的 X 射線圖合成為 3D 圖像。

X 射線還可以用來拍攝微小物體的照片。20 世紀 40 年代 X 射線顯微鏡問世，X 射線顯微鏡可以清晰拍攝光學顯微鏡受可見光波長限制所無法拍攝的照片。X 射線波長更短，可用於拍攝微小物體。X 射線的衍射可用於研究晶體內原子的分布，這種技術在探索 DNA 結構時十分重要。■

威廉・倫琴

威廉・倫琴出生於德國，但在荷蘭度過了童年的大部分時光。他曾在蘇黎世學習機械工程，1874 年成為斯特拉斯堡大學的物理學講師，兩年後升為教授。在他的職業生涯中，倫琴曾在多所大學擔任要職。

倫琴在物理學的很多領域都有所涉獵，比如流體、熱傳遞和光。不過，他最著名的還是 X 射線的研究，並於 1901 年榮獲第一屆諾貝爾物理學獎。他拒絕為 X 射線申請專利，不希望限制這一發明的潛在用途。他表示，他的發現屬於整個人類，並將諾貝爾獎金贈予他方。倫琴與同時代的很多科學家不同，他在試驗中用鉛製品防輻射。倫琴死於與放射性無關的癌症，享年 77 歲。

主要作品

1895 年 《一種新射線》
1897 年 《關於 X 射線性質的進一步觀察》

窺探地球的內部

理查德·狄克遜·奧爾德姆（1858－1936 年）
Richard Dixon Oldham

背景介紹

科學分支
地質學

此前
1798 年 亨利·卡文迪許測量了地球的密度，發現這一數值遠大於地表岩石的密度，說明地球一定含有密度更大的物質。

1880 年 英國地質學家約翰·米爾恩發明現代地震儀。

1887 年 英國皇家學會出資在全球建立了 20 個地球監測站。

此後
1909 年 克羅地亞地震學家安德里亞·莫霍洛維奇發現地殼和地幔之間的界面。

1926 年 哈羅德·傑弗里斯指出，地核是液體的。

1936 年 英厄·萊曼指出，地球有一個固體內核和一個熔融外核。

地震時會產生不同類型的**地震波**。

在地震的某一地段**無法檢測到P波**……

……因此，地球內部的**岩石一定改變了**波的傳播路徑。

地核的性質與其外面各層的性質是**不同**的。

地震產生的震動以地震波的形式向四周輻射，我們可以用地震儀檢測到地震波。1879 到 1903 年，理查德·狄克遜·奧爾德姆在印度地質調查所工作期間，撰寫了一篇調查報告，記錄了 1897 年阿薩姆邦大地震。在這份報告中，奧爾德姆為板塊構造學說作出了巨大貢獻。他發現，地震可分為三個階段，可以用三種不同的波表示。其中兩種波是體波，在地球岩層內部傳播，而第三種波在地球表面傳播。

地震波效應

奧爾德姆所說的體波我們現在稱為 P 波和 S 波（即初波和次波，以到達地震儀的時間先後為序）。P 波是縱波，通過時岩石會上下振動，且振動方向與波的傳播方向相同。S 波是橫波（就像水面的波紋一樣），通過時岩石會前後左右晃動。P 波的傳播速度大於 S 波，並且在固體、液體和氣體中都

參見：詹姆斯・赫頓 96~101 頁，內維爾・馬斯基林 102~103 頁，阿爾弗雷德・魏格納 222~223 頁。

可以傳播，而 S 波只能在固體中傳播。

陰影區

後來，奧爾德姆研究了世界各地很多次地震的地震儀記錄，他發現震區的某一部分會出現 P 波陰影區，在這一區域基本無法檢測到 P 波。奧爾德姆知道，地震波在地球內部的傳播速度取決於岩石的密度。他推論，岩石的性質隨深度變化而變化，由此引起的速度變化會導致折射現象（波的路徑發生偏轉）。因為地球內部岩石性質的突然改變，出現了陰影區。

現在我們知道，S 波的陰影區更大，覆蓋了正對震源這一半球的大部分區域。這表明，地核與地幔的性質截然不同。1926 年，美國地球物理學家哈羅德・傑弗里斯（Harold Jeffreys）根據 S 波的

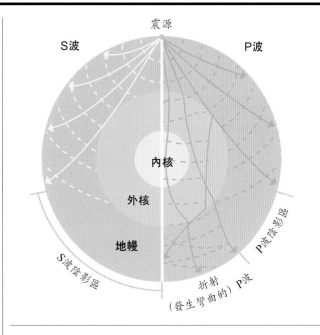

圖中的地震模型標注了穿過地球的地震波以及P波和S波的陰影區。

這一特點證明地核是液體的，因為 S 波無法通過液體。P 波陰影區其實並非完全被陰影覆蓋，因為這裏能夠檢測到一些 P 波。1936 年，丹麥地震學家英厄・萊曼（Inge Lehmann）解釋道，這些 P 波是波通過固體內核時折射產生的。我們現在所使用的地球模型是這樣的：固體內核之外是液體外核，然後是地幔，最後是由岩石構成的地殼。■

理查德・狄克・奧爾德姆

1858 年，理查德・狄克遜・奧爾德姆出生於愛爾蘭的都柏林，父親是印度地質調查所所長。奧爾德姆就讀於皇家礦業學校，後來供職於印度地質調查所，並成為調查所所長。

印度地質調查所的主要工作是繪製地層圖，但也會撰寫有關印度地震的詳細報告，奧爾德姆最著名的正是地震報告。1903 年奧爾德姆因為健康狀況辭去工作，回到英國，並於 1906 年發表了有關地核的理論。奧爾德姆曾獲得倫敦地質學會頒發的萊爾獎章，並當選英國皇家學會院士。

主要作品

1899 年 《1897 年 6 月 12 日大地震報告》

1900 年 《論地震運動的遠距離傳播》

1906 年 《地球內部的構造》

地震儀可以記錄我們感覺不到的遠震的運動，讓我們得以窺探地球的內部並確定地球的特性。

——理查德・狄克遜・奧爾德姆

放射性是元素的一種原子性質

瑪麗・居里（1867－1934 年）
Marie Curie

背景介紹

科學分支
物理學

此前
1895 年 威廉·倫琴研究了 X 射線的性質。

1896 年 亨利·貝克勒爾發現，鈾鹽存在貫穿輻射。

1897 年 約瑟夫·約翰·湯姆孫在研究陰極射線的性質時發現了電子。

此後
1904 年 湯姆孫提出「葡萄乾蛋糕模型」。

1911 年 歐內斯特·盧瑟福和歐內斯特·馬斯登提出「有核原子模型」。

1932 年 英國物理學家詹姆斯·查德威克發現中子。

正如很多重大科學發現一樣，放射性的發現也是偶然的。1896 年，法國物理學家亨利·貝克勒爾（Henri Becquerel）正研究磷光現象，這一現象是指當照射某物體的光源去掉後，物體會發出另外一種顏色的光。貝克勒爾想知道能夠產生磷光的礦物是否也會釋放 X 射線，即威廉·倫琴一年前發現的那種射線。為了解答自己的疑問，他用黑色的厚紙包封照相底片，在上面放一種磷光礦物，然後將二者放置在陽光下。實驗成功了，照相底片被曝光了。這種物質能夠釋放出 X 射線。貝克勒爾還指出，金屬能夠阻擋這種讓底片感光的射線。實驗的第二天是一個陰天，貝克勒爾無法重複之前的實驗，所以他將磷光礦物和照相底片放到了抽屜裏。他發現，即使在沒有陽光的情況下，照相底片還是曝光了。貝克勒爾意識到，這種礦物內部一定能夠產生能量，結果證明他所使

> 現在有必要找一個新的術語來定義鈾和釷元素表現出來的新特性，我建議用「放射性」這個詞。
> —— 瑪麗·居里

用的鈾礦中鈾原子會分解釋放能量。貝克勒爾發現了放射性。

射線來自原子

繼貝克勒爾的發現之後，他的波蘭博士生瑪麗·居里決定研究這種新的「射線」。她利用「靜電計」，即一種測量電流的儀器，發現鈾礦樣本周圍的空氣是導電的，

瑪麗·居里

瑪麗·居里原名瑪麗亞·斯克沃多夫斯卡，1867 年生於華沙。當時，波蘭在沙皇俄國的統治下，女性不可以接受高等教育。為了支持姐姐在法國巴黎學醫，瑪麗曾工作過一段時間。1891 年，瑪麗也來到巴黎學習數學、物理和化學。1895 年，她嫁給了自己的同事皮埃爾·居里。1897 年女兒誕生後，瑪麗開始教書以幫助養家，但仍與皮埃爾在一間改建的房屋裏繼續做研究。皮埃爾去世後，她接替了皮埃爾在巴黎大學的工作，成為第一個擔此職務的女性。她還是第一個獲得諾貝爾獎的女性，也是第一個兩次獲得諾貝爾獎的人。第一次世界大戰期間，瑪麗建立了一批放射中心。1934 年，瑪麗·居里死於白血病，這可能與她長期接觸放射性物質有關。

主要作品

1898 年 《鈾和釷的化合物放出射線》
1935 年 《放射性》

參見：威廉‧倫琴 186~187 頁，歐內斯特‧盧瑟福 206~213 頁，羅伯特‧奧本海默 260~265 頁。

而導電能力僅與鈾含量有關，與礦物質（除鈾外還含有其他元素）的總質量無關。這一實驗讓瑪麗‧居里相信，放射性來自鈾原子，而非鈾與其他元素的任何反應。

瑪麗‧居里很快發現，有些鈾礦的放射性比鈾本身的放射性更強。這引起了她的思考：這些礦石中肯定含有另外一種物質，一種比鈾放射性更強的物質。1898 年，瑪麗‧居里發現了另一種放射性元素釙。她立刻寫了一篇論文呈交法國科學院，但是已有論文論述了釷的放射性。

兩獲諾貝爾獎

居里夫婦在富含鈾的瀝青鈾礦和銅鈾雲母中發現了其他放射性元素，以解釋這些礦物的放射性比鈾本身更強。到 1898 年末，他們已經發現了兩種新的元素，一種命名為釙，以紀念瑪麗‧居里的祖國波蘭，另一種是鐳。他們試圖通過提取純釙和純鐳樣本證明自己的發現，但直到 1902 年他們才從一噸瀝青鈾礦中提取了 0.1g 的氯化鐳。

在此期間，居里夫婦發表了數十篇科學論文，其中一篇有關發現鐳可用於破壞腫瘤。他們並沒有為這些發現申請專利，1903 年更與貝克勒爾共同獲得了諾貝爾物理學獎。皮埃爾‧居里 1906 年去世後，瑪麗並沒有停止科研工作，她於 1910 年成功分離出一個純單質鐳的樣

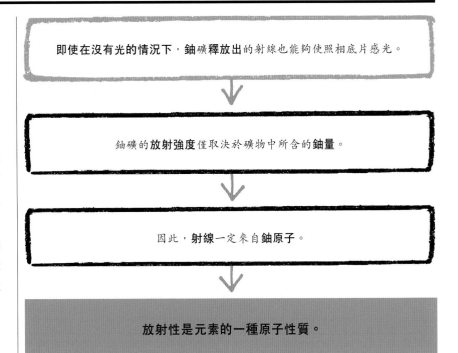

即使在沒有光的情況下，**鈾**礦**釋放出**的射線也能夠使照相底片感光。

↓

鈾礦的**放射強度**僅取決於礦物中所含的**鈾量**。

↓

因此，**射線一定來自鈾原子**。

↓

放射性是元素的一種原子性質。

本。1911 年，她獲得了諾貝爾化學獎，成為兩次獲諾貝爾獎的第一人。

新的原子模型

在居里夫婦發現鐳的基礎上，新西蘭物理學家歐內斯特‧盧瑟福和歐內斯特‧馬斯登（Ernest Marsden）1911 年建立了新的原子模型，但直到 1932 年英國物理學家詹姆斯‧查德威克（James Chadwick）發現中子，放射性才得到了完整的解釋。中子和帶有正電荷的質子是構成原子核的亞原子粒子，帶有負電荷的電子在原子核外旋轉。原子的質量基本由質子和中子構成。某種元素的原子質子數相同，但中子數可能不同。具有不同中子數的同

一元素的原子稱為同位素。例如，鈾原子的原子核有 92 個質子，但中子數可能在 140–146 個之間。這些同位素以質子數和中子數之和命名，所以鈾最常見的同位素是中子數為 146 的鈾 238（即 92+146）。

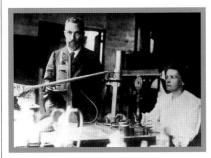

瑪麗‧居里和皮埃爾‧居里沒有專用的實驗室，他們的實驗大多完成於巴黎大學物理化工學院附近一間漏水的房子裏。

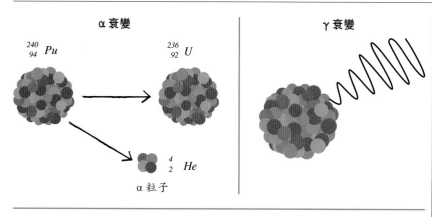

α 衰變

$^{240}_{94}Pu$ $^{236}_{92}U$

$^{4}_{2}He$

α 粒子

γ 衰變

β 衰變

$^{22}_{11}Na$ $^{22}_{10}Ne$

e^+

β⁺粒子（正電子）

電子中微子

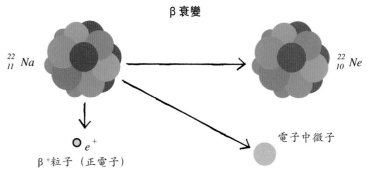

放射性衰變共有三種方式。鈈-240（左上角）衰變成鈾，並釋放出一個 α 粒子，這就是 α 衰變的例子。在 β 衰變中，鈉-22 變為氖，釋放出一個 β 粒子（此例中為一個正電子）。在 γ 衰變中，高能量的原子核會釋放出 γ 射線，但並不釋放粒子。

包括鈾在內的很多種元素的原子核都十分不穩定，會自發地進行放射性衰變。盧瑟福將放射性元素的射線命名為 α 射線、β 射線和 γ 射線。α 粒子含有兩個質子和兩個中子。β 粒子可以是電子或正電子，質子變為中子時會釋放正電子，而中子變為質子時會釋放電子。α 衰變和 β 衰變都會改變衰變原子核的質子數，使其變為另外一種元素的原子。γ 射線其實是一種高能量、波長短的電磁輻射，並不會改變元素的性質。

放射性衰變與核反應堆中的裂變不同，與太陽的能量來源核聚變也不同。在核裂變過程中，不穩定的原子核，比如鈾-235，在中子的轟擊下，分裂為更小的原子，同時釋放出能量。在核聚變過程中，兩個較小的原子合成一個較大的原子。聚變也會釋放能量，但需要極高的溫度和壓強才能實現，所以科學家只能在核武器中使用核聚變。到目前為止，用核聚變發電仍會消耗更多的能量。

半衰期

一種放射性物質發生衰變時，其元素的原子變為其他元素的原子，所以不穩定原子的數目隨時間不斷減少。不穩定原子的數目越少，放射強度就越低。放射性同位素放射強度的減少可以用半衰期來表示。半衰期是指放射性強度達到原值一半所需要的時間，也是不穩定原子半數發生衰變所需要的時間。以廣泛用於醫療上的同位素鎝-99m 為例，其半衰期為 6 小時，這意味着當藥劑注入患者體內 6 小時後，其強度將減為原來的一半；12 小時後，變為原來的 1/4，以此類推。而鈾-235 的半衰期超過 7 億年。

放射性年代測定

半衰期可用於測量礦石或其他物質的年代。很多半衰期已知的放射性元素都可以用於年代測定，但最著名的當屬碳。碳最常見的同位素為碳-12，其原子含有 6 個質子和 6 個中子，原子核穩定，地球上 99% 的碳都是碳-12。還有一個微小部分碳是碳-14，比碳-12 多兩個中子，這種同位素的半衰期為 5730 年。大氣外層的氮原子受到宇宙射線的撞擊，會不斷產生碳-14，也就是說大氣中碳-12 和碳-14 的比值是相對恆定的。綠色植物通過光合作用從大氣中攝入二氧化碳，而我們的食物包括植物

（或以這些植物為食的動物）在內，所以即使碳 -14 一直在衰變，但在植物和動物存活期間，碳 -12 和碳 -14 的比值也是相對恆定的。當生物死後，不會再攝入碳 -14，體內的碳 -14 會繼續衰變。通過測量體內碳 -12 和碳 -14 的比值，科學家可以計算出生物的死亡時間。

這種放射線年代測定法可用於測量木材、煤、骨頭以及貝殼的年代。雖然碳同位素的比值存在自然差異，但可以用樹木年輪測定年代法等其他年代測定法進行反覆核實，校準數值也可以用於同一時代的物體。

奇妙療法

瑪麗·居里發現，放射性具有醫療用途。第一次世界大戰期

居里的實驗室……既是一個牛棚，也是一個裝馬鈴薯的地窖。如果不是看到工作台以及上面的儀器，我肯定會認為這是在開玩笑。

——威廉·奧斯特瓦爾德

間，她用自己提取的少量鐳製成氡氣（鐳衰變時產生的一種放射性氣體）。氡氣被密封在玻璃管中，然後將玻璃管置於患者體內，用來殺死病變組織。這是一種神奇的療法，甚至被用於美容，收緊老化的

肌膚。直到後來，人們才意識到選用半衰期很短的物質作醫療用途是十分重要的。

放射性同位素還廣泛用於醫學照影，以診斷疾病，並用來治療癌症。γ 射線用於手術器械消毒，甚至還用於食品殺菌，以延長保質期。γ 射線發射器可以檢測金屬物體的內部，查看是否存在裂縫，或是檢查集裝箱內是否有走私物品。■

瑞典阿萊石陣的建造時間為公元600年，這是用同位素年代測定法測量該遺址的木器得出的，而石陣所用石頭的年齡高達億萬年。

傳染活液

馬丁努斯‧拜耶林克（1851－1931 年）
Martinus Beijerinck

背景介紹

科學分支
生物學

此前
19 世紀 70 年和 80 年代 羅伯特‧科赫等人確定細菌是肺結核和霍亂等疾病的病因。

1886 年 德國植物生物學家阿道夫‧邁爾發現，煙草花葉病可以在植物間傳播。

1892 年 迪米特里‧伊凡諾夫斯基發現，煙草植株的汁液經最好的素陶濾菌器過濾後仍具有傳染性。

此後
1903 年 伊凡諾夫斯基在報告中指出，在光學顯微鏡下觀察到感染的宿主細胞中存在「晶體狀的內含物」，但懷疑它們是微小的細菌。

1935 年 美國生物化學家溫德爾‧斯坦利研究了煙草花葉病毒的結構，發現這種病毒是一種大化學分子。

煙草花葉病具有**傳染性**，但是⋯⋯

⋯⋯能夠過濾細菌的**濾菌器無法**濾出並移除**這種致病因子**，所以它肯定不是細菌。

另外，**這種致病因子**還有一點與細菌不同，它只能寄生於活體中，不可能在實驗室凝膠或液體培養基中生長。

所以，這種致病因子與細菌不同，它們更小，應該取一個新名字——**病毒**。

如今，病毒是人們非常熟悉的一個醫學術語，很多人都將病毒理解為最小的病菌，人、動植物和真菌的傳染病可以歸因於此。

但是，19 世紀末，「病毒」一詞才進入科學和醫學領域。這一術語是荷蘭微生物學家馬丁努斯‧拜耶林克（Martinus Beijerinck）1898

年提出的，用來定義一種新的傳染病致病因子。拜耶林克不僅對植物特別感興趣，在顯微鏡學方面也具有極高的天分和技能。他研究了患有花葉病的煙草植株。花葉病會使煙葉長斑、褪色，對煙草業造成極大的損失。當時「病毒」一詞會偶爾出現，用來指代有毒的物質。拜

參見：弗里德里希‧維勒 124~125 頁，路易‧巴斯德 156~159 頁，琳‧馬古利斯 300~301 頁，克雷格‧文特爾 324~325 頁。

耶林克做完煙草花葉病實驗後，用病毒一詞指代導致花葉病的致病因子。

當時，與拜耶林克一樣致力於科學和醫學的人注重的還是細菌。19 世紀 70 年代，路易‧巴斯德和德國醫生羅伯特‧科赫率先分離出細菌，並確定它是一種致病因子，而後更多的細菌相繼發現。

當時，檢測細菌的常用方法是，讓疑似含有致病因子的液體通過不同的過濾器。當時最著名的是張伯蘭細菌濾器，由巴斯德的同事查爾斯‧張伯蘭（Charles Chamberland）1884 年發明。這種過濾器用素陶的微孔可以濾出小如細菌的顆粒。

無法濾出的微小顆粒

此前，已經有研究人員懷疑，有一種比細菌還小的致病因子可以傳播疾病。1892 年，俄國植物學家迪米特里‧伊凡諾夫斯基（Dmitri Ivanovsky）通過實驗研究了煙草花葉病，證明其致病因子可以通過過濾器。他堅信，這種致病因子不可能是細菌，但他並沒有進一步研究這種因子究竟為何物。

拜耶林克重複了伊凡諾夫斯基的實驗。他也發現，患病煙草植株的葉片汁液經細菌過濾器過濾後，還是能引發健康的煙草植株發生花葉病。起初，拜耶林克認為致病原因在於汁液本身，他將其稱為「傳染活液」。通過進一步研究，拜耶林克發現，汁液中的致病因子無法在實驗室凝膠或液體培養基中生長，也無法在寄助物體內生長，只能在感染的宿主細胞內繁殖，並傳播疾病。

雖然當時的光學顯微鏡無法觀察到病毒，但是通過實驗室培養法和微生物學檢測技術，拜耶林克證明病毒的確存在。他堅稱，病毒可以導致疾病，從而帶領微生物學和醫學進入了一個新的時代。直到 1939 年，在電子顯微鏡的幫助下，煙草花葉病毒才被發現，並成為拍攝顯微鏡照片的第一種病毒。■

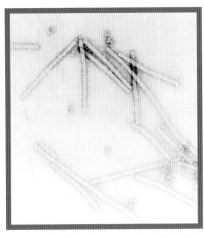

此張**電子顯微照片**顯示的是煙草花葉病毒顆粒，放大倍率為16萬。為了提高可見性，這些顆粒已被染色。

馬丁努斯‧拜耶林克

馬丁努斯‧拜耶林克可以說是一位隱士，大多數獨處時間都奉獻給了實驗室。拜耶林克 1851 年出生於荷蘭阿姆斯特丹，曾在代爾夫特學習化學和生物學，1872 年畢業於萊頓大學。19 世紀 90 年代，拜耶林克在達爾福特研究土壤和植物微生物學，並在此期間完成了著名的煙草花葉病毒過濾實驗。他還研究了植物如何從空氣中獲取氮，並將之融入到自己的組織中，這是使土壤變肥沃的一種天然施肥系統。此外，拜耶林克還研究了植物蟲癭、酵母和其他微生物的發酵作用，以及硫黃細菌。拜耶林克去世前，已成為世界聞名的微生物學家。1965 年拜耶林克病毒學獎設立，每兩年評定一次。

主要作品

1895 年　《論脫硫螺菌的磷酸鹽還原》
1898 年　《煙葉斑病的根源：傳染活液》

A PARADIGM SHIFT

SHIFT

1900–1945

巨大的轉變

1900年 — 1945年

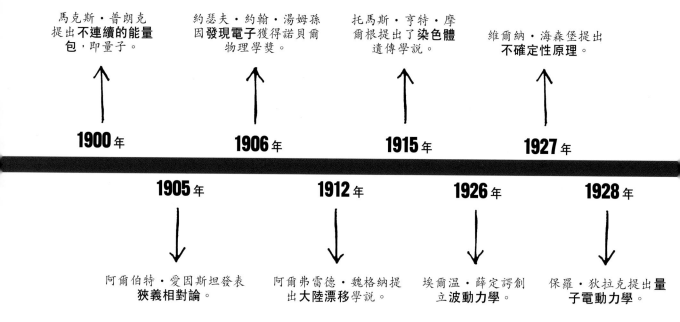

馬克斯・普朗克提出**不連續的能量包**，即量子。

約瑟夫・約翰・湯姆孫因**發現電子**獲得諾貝爾物理學獎。

托馬斯・亨特・摩爾根提出了**染色體**遺傳學說。

維爾納・海森堡提出**不確定性原理**。

1900 年

1906 年

1915 年

1927 年

1905 年

1912 年

1926 年

1928 年

阿爾伯特・愛因斯坦發表**狹義相對論**。

阿爾弗雷德・魏格納提出**大陸漂移學説**。

埃爾温・薛定諤創立**波動力學**。

保羅・狄拉克提出**量子電動力學**。

19世紀，科學家對生命進程的看法發生了根本改變，但 20 世紀上半葉的科學發展更加令人震驚。經典力學歷史悠久，從牛頓以來基本未曾改變，但是到了 20 世紀，經典力學的確定性退出舞台，完全被一種新的時空觀和物質觀所取代。到 1930 年，「宇宙可以預測」這一古老思想已被擊得粉碎。

現代物理學

此時的物理學家發現，經典力學公式會得出荒謬的結果，其中顯然存在着根本性的錯誤。1900 年，馬克斯・普朗克（Max Planck）提出電磁輻射不是以連續波的形式傳播的，而是以不連續的能量包即量子的形式傳播的，由此解決了黑體光譜輻射與經典力學公式相違背的問題。五年後，正在瑞士專利局工作的阿爾伯特・愛因斯坦發表狹義相對論的論文，指出光速是恆定的，與光源或觀察者的運動無關。1916 年，愛因斯坦完成廣義相對論後發現，獨立於觀察者的絕對時空的概念已不復存在，取而代之的是彎曲的單一時空，物體的質量使空間發生彎曲，並由此產生萬有引力。愛因斯坦進一步證明，物質和能量應該是同一現象的不同側面，可以相互轉化。他用 $E=mc^2$ 來描述這一關係，暗示原子內部隱藏着巨大的潛在能量。

波粒二象性

古老的宇宙觀受到了更為嚴重的衝擊。英國物理學家約瑟夫・約翰・湯姆孫發現電子，並指出電子帶有負電荷，體積和重量還不到原子的千分之一。對電子的研究引發了新的謎團。不僅光具有粒子的特性，而粒子也具有波的特性。奧地利的埃爾温・薛定諤用方程組描述了粒子在某一個特定空間和狀態下出現的概率。薛定諤的德國同事維爾納・海森堡提出，位置和動量的數值有一種內在的不確定性，起初這被視為一個測量問題，但後來發

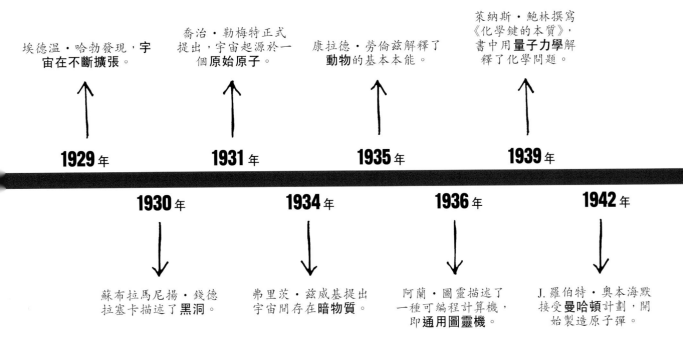

埃德温・哈勃發現，**宇宙在不斷擴張**。

喬治・勒梅特正式提出，宇宙起源於一個**原始原子**。

康拉德・勞倫茲解釋了**動物**的基本本能。

萊納斯・鮑林撰寫《化學鍵的本質》，書中用**量子力學**解釋了化學問題。

1929 年

1931 年

1935 年

1939 年

1930 年

1934 年

1936 年

1942 年

蘇布拉馬尼揚・錢德拉塞卡描述了**黑洞**。

弗里茨・茲威基提出宇宙間存在**暗物質**。

阿蘭・圖靈描述了一種可編程計算機，即**通用圖靈機**。

J. 羅伯特・奧本海默接受**曼哈頓計劃**，開始製造原子彈。

現這對解釋宇宙結構至關重要。至此，一幅奇怪的圖像浮現出來：在一個彎曲的相對時空中，物質的粒子以概率波的形式劃過。

原子分裂

新西蘭的歐內斯特・盧瑟福率先指出，原子的大部分體積是空的，質量幾乎全部集中在直徑很小的核心區域，即原子核，電子在原子核外繞核運動。他解釋説，核裂變具有放射性。化學家萊納斯・鮑林（Linus Pauling）接受了盧瑟福提出的新原子模型，並用量子力學的概念解釋了原子是如何結合在一起的。在此過程中，他證明化學這

門學科其實是物理學的一部分。到 20 世紀 30 年代，物理學家已經開始研究釋放原子能的方法。在美國，J. 羅伯特・奧本海默（J Robert Oppenheimer）領導曼哈頓計劃，開始製造第一個核武器。

宇宙膨脹

到 20 世紀 20 年代，人們仍然認為星雲是銀河系內的氣體塵埃雲，而我們所在的銀河系就是宇宙的全部。後來，美國天文學家埃德温・哈勃（Edwin Hubble）發現，這些星雲其實是遙遠的星系。突然間，宇宙的範圍變得超出了我們的想像。哈勃還發現，宇宙正向各個

方向膨脹。比利時神父、物理學家喬治・勒梅特（Georges Lemaître）提出，宇宙是從一個「原始原子」膨脹而成的，這就是後來的大爆炸理論。天文學家弗里茨・茲威基（Fritz Zwicky）創造了「暗物質」一詞，用來解釋根據引力計算出的後發座星系團的質量為何是實際觀察到的 400 倍，從而又解開了一個謎團。物質不僅與我們想像的大相徑庭，還有很多物質我們甚至無法直接檢測到。顯然，當時人們對科學的理解還存在很大的缺陷。■

量子是不連續的能量包

馬克斯·普朗克（1858－1947 年）
Max Planck

背景介紹

科學分支
物理學

此前

1860 年 理論模型得出的黑體輻射分布與實際不符。

19 世紀 70 年代 奧地利物理學家路德維希·玻爾茲曼在熵分析中用概率解釋了量子力學。

此後

1905 年 阿爾伯特·愛因斯坦提出，量子是真實存在的，在普朗克光量子的基礎上提出了光子的概念。

1924 年 路易·德布羅意證明，一切物質都具有波粒二象性。

1926 年 埃爾溫·薛定諤用波動方程描述了粒子的運動。

1900 年 12 月，德國理論物理學家馬克斯·普朗克發表了一篇論文，用自己的方法解決了一個長期存在的理論衝突，這是物理學史上最重要的一次概念性突破。普朗克的這篇論文標誌着從牛頓經典力學向量子力學的轉變。此後，牛頓力學的確定性和精確性逐漸被帶有不確定性的概率取代。

量子理論源自熱輻射的研究。熱輻射可以解釋為甚麼空氣與火之間的空氣是涼的，我們卻依然能夠

參見：路德維希・玻爾茲曼 139 頁，阿爾伯特・愛因斯坦 214~221 頁，埃爾溫・薛定諤 226~233 頁。

經典力學認為，能量輻射是**連續的**。

但是，在這種假設下得出的**黑體輻射分布**與實際結果**完全不符**。

如果將輻射能量看成是**不連續的**「量子」，這個**問題**就**解決**了。

輻射能量不是連續的，而是以不連續的「量子」形式發射的。

感受到熱度。任何物體都具有吸收和發射電磁波的本領。如果溫度升高，輻射頻率會增強，同時波長變短。例如，一塊煤在室溫下的輻射頻率低於可見光，屬於紅外光譜。我們看不到輻射的電磁波，因此煤看起來是黑色的。不過，一旦將煤點燃，它就會釋放頻率更高的波，進入可見光譜的範圍，煤呈現出暗紅色，之後變為白熾，最後變為亮藍。炙熱的物體，比如恆星，會輻射波長很短的不可見的紫外線和 X 射線。物體輻射電磁波的同時，也會反射電磁波。正因為反射光，物體即使在不發光的情況下也會呈現

出顏色。

1860 年，德國物理學家古斯塔夫・基爾霍夫 (Gustav Kirchhoff) 提出絕對黑體的概念。絕對黑體是一種理想化的表面，當達到熱平衡 (溫度既不升高也不降低) 時，投射到該表面上的所有頻率的電磁波全被吸收，同時該表面不反射任何電磁波。黑體的熱輻射光譜因為不摻雜任何反射光，所以是「純淨的」，光譜反應的就是黑體本身的溫度。基爾霍夫認為，這種「黑體輻射」是自然界存在的基礎。例如，太陽就近似於一個黑體，它的輻射光譜基本是其溫度的體現。黑體輻射分

布的研究表明，輻射僅取決於物體的溫度，與物體的具體形狀或化學組成無關。基爾霍夫的假設帶來了一項新的挑戰：如何找到可以描述黑體輻射的理論框架。

熵與黑體

因為經典力學無法解釋黑體輻射分布的實驗結果，所以普朗克提出了新的量子理論。普朗克的研究大多集中於熱力學第二定律，他稱之為「絕對真理」。該定律指出，孤立系統會逐漸趨於熱平衡狀態 (即系統所有部分的溫度相等)。普朗克試圖用孤立系統的熵解釋黑體的熱輻射方式。雖然嚴格來講，熵測量的是系統有多少種組織方式，但簡單說來熵就是指系統的混亂度。一個系統的熵越大，最終達到

一個新的科學真理取得勝利並不是通過讓它的反對者們信服並看到真理的光明，而是通過……熟悉它的新一代成長起來。

——馬克斯・普朗克

平衡的組織方式就越多。例如，假設在一個房間裏，空氣分子最開始集中於屋頂的一個角落，要想最終達到每立方厘米具有相同數量的空氣分子，組織方式是非常多的。在此過程中，系統的熵逐漸增大，空氣分子的分布逐漸均勻。熱力學第二定律的基礎是，熵只朝着一個方向演化。在達到熱平衡的過程中，系統的熵總是不斷增大，然後保持不變。普朗克推論，這一原則在任何一個理論黑體模型中都應該顯而易見。

維恩-普朗克定律

到 19 世紀 90 年代，柏林科學家在實驗中使用的「空腔輻射」與基爾霍夫提出的絕對黑體非常接近。在常溫下，一個開有小洞的盒

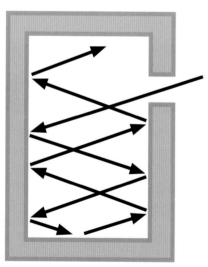

開有一小孔的空腔接近於理想的黑體，進入小孔的輻射基本都被困在空腔內。

子近似於黑體，因為進入盒子的任何輻射都被困在盒內，盒子輻射的能量完全取決於自身的溫度。

普朗克的同事威廉・維恩（Wilhelm Wien）深受實驗結果的困擾，因為記錄到的低頻率輻射與他的黑體輻射公式不符。1899 年，普朗克修改了公式，試圖更好地解釋黑體熱輻射波譜，從而得出了維恩-普朗克定律。

紫外災難

一年後，又一個挑戰接踵而來。當時，英國物理學家瑞利男爵（Lord Rayleigh）和詹姆斯・金斯爵士（Sir James Jeans）發現，黑體輻射分布與經典物理學的預測大相徑庭。瑞利-金斯定律指出，隨着輻射頻率不斷升高，黑體釋放的能量將呈指數式增長，但這與實驗結果完全不符，這一現象被稱為「紫外災難」。由此可見經典理論一定存在嚴重的錯誤。如果經典理論是正確的，那麼每當燈泡亮起時，都會釋放出致命劑量的紫外線。

普朗克並沒有因瑞利-金斯定律而困擾，他更關心的是維恩-普朗克定律。維恩-普朗克定律即使修正後，還是與實驗數據不符。該定律能夠正確描述黑體熱輻射的短波（高頻）波譜，但不適用於長波（低頻）波譜。就在這時，普朗克打破傳統，利用路德維希・玻耳茲曼（Ludwig Boltzmann）的概率方法得出了一個新的輻射定律。

真實世界中並不存在絕對黑體，不過，太陽、黑天鵝絨以及煤焦油等表面烏黑的物體都近似於黑體。

玻耳茲曼曾重新定義了熵的概念，他將系統看成是由大量獨立的原子和分子構成的。雖然熱力學第二定律仍有效，但玻耳茲曼用概率學而非絕對化的方式對其進行了闡述。因此引入熵的概念，僅僅是因為它強調的是最大可能性而非另一種選擇。盤子破碎後無法還原，但是並沒有絕對的規律阻止其變為原樣，只是説這種事情發生的可能性幾乎為零。

科學不能解決自然界最終的謎團，這是因為在最後的分析中，我們自身也是這個待解之謎的一部分。

——馬克斯・普朗克

普朗克常數

　　普朗克運用玻耳茲曼對熵的統計性解讀，得出了一個新的輻射定律。假設熱輻射是由一個個「振子」發出的，他需要測量的是：一定的能量在振子之間有多少種分布方式。

　　要得出這一數值，普朗克將能量分為一份份不連續的能量塊，但數量是有限的，這一過程稱為量子化。普朗克不僅是物理學家，還是一位傑出的大提琴演奏家和鋼琴家，他可能將這些「量子」想像成了樂器振動的琴弦，同時和聲的數量是一定的。普朗克最後得到的公式十分簡單，並且與實驗數據相吻合。引入能量子的概念，減少了系統能量狀態的數量，同時普朗克也解決了紫外災難，雖然這並非他的初衷。普朗克認為，量子只是因為數學需要而引入的概念，是一種「把戲」，而非真實存在的。但是，

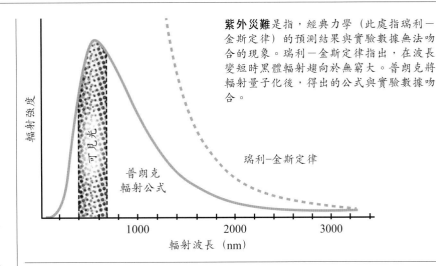

紫外災難是指，經典力學（此處指瑞利－金斯定律）的預測結果與實驗數據無法吻合的現象。瑞利－金斯定律指出，在波長變短時黑體輻射趨向於無窮大。普朗克將輻射量子化後，得出的公式與實驗數據吻合。

當 1905 年阿爾伯特·愛因斯坦用這一概念解釋光電效應時，堅稱量子是光的一種真實屬性。

　　正如很多量子力學的先驅人物，普朗克此後一直在努力接受自己的研究結果。雖然普朗克從不懷疑自己研究的重大影響，但正如歷史學家詹姆斯·弗蘭克（James Franck）所言，他也是一個「反駁自己理論的革命家」。普朗克發現，

自己發明的公式所得出的結果往往與日常生活中的事實不符，所以很難令他滿意。但是不管怎樣，在馬克斯·普朗克之後，物理界發生了翻天覆地的變化。■

馬克斯·普朗克

　　1858 年，馬克斯·普朗克出生於德國北部的城市基爾，上學時就是一個才華出眾的學生，17 歲高中畢業，進入慕尼黑大學學習物理學，並很快成為量子力學的開創者。1918 年，普朗克因能量子的發現獲諾貝爾物理學獎，雖然他並未充分闡釋量子是一種物理現實。

　　普朗克的個人生活充滿了悲劇色彩。他的第一任妻子死於 1909 年，長子在第一次世界大戰中喪生，兩個雙胞胎女兒在分娩時死去。第二次世界大戰期間，盟軍的炸彈摧毀了他在柏林的住所，他的論文也付之一炬。戰爭接近尾聲時，他剩下的唯一兒子也因參與暗殺希特拉未遂而被納粹殺害。戰爭結束不久，普朗克也離開人世。

主要作品

1900 年　《輻射熱的熵與溫度》
1901 年　《論正常光譜中的能量分布定律》

原子的結構

歐內斯特・盧瑟福（1871－1937 年）
Ernest Rutherford

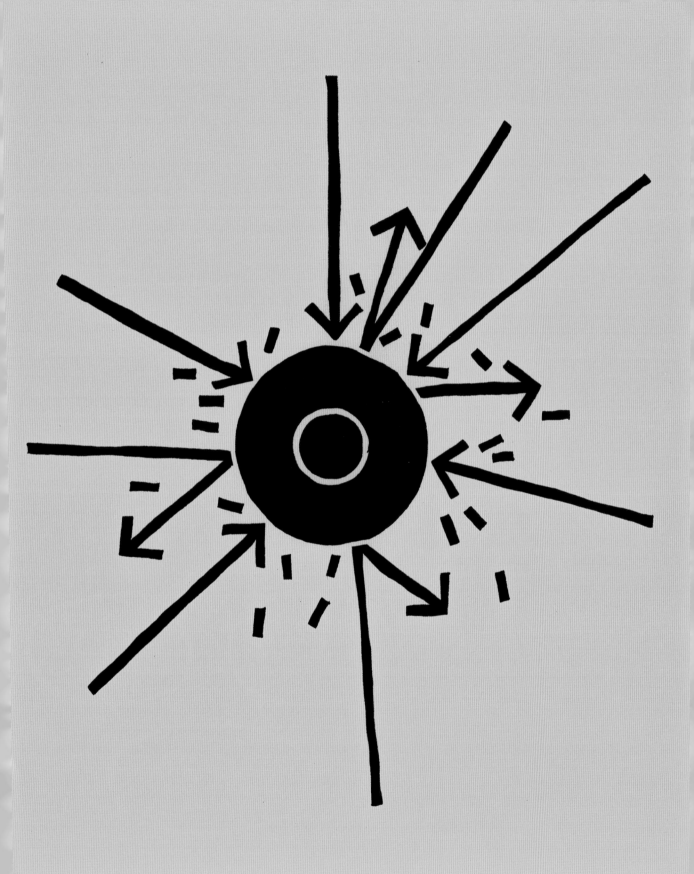

背景介紹

科學分支
物理學

此前
約公元前 400 年　古希臘哲學家德謨克利特認為，原子是構成物質的一種固態的、不可毀壞的基本成分。

1805 年　約翰・道爾頓的原子論將化學過程與物理現實聯繫起來，計算出原子量。

1896 年　亨利・貝克勒爾發現核輻射，並由此揭露了原子的內部結構。

此後
1938 年　奧托・哈恩、弗里茨・斯特拉斯曼和利茲・邁特納發現原子核裂變現象。

2014 年　用高能粒子撞擊原子核，會不斷產生大量的亞原子粒子和反粒子。

19世紀與 20 世紀之交，科學家發現，物質的基本組成成分原子可以分解為更小的粒子，這一時刻成為物理學的一個分水嶺。這個令人震驚的突破徹底改變了科學家的觀點，使他們重新審視物質結構以及物質和宇宙間的相互作用力。科學家發現了一個嶄新的亞原子世界，這個極小的領域充滿了無數微小的顆粒，需要一種新的物理學來描述這些粒子間的作用力。

原子理論歷史悠久。古希臘哲學家德謨克利特是早期思想家的代表，他提出，所有物質都是由原子組成的。德謨克利特創造了「原子」一詞，這個詞在希臘語中意為「看不見的」，用來指代物質的基本組成單位。德謨克利特認為，物質一定會反映出其組成原子的特性，比如鐵原子是固態且堅硬的，而水原子則是光滑的。

18 世紀和 19 世紀之交，英國自然哲學家約翰・道爾頓在倍比定律的基礎上提出了新的原子論。倍比定律指出，化合物中不同元素（簡單的游離物質）的質量總是互成簡單的整數比。道爾頓認為，這意味着兩種物質間的化學反應其實就是不同原子的結合，並且這一過程將不斷重複。這就是現代第一個原子理論。

穩定的科學

19 世紀末，物理學界被一種自滿的氛圍所籠罩。有些著名的物理學家驕傲地宣稱，物理學這門學科已大功告成，重要的理論均已發現，之後的工作就是將已知的數值精確到「小數點後六位」。然而，當時很多研究型物理學家卻更為理智，他們認為自己顯然面臨着種種無法解釋的奇怪現象。

1896 年，威廉・倫琴率先發現了神秘的 X 射線，緊接着第二年，亨利・貝克勒爾就發現了當時無

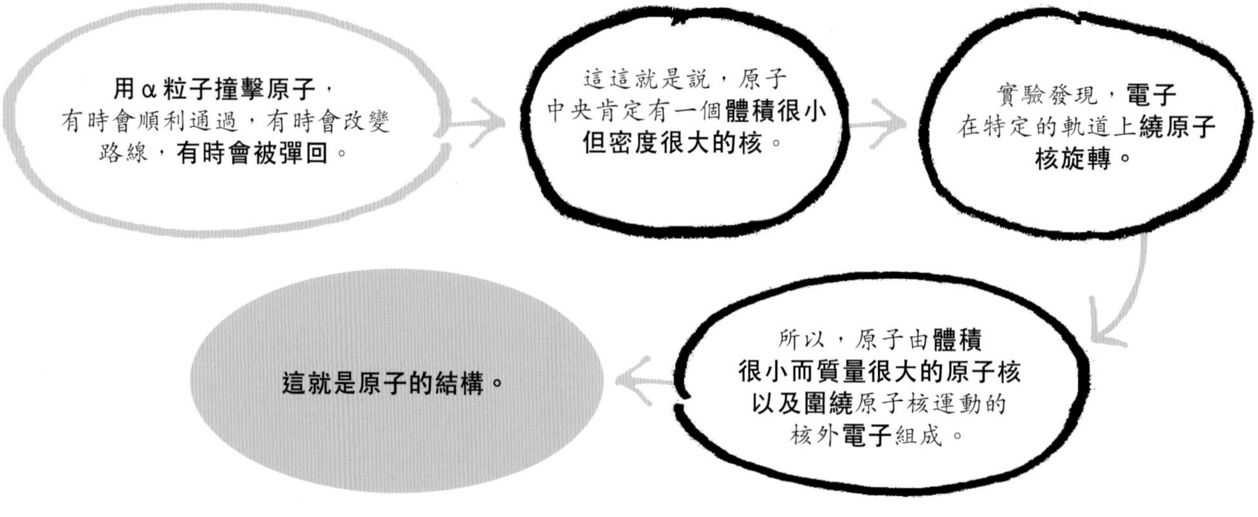

用α粒子撞擊原子，有時會順利通過，有時會改變路線，有時會被彈回。
這這就是說，原子中央肯定有一個體積很小但密度很大的核。
實驗發現，電子在特定的軌道上繞原子核旋轉。
所以，原子由體積很小而質量很大的原子核以及圍繞原子核運動的核外電子組成。
這就是原子的結構。

參見：約翰‧道爾頓 112~113 頁，奧古斯特‧凱庫勒 160~165 頁，威廉‧倫琴 186~187 頁，瑪麗‧居里 190~195 頁，馬克斯‧普朗克 202~205 頁，阿爾伯特‧愛因斯坦 214~221，萊納斯‧鮑林 254~259 頁，默里‧蓋爾曼 302~307 頁。

法解釋的放射性現象。這些新的射線是甚麼？源自哪裏？貝克勒爾推測，射線產生於鈾鹽中，他的推測是對的。當皮埃爾‧居里和瑪麗‧居里研究鐳衰變時發現，放射性物質內部似乎隱藏着源源不斷、永不枯竭的能量。如果事實果真如此，那麼物理學的幾條重要定律都將被打破。不管這些射線究竟為何物，當時的模型顯然存在較大的空白。

電子的發現

　　1897 年，英國物理學家約瑟夫‧約翰‧湯姆孫證明，他可以從原子中分離出其他粒子，從而引起了巨大轟動。他在研究高壓陰極（即帶有負電的電極）射線時發現，這種射線是由「粒子」構成的，因為射線打在熒光屏上時，會出現一閃即滅的光點。這些粒子帶有負電，原因是電場可以改變粒子束的方向；粒子也很輕，還不到最輕的氫原子質量的 1/1000。另外，不管以何種元素的原子當作粒子源，釋放出的粒子重量都是相同的。湯姆孫發現的就是電子。從理論上講，這一結果完全在意料之外。如果原子含有帶電粒子，為甚麼帶正電和

此圖為**約瑟夫‧約翰‧湯姆孫**在劍橋大學實驗室工作的場景。湯姆孫將剛剛發現的電子加入到原子模型中，提出了葡萄乾蛋糕模型。

帶負電的粒子質量不同呢？之前的原子理論認為，原子是固態的。作為物質最基本的組成成分，原子是完整的、完美的、不可分割的。但是根據湯姆孫的發現，原子顯然是可分的。總而言之，這些新發現的射線讓科學家開始懷疑，其實當時的科學並未探明物質及能量的重要成分。

葡萄乾蛋糕模型

1906 年，湯姆孫因電子的發現榮獲諾貝爾物理學獎。湯姆孫是一個不折不扣的理論家，他知道應該為自己的結果建立一個全新的原子模型，於是 1904 年建立了葡萄乾蛋糕模型。原子裏面充滿了均勻分布的帶正電的流體。原子整體並不帶電，而電子的質量又很小，所以湯姆孫假設，一個更大的帶正電的球體佔據了原子的大部分質量，電子鑲嵌其中，就像葡萄乾點綴在一塊蛋糕裏一樣。因為並沒有證據對此作出反駁，所以假設點電荷像蛋糕中的葡萄乾一樣在原子中任意分布在當時是合理的。

盧瑟福革命

然而，原子中帶正電的那部分粒子一直不顯蹤跡，科學家不得不繼續尋找這一缺失的粒子。最終的發現呈現給人們一幅完全

> **科學研究，除了物理就是集郵。**
> ——歐內斯特·盧瑟福

不同的原子內部結構圖。

歐內斯特·盧瑟福在曼徹斯特大學物理實驗室設計並主持了一項實驗，以驗證湯姆孫的葡萄乾蛋糕模型。新西蘭人盧瑟福不僅具有超凡魅力，還是一位天賦異稟的實驗家，對應該抓住的細節十分敏銳。1908 年，盧瑟福就曾因「原子蛻變理論」獲得諾貝爾化學獎。

原子蛻變理論指出，放射性物質的輻射源自原子分裂。在化學家弗雷德里克·索迪（Frederick Soddy）的協助下，盧瑟福證明放射

性元素會自發地變為另一種元素。他們二人的研究為探索原子的內部結構開闢了新的道路。

放射性

雖然放射性是貝克勒爾和居里夫婦首先發現的，但卻是盧瑟福確定並命名了三種核輻射，即速度較慢、質量較重、帶正電的 α 粒子，速度很快、帶負電的 β 粒子，以及能量高、不帶電的 γ 射線（見 194 頁）。盧瑟福根據射線的穿透能力對其進行分類。α 粒子穿透能力最弱，一張薄紙就可以將其擋住，而 γ 射線則需要厚厚的鉛才能擋住。盧瑟福不僅是第一使用 α 粒子探索原子結構的人，他還率先提出了放射性半衰期的概念，併發現 α 粒子其實就是氦原子核，即原子除去電子後的部分。

金箔實驗

1909 年，盧瑟福開始用 α 粒

歐內斯特·盧瑟福

歐內斯特·盧瑟福在新西蘭的鄉村長大，當湯姆孫來信通知他獲得了劍橋大學的獎學金時，盧瑟福還在田地裏工作。1895 年，他成為卡文迪許實驗室的研究員，並在那裏與湯姆孫一起做實驗，後來發現了電子。1898 年，盧瑟福 27 歲時，開始在加拿大蒙特利爾麥吉爾大學擔任教授一職，並開始研究放射性。1908 年，盧瑟福獲得諾貝爾物理學獎。盧瑟福還是一位傑出的管理者，一生領導了三家頂級的物理研究實驗室。1907 年，出任曼

徹斯特大學物理系主任，並發現了原子核。1919 年，盧瑟福回到卡文迪許實驗室擔任主任。

主要作品

1902 年 《放射性的原因及本質 I 和 II》

1909 年 《源自放射性物質的 α 粒子的特性》

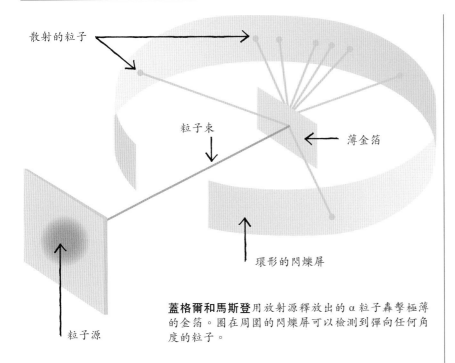

散射的粒子

粒子束

薄金箔

環形的閃爍屏

粒子源

蓋格爾和馬斯登用放射源釋放出的 α 粒子轟擊極薄的金箔。圈在周圍的閃爍屏可以檢測到彈向任何角度的粒子。

子探測物質的結構。之前一年，他已經與德國人漢斯・蓋格爾（Hans Geiger）發明了硫化鋅「閃爍屏」，α 粒子打到閃爍屏上時會出現一個閃光點，由此可以計算 α 粒子的數量。在學生歐內斯特・馬斯登的幫助下，蓋格爾開始用閃爍屏證明物質是否無限可分，或是說原子內部是否含有更基本的物質單位。

蓋格爾與馬斯登用源自放射源的一束 α 粒子轟擊金箔，金箔只有 1000 個原子厚，甚至更薄。根據葡萄乾蛋糕模型，如果金原子內部均勻分布着帶有正電荷的粒子，帶有負電的點電荷鑲嵌其中，那麼帶正電的 α 粒子會直接穿過金箔，並且大部分粒子與金原子碰撞

後，運動方向會發生很小的偏轉，散射角度很小。

蓋格爾和馬斯登坐在黑暗的試驗中，花了很長時間用顯微鏡計算閃爍屏上出現的亮點。盧瑟福按照

這是我一生中從未碰到過的最難以置信的事件，它的難以置信好比你對一張白紙射出一發 15 英寸的炮彈，結果卻被彈回來打在了自己身上。

——歐內斯特・盧瑟福

自己的直覺，指導蓋格爾和馬斯登放置閃爍屏，使其既能捕獲到預期中偏角很小的亮點，同時也能捕捉到偏轉角很大的粒子。當閃爍屏就位後，蓋格爾和馬斯登發現，有些 α 粒子的偏轉角大於 90°，有些粒子打到金箔上後沿原路反彈回去。盧瑟福曾這樣描述這一實驗結果：這好比對一張白紙射出一發 15 英寸的炮彈，結果卻被彈了回來。

有核原子

只有原子的正電荷與質量都集中在一個很小的空間內，才能解釋 α 粒子為何被反彈回來或是發生了很大的偏角。根據實驗結果，盧瑟福於 1911 年發表了原子結構學說。盧瑟福模型就像一個縮小的太陽系，中心有一個帶正電荷、密度很大、體積很小的核，電子繞核運動。這個模型最大的創新在於提出了原子具有一個極小的核，從而得出了人們並不願接受的結論：原子根本不是固態的。原子內部有很大的空間，由能量和力控制着。這與 19 世紀的原子理論完全不同。

湯姆孫的「葡萄乾蛋糕模型」曾轟動一時，但盧瑟福的模型基本沒有引起科學界的關注。這一模型的缺陷顯而易見。加速運動的電荷會以電磁輻射的形式釋放能量，這在當時已是一個不爭的事實。當電子繞核運動時，要做加速圓周運動才能保持自己的軌道，因此它們會不斷釋放電磁輻射。電子做圓周

運動時，會逐漸釋放能量，最後掉入原子核中。所以根據盧瑟福的模型，原子應當極不穩定，但事實並非如此。

原子的量子理論

丹麥物理學家尼爾斯・玻爾用量子理論解救了盧瑟福的原子模型，使其免除了在無聲無息中衰落的命運。1900 年，馬克斯・普朗克在研究輻射時提出了量子的概念，標誌着量子革命的開端。但是，到 1913 年時，這一領域還處於初始階段，直到 20 世紀 20 年代量子力學才有了數學框架。玻爾研究量子理論時，相關理論基本上只有愛因斯坦的光量子學說。量子就是不連續的能量包，我們現在稱之為光子。玻爾試圖精確解釋原子吸收並釋放光的方式。他指出，

每一個電子都在原子殼層特定的軌道上，每層軌道的能量是「量子化的」，也就是說，它們只能取固定的數值。

在這個軌道模型中，每個電子的能量與它離原子核的距離密切相關。離核越近，能量越低，但是它可以通過吸收一定波長的電磁輻射，到達更高的能量級。吸收電磁輻射後，電子會躍遷到更高的也就是外面的軌道。獲得更高的能量後，這個電子會立刻回到原來能量較低的軌道，同時釋放出一個量子的能量，這恰好等於兩層軌道的能量之差。

玻爾並沒有解釋這個模型，他只是指出電子不可能脫離軌道掉入原子核中。雖然這完全是一個理論模型，但卻與實驗結果相符，並巧妙地解決了很多相關問題。電

> 如果你的實驗需要統計數據，那麼你應該設計一個更好的實驗。
>
> ——歐內斯特・盧瑟福

子按照嚴格的次序填補空缺的電子層，並且離原子核越來越遠，這符合元素週期表中隨原子序數增加元素呈現出的不同特性。更令人信服的是，理論上的電子層能量級與實際的「光譜系」相吻合。光譜系涵蓋原子吸收以及釋放的不同頻率的光。一個長期以來存在的問題就此解決，電磁學與物質結構終於結合

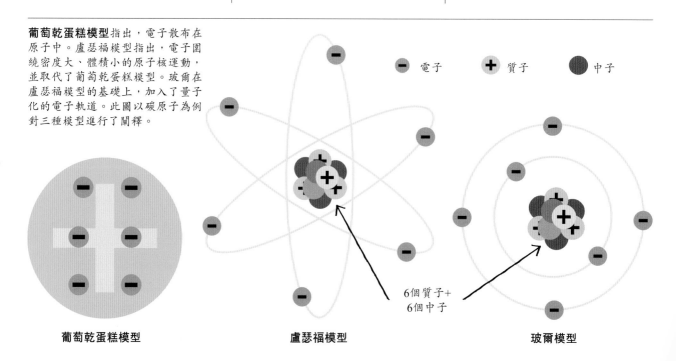

葡萄乾蛋糕模型指出，電子散布在原子中。盧瑟福模型指出，電子圍繞密度大、體積小的原子核運動，並取代了葡萄乾蛋糕模型。玻爾在盧瑟福模型的基礎上，加入了量子化的電子軌道。此圖以碳原子為例對三種模型進行了闡釋。

電子　質子　中子

6個質子+
6個中子

葡萄乾蛋糕模型　　　　盧瑟福模型　　　　玻爾模型

了起來。

進入原子核的內部

　　有核原子模型被廣泛接受後，下一步就要探尋原子核的內部結構。1919 年，盧瑟福在實驗中發現，用 α 粒子可以從很多元素中轟擊出氫核。一直以來，氫都被認為是最輕的元素，是其他元素的基本組成單位，盧瑟福因此提出，氫核實際上就是一種基本粒子，即質子。

　　1932 年，詹姆斯・查德威克發現中子，原子結構得到了進一步發展。查德威克的發現也包含着盧瑟福的功勞，因為盧瑟福 1920 年曾假設中子的存在，以此來抵消微小的原子核內大量帶正電的點電荷之間的斥力。因為同種電荷相互排斥，所以盧瑟福指出，肯定還有一種粒子可以消除電荷，或是將相互排斥的質子緊緊地聚集在一起。元素中還有一部分質量需要由重於氫核的物質承擔，如果存在一種質量

> **如果假設射線是由質量為 1、電荷為 0 的粒子，也就是中子組成的，那麼問題就解決了。**
>
> ——詹姆斯・查德威克

詹姆斯・查德威克用放射性釙釋放出的 α 粒子轟擊鈹，發現了中子。在 α 粒子的轟擊下，鈹釋放出中子，中子又從石蠟中分離出質子，最後電離室檢測到這些質子。

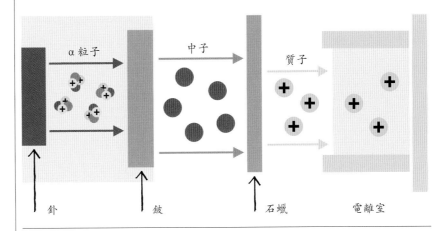

α 粒子　　中子　　質子

釙　　　　鈹　　　　石蠟　　　電離室

吻合的中性亞原子粒子，這一問題就會迎刃而解。

　　然而，中子的發現之路並不容易，歷時將近十年。當時，查德威克正在卡文迪許實驗室工作，盧瑟福任實驗室主任。在盧瑟福的指導下，查德威克開始研究一種新的射線。這種射線是德國物理學家瓦爾特・博特（Walther Bothe）和赫伯特・貝克爾（Herbert Becker）用 α 粒子轟擊鈹時發現的。

　　查德威克通過實驗得出了與這兩位德國物理學家一樣的結果，他意識到這種具有穿透力的輻射就是盧瑟福一直在尋找的中子。中子等中性粒子要比質子等帶電粒子的穿透力更強，因為中性粒子穿過物質時不會受到斥力。中子的質量略大於質子，所以能夠輕易地將質子從

原子核中轟擊出來，這只有能量極高的電磁輻射才能做到。

電子雲

　　電子圍繞質量較大的原子核運轉，這一原子結構在中子發現後終於完整了。量子力學的新發現讓我們對電子軌道的認識臻於完善。現在的原子模型使用了「電子雲」一詞，用來表示只有電子的區域，我們可以用電子的波函數（見 256 頁）確定電子最可能出現的位置。

　　後來，科學家發現質子和中子並不是最基本的粒子，而是由更小的粒子夸克組成的，原子模型因此變得更為複雜。至於原子結構究竟是甚麼樣的，科學家目前仍在積極研究。■

引力場就是彎曲的時空

阿爾伯特·愛因斯坦（1879－1955 年）
Albert Einstein

背景介紹

科學分支
物理學

此前

17 世紀 牛頓物理學對引力和運動進行了描述，日常中的大多數現象都可以得到解釋。

1900 年 馬克斯・普朗克首先提出，光是由一個個的能量包即「量子」構成的。

此後

1917 年 愛因斯坦在廣義相對論的基礎上建立了一個宇宙模型。他假設宇宙是靜止的，並為了支持他的理論引入宇宙常數。

1971 年 將原子鐘放在噴氣式飛機中進行環球飛行，從而證明了廣義相對論中的時間膨脹。

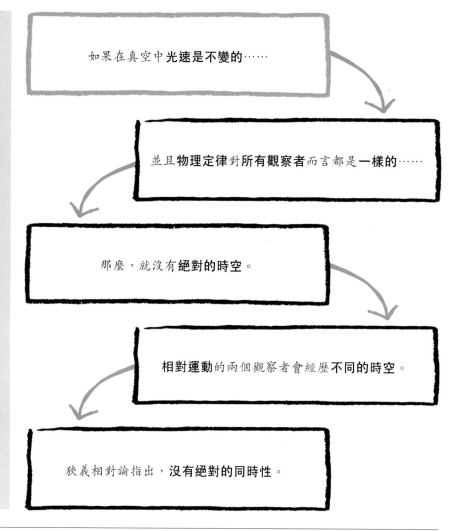

如果在真空中**光速是不變的**……

並且**物理定律**對**所有觀察者**而言都是**一樣的**……

那麼，就沒有**絕對的時空**。

相對運動的兩個觀察者會經歷**不同的時空**。

狹義相對論指出，**沒有絕對的同時性**。

1905 年，德國科學雜誌《物理學年鑒》發表了一位作者的四篇論文，他就是年僅 26 歲的阿爾伯特・愛因斯坦，一個當時並不知名、後來供職於瑞士專利局的物理學家。這四篇論文為現代物理學奠定了較為全面的基礎。

19 世紀末，愛因斯坦解決了物理學界的幾個根本問題。在他

1905 年發表的四篇論文中，第一篇改變了人們對光的性質以及能量性質的理解；第二篇巧妙地證明了早已發現的布朗運動可以當作原子存在的證據；第三篇指出宇宙中存在着一種極限速度，這就是狹義相對論；第四篇提出，物質與能量可以相互轉換，從而徹底改變了我們對物質性質的看法。十年後，愛因斯坦繼續發展了他之前論文中的理

論，提出廣義相對論，對引力和時空作出了一種更為深刻的全新闡釋。

量化分析

愛因斯坦 1905 年發表的第一篇論文解決了光電效應長期以來存在的一個問題。光電效應是1887 年德國物理學家海因里希・赫茲發現的。這一現象是指，用一

參見：克里斯蒂安‧惠更斯 50~51 頁，艾薩克‧牛頓 62~69 頁，詹姆斯‧克拉克‧麥克斯韋 180~185 頁，馬克斯‧普朗克 202~205 頁，埃爾溫‧薛定諤 226~233 頁，埃德溫‧哈勃 236~241 頁，喬治‧勒梅特 242~245 頁。

定波長的射線，一般為紫外線，照射金屬電極，電極間會產生電流，也就是說電極釋放出了電子。其背後的原理現在看來很容易解釋，金屬表面原子的最外層電子吸收了射線的能量，從而掙脫束縛飛出金屬表面。問題是，如果用波長較長的射線照射同一種金屬，不論光源的強度如何，金屬都不會釋放出電子。

這成為經典物理學的一個問題，因為經典物理學認為，光的強度決定着光的能量。然而，愛因斯坦的論文引入馬克斯‧普朗克當時剛剛提出的「光量子」的概念。愛因斯坦指出，如果將光束分為一個個光量子（我們現在稱為光子），那麼每個光量子攜帶的能量僅取決於它的波長。波長越短，能量越高。如果光電效應依靠的是一個電子和

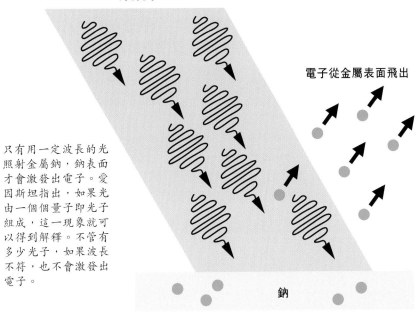

可見光子

電子從金屬表面飛出

只有用一定波長的光照射金屬鈉，鈉表面才會激發出電子。愛因斯坦指出，如果光由一個個量子即光子組成，這一現象就可以得到解釋。不管有多少光子，如果波長不符，也不會激發出電子。

鈉

> 所有科學最重大的目標就是，從最少的假設和公理出發，用邏輯推理的方法，解釋最多的經驗事實。
>
> —— 阿爾伯特‧愛因斯坦

一個光子間的相互作用，那麼有多少光子轟擊金屬表面（即光源的強度）無關緊要。如果光子的能量不夠高，是無法激發出電子的。

當時，愛因斯坦的理論遭到了普朗克等物理界泰斗的反駁。不過，1919 年美國物理學家羅伯特‧密立根（Robert Millikan）用實驗證明了愛因斯坦的正確性。

狹義相對論

愛因斯坦最偉大的貢獻誕生於他 1905 年發表的第三篇和第四篇論文，其中也重新定義了光的性質。從 19 世紀末開始，物理學家在理解光速方面一直存在一個問題。自 17 世紀以來，科學家已經測量出光速的近似值，並且數值越來越精確，但麥克斯韋方程組證明，可見光只是一種光譜較廣的電磁波，所有電磁波都以同樣的速度在宇宙中穿行。

因為光被看成是一種橫波，所以需要一種傳播介質，就像池塘表面的水波一樣。當時設想的介質就是「發光以太」，它的性質能夠解釋觀察到的電磁波特性。因為以太不會因地點不同發生改變，所以它們可以作為其他一切的絕對標準。

因為以太絕對靜止，所以可以得出，從遠處物體反射來的光的速度取決於光源和觀察者的相對運

動。以來自遙遠行星的光為例，在地球軌道的一端和另一端觀測，光速是截然不同的。因為在軌道的一端地球以 30km/s 的速度遠離恆星，而在另一端的觀察者則以類似的速度接近恆星。

19 世紀末，物理學家痴迷於測量地球在以太系中的運動。唯有通過測量，才能證實這種神秘物質的存在，但始終沒有找到確鑿的證據。無論用多麼精密的測量儀器，光速似乎都是一樣的。1887 年，美國物理學家阿爾伯特‧邁克爾遜（Albert Michelson）和愛德華‧莫雷（Edward Morley）設計了一個巧妙的實驗，以精確測量「以太風」的速度，但仍舊沒有找到證明以太存在的證據。邁克爾遜－莫雷實驗的否定結果動搖了人們認為以太存在的想法。此後幾十年，類似的實驗結果更是加重了物理學家的危機感。

> 質量和能量是同一物質的不同表現。
>
> —— 阿爾伯特‧愛因斯坦

愛因斯坦 1905 年發表的第三篇論文〈論運動物體的電動力學〉直指這一問題。他的狹義相對論建立在兩個基本條件上：一是光在真空中移動的速度是不變的，並不會受光源本身的移動速度影響；二是物理定律對於處於任何「慣性」參照系中的不同觀察者而言都是相同的，也就是說，這些觀察者都不受加速等外力的影響。在此之前，愛因斯坦已經接受光的量子特性，即光量子是微小、獨立的能量包，在真空中傳播時既具有粒子的特性，也保持波的特性，毫無疑問這有助於愛因斯坦接受他的第一個假設。

接受了這兩個假設後，愛因斯坦開始思考這對物理學的影響，尤其是對力學的影響。如果物理定律在所有的慣性參照系內都以同樣的方式運行，那麼不同參照系看起來都是不同的。唯一的影響因素就是相對運動，當兩個參照系的相對運動接近光速（即相對論性速度）時，就會發生奇怪的事情。

洛倫茲因子

雖然愛因斯坦的論文並沒有正式引用其他科學文獻，但卻提到了同時代其他幾位科學家的研究。當時以非傳統方式解決以太問題的人絕非愛因斯坦一人，其中最重要的也許是荷蘭物理學家亨得里克‧洛倫茲（Hendrik Lorentz），他的「洛

阿爾伯特‧愛因斯坦

1879 年，愛因斯坦出生在德國南部城市烏爾姆，中學的學習並不順利，最後進入蘇黎世聯邦理工學院，準備當一名數學教師。但是，愛因斯坦並未如願找到教學的工作，於是接受了伯爾尼瑞士專利局的差事。在此期間，他有充足的時間做研究，1905 年發表的論文也在這段時間完成。他將自己的成功歸因於從未失去孩童般的想像力。

廣義相對論得到證明後，愛因斯坦成為聞名全球的科學家。他繼續探索之前的研究，並為量子理論帶來了創新。1933 年，因為擔心納粹的崛起，愛因斯坦在一次國外旅行途中決定不回德國，最終在美國普林斯頓大學定居下來。

主要作品

1905 年　《關於光的產生和轉化的一個啟發性觀點》

1915 年　《引力場方程》

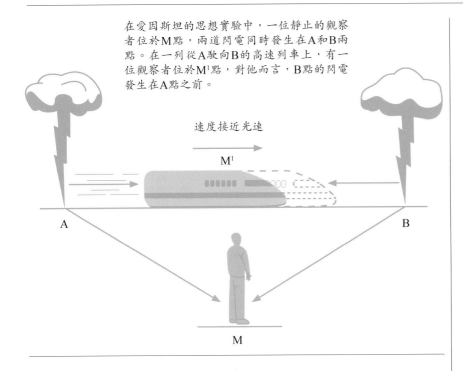

在愛因斯坦的思想實驗中，一位靜止的觀察者位於M點，兩道閃電同時發生在A和B兩點。在一列從A駛向B的高速列車上，有一位觀察者位於M¹點，對他而言，B點的閃電發生在A點之前。

速度接近光速

M¹

A

B

M

解釋相對論

　　愛因斯坦用兩個相對運動的參照系解釋狹義相對論：一個是行駛的火車，一個是鐵路的路堤。一位觀察者站在路堤 M 點，離 A 和 B 的距離相等，發生在 A 和 B 的兩道閃電對於這位觀察者而言是同時的。位於火車 M¹ 點的觀察者處於另外一個參考系內，閃電發生時，他剛好通過 M 點。不過，當火車上的觀察者看到閃電時，火車已經朝 B 點行駛了一段距離。正如愛因斯坦所說，這位觀察者的速度快於來自 A 點的光束。對於火車上的觀察者而言，閃電 B 先於閃電 A。愛因斯坦因此得出結論：「除非具體說明參照系，否則談論事件發生的時間是沒有意義的。」時間和位置都是相對概念。

倫茲因子」出現在愛因斯坦的理論中，其數值接近於光速，公式如下：

$$\frac{1}{\sqrt{1-v^2/c^2}}$$

　　洛倫茲用這個公式計算時間膨脹和長度收縮，從而使麥克斯韋方程組與相對論彼此吻合。這個公式對愛因斯坦至關重要，因為它可以表示觀察者在不同慣性參考系測量物理量時所進行的轉換關係。在上述公式中，v 表示觀察者的相對速度，c 代表光速。在大多數情況下，v 相對於 c 而言數值很小，所以 v^2/c^2 近似於 0，而因此洛倫茲因子近似於 1，也就是說，它對計算基本

沒有甚麼影響。洛倫茲的研究受到了冷遇，因為它並不符合標準的以太理論。愛因斯坦從另外一個角度研究了這個問題，指出洛倫茲因子是狹義相對論的一個必然結果，並重新研究了時間和距離間隔的真實意義。他的一個重要結論是，在一個參考系中，觀察者看到的兩件同時發生的事，對另一個參考系的觀察者而言，不一定是同時發生的（這種現象稱為同時性的相對性）。愛因斯坦還指出，對於一個遠處的觀察者而言，物體以接近光速的速度向他的方向運動時，據含有洛倫茲因子的一個簡單方程，長度會收縮。更奇怪的是，觀察者參照系內的時間似乎也變慢了。

質量和能量是等同的

　　愛因斯坦 1905 年發表的最後一篇論文的題目是「物體的慣性同它所含的能量有關嗎？」這篇短短三頁的論文進一步闡述了前一篇論文中的一個觀點，即物體的質量是其能量的衡量標準。在這篇新論文中，愛因斯坦指出，如果物體以電磁波的形式輻射一定的能量（E），它的質量會減少 E/c^2。這個公式可以寫為 $E=mc^2$，表示在某個參照系內一個靜止粒子所具有的能量。質量等同於能量這一原則成為 20 世

紀科學界的重要基石，在宇宙學和核物理等諸多方面都有重要應用。

引力場

1905 年被稱為「愛因斯坦奇跡年」。雖然愛因斯坦在這一年發表的論文看似晦澀難懂，起初並沒有在物理界以外產生甚麼反響，但卻樹立了他在本領域的地位。之後

我們在**引力場**與在均**加速參照系**中的感覺是一樣的。

⬇

加速度可以用**時空流形**的**彎曲**來解釋。

⬇

如果**質量很大的物體**使時空發生彎曲，那麼就可以解釋物體的引力。

⬇

廣義相對論指出，引力就是時空流形的彎曲。

的幾年內，很多科學家發現，狹義相對論對宇宙的描述比以太論更具說服力，並設計實驗證明相對論的正確性。與此同時，愛因斯坦已經朝新的方向進發，進一步擴展他已經建立的理論，將非慣性系包含在內。非慣性系是指涉及加速和減速的情形。

早在 1907 年，愛因斯坦就想到，在沒有引力影響下的「自由落體」參照系相當於一個慣性系，即等效原理。1911 年，他發現，引力場作用下的靜止參照系相當於一個均加速運動參照系。愛因斯坦這樣解釋他的理論，假設一個人站在一個處於真空中的密封升降機內，升降機在火箭的作用下朝一個方向做加速運動，這個人腳下會感受到一個向上的力，而根據牛頓第三定律他會給升降機底部一個大小相同、方向相反的作用力。愛因斯坦指出，這個人站在升降機中的感覺和他在引力場中絲毫不動是一樣的。

在一個勻加速行駛的升降機中，與加速度垂直方向射來的光束，路徑會發生彎曲。愛因斯坦推論，引力場也是一樣。這種引力效應被稱為引力透鏡，並首次證明了廣義相對論。

愛因斯坦開始思考引力的本質。具體來說，愛因斯坦預言在強引力場中會發生時間膨脹等相對性

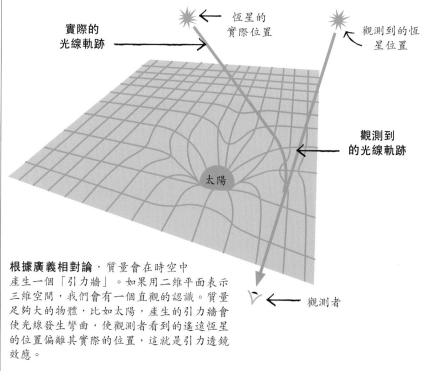

根據廣義相對論，質量會在時空中產生一個「引力牆」。如果用二維平面表示三維空間，我們會有一個直觀的認識。質量足夠大的物體，比如太陽，產生的引力牆會使光線發生彎曲，使觀測者看到的遙遠恆星的位置偏離其實際的位置，這就是引力透鏡效應。

此圖為**亞瑟·愛丁頓**1919年拍攝的日食圖片，首次驗證了廣義相對論。正如愛因斯坦預測的那樣，太陽周圍的恆星會發生外移。

效應。時鐘離引力源越近，走得越慢。這一效應多年來只是一種純理論的說法，但現在已通過原子鐘進行了證實。

時空流形

1907 年，曾經做過愛因斯坦老師的赫爾曼·閔可夫斯基（Hermann Minkowski）解決了另外一個難題。考慮到狹義相對論中的時空維度間的有效平衡，閔可夫斯基提出將三維空間與時間維度結合到一起，形成時空流形。用閔可夫斯基的話解釋，相對性效應可以用幾何術語描述，時空彎曲就像是相對運動的觀察者在另外一個參照系看到的那樣。

1915 年，愛因斯坦發表了完整的廣義相對論，對時空、物質和引力的性質進行了全新的闡述。愛因斯坦採用了閔可夫斯基的理論，將宇宙看成是一個時空流形，會因為相對性運動而發生彎曲，同時也會因恆星、行星等質量很大的物體而發生彎曲，就像我們感受到重力一樣。描述質量、彎曲和引力關係的公式異常複雜，但是愛因斯坦卻用近似的方法解決了一個長期存在的謎團，即水星近日點（行星距離太陽最近的點）進動值要遠遠大於牛頓力學的預測值。廣義相對論成功解釋了這一謎團。

引力透鏡

愛因斯坦發表論文時，全世界正陷入第一次世界大戰的陰霾中，英語國家的科學家已無法集中精力做研究。廣義相對論十分複雜，如果不是因為亞瑟·愛丁頓（Arthur Eddington），可能會被埋沒很多年。愛丁頓是一位積極的反戰人士，時任皇家天文學會秘書，對相對論很感興趣。

愛丁頓在與荷蘭物理學家威廉·德西特（Willem de Sitter）通信的過程中，聽說了愛因斯坦的研究，並很快成為愛因斯坦理論在英國的主要支持者。1919 年，第一次世界大戰結束剛剛幾個月，愛丁頓為了驗證廣義相對論及其預言的引力透鏡效應，帶領一支考察隊遠赴非洲西海岸的普林西比島，觀察自然界最壯觀的現象之一。早在 1911 年，愛因斯坦就曾預言，全日食出現時，可以觀察到引力透鏡現象，日食周圍的恆星看起來發生了外移。這是因為光通過太陽周圍的彎曲時空會發生彎曲。愛丁頓的探索之旅不僅拍攝了壯麗的日食圖片，還驗證了愛因斯坦的理論。愛丁頓第二年發表了自己的研究結果，從而引發了全球轟動，愛因斯坦成為國際名人，人們對宇宙性質的了解也將展開全新的一面。■

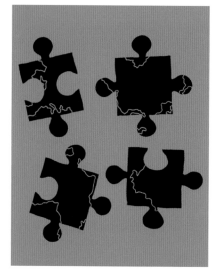

漂移的大陸是一幅不斷變化的地球拼圖

阿爾弗雷德·魏格納（1880－1930 年）
Alfred Wegener

背景介紹

科學分支
地球科學

此前

1858 年 安東尼奧·斯奈德–佩列格里尼繪製了一幅包括美洲、歐洲和非洲的地圖，指出大西洋兩岸發現了同樣的化石。

1872 年 法國地理學家埃利澤·雷克呂斯提出，因為大陸的移動，所以形成了海洋和山脈。

1885 年 愛德華·休斯提出，南半球的大陸曾由陸橋連接在一起。

此後

1944 年 英國地理學家阿瑟·霍爾姆斯）指出，地幔對流是地殼運動的原因。

1960 年 美國地質學家哈里·赫斯提出，海底擴張是大陸分離的原因。

1912 年，德國氣象學家阿爾弗雷德·魏格納將幾種證據綜合在一起，提出了大陸漂移學説。該學説認為，地球的大陸最開始是連在一起的，經過幾百萬年後分離開來。但是，直到科學家找到巨大陸塊移動的原因之後，才接受了魏格納的理論。

1620 年，弗朗西斯·培根查看最早的新大陸和非洲地圖時發現，美洲的東海岸與歐洲和非洲的西海岸幾乎是平行的。由此，科學家推測，這些陸塊曾經是連在一起的，對地球固定不變的傳統學説提出了挑戰。

1858 年，長居巴黎的地理學家安東尼奧·斯奈德–佩列格里尼（Antonio Snider-Pellegrini）指出，大西洋兩岸發現了相似的植物化

> 南美洲東海岸與非洲西海岸的形狀十分**吻合**，彷彿是**兩大塊相鄰的拼圖圖片**。

> 南美洲和非洲發現了相似的**動植物化石**。

> 南美洲和非洲擁有**相似的岩層**。

> 地球上所有的大陸以前曾經是**統一**的巨大陸塊。

漂移的大陸就是一幅不斷變化的地球拼圖。

參見：弗朗西斯·培根 45 頁，尼古拉斯·斯丹諾 96~101 頁，路易斯·阿加西斯 128~129 頁，查爾斯·達爾文 142~149 頁。

石，可以追溯到 2.99 億～3.59 億年前的石炭紀時期。他繪製的地圖顯示，美洲和非洲大陸過去可能相連，並認為它們之所以分離是由於《聖經》中的大洪水。南美洲、印度以及非洲均發現了羊齒蕨化石後，奧地利地質學家愛德華·休斯（Eduard Suess）指出，曾幾何時，南半球的大陸由跨越海洋的陸橋連接在一起，形成了一個超級大陸，休斯稱之為岡瓦納大陸。

魏格納不僅在不同的大陸發現了更多相似的生物，還發現了類似的山脈和冰川沉積物。之前的理論認為，超級大陸有一部分沉到了海洋下面，但魏格納認為超級大陸也許發生了分離。1912－1929 年間，他不斷擴展了自己的理論。他提出的超級大陸，即泛大陸，涵蓋了休斯的岡瓦納大陸以及北美大陸和歐亞大陸。魏格納認為，整個陸塊的分離始於 1.5 億年前的中生代末

期，並指出東非大裂谷可以證明大陸仍在移動。

尋找大陸漂移機制

魏格納的理論遭到了地球物理學家的批評，他們指出魏格納並沒有解釋大陸的漂移方式。20 世紀 50 年代，新的地球物理技術揭示了大量新數據。通過研究地球過去的磁場，人們發現古代大陸相對於地極的位置與當前不同。用聲呐設備掃描海床發現，海底出現了較新的地貌，這主要發生在大洋中脊上。熔岩從地殼的裂縫中噴發湧出，凝固後形成新的大洋地殼，以後繼續上升的岩漿又把原先形成的大洋地殼推向兩邊。

1960 年，哈里·赫斯發現，海底擴張可以解釋大陸漂移，並提出了板塊構造學說。地殼由巨大的板塊構成，在地幔對流的作用下，地表不斷形成新的岩石，板塊也處

於不斷變化中。正是由於海洋地殼的形成和毀壞導致了大陸的移動。這一理論不僅證明了魏格納是正確的，還是現代地質學的基石。■

泛大陸，2億年前

7500萬年前

現在

魏格納的超級大陸就是一整塊經歷了長時間漂移的大陸。地質學家認為，這些大陸會在2.5億年後連在一起，形成一個新的超級大陸。

阿爾弗雷德·魏格納

魏格納全名阿爾弗雷德·洛塔爾·魏格納，生於柏林，1904 年獲得柏林大學天文學博士學位，但很快發現自己對地球科學更感興趣。1906 至 1930 年間，魏格納四赴格陵蘭探險，研究北極氣團，這是他開創性氣象學研究的一部分。他利用探空氣球追蹤氣流循環，並從冰層深處取樣證明以往的氣候。

除去探險的時間，魏格納 1912 年提出了大陸漂移學說，1915 年發表了一部包括該學說在內的著作，並分別

於 1920 年、1922 年和 1929 年改進並拓展了大陸漂移學說，但並沒有引起業界注意，因此頗為沮喪。

1930 年，魏格納第四次到格陵蘭探險，希望可以收集到證明漂移學說的證據。11 月 1 日，魏格納 50 歲生日那天，動身回營地取急需的物資，途中遇難身亡。

主要作品

1915 年 《海陸的起源》

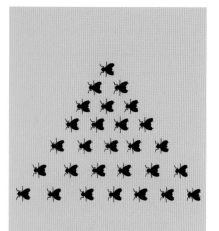

染色體的
遺傳作用

托馬斯・亨特・摩爾根（1866－1945 年）
Thomas Hunt Morgan

背景介紹

科學分支
生物學

此前
1866 年 格雷戈爾・孟德爾提出遺傳定律，指出遺傳性狀由離散顆粒控制，這種顆粒後來稱為基因。

1900 年 荷蘭植物學家雨果・德弗里斯再次證實了孟德爾的遺傳定律。

1902 年 西奧多・博韋里和沃爾特・薩頓分別提出遺傳的染色體學說。

此後
1913 年 摩爾根的學生阿爾弗雷德・斯特蒂文特繪製了第一張果蠅的遺傳「圖譜」。

1930 年 芭芭拉・麥克林托克發現，基因在染色體上的位置會發生改變。

1953 年 詹姆斯・沃森和弗朗西斯・克里克的 DNA 雙螺旋結構，解釋了遺傳信息是如何通過交配傳遞給後代的。

細胞分裂時，**染色體**通過分裂和複製**產生相應的遺傳性狀**。

這表明，控制這些性狀的**基因在染色體**上。

有些性狀取決於**生物的性別**，所以肯定由性染色體決定。

染色體具有遺傳作用。

19 世紀，生物學家用顯微鏡觀察細胞分裂時發現，每個細胞核中都有一對絲狀的物質，這些細絲狀物質可以用染料染上深色，使其易於觀察，所以稱其為染色體，意思是「有色的物體」。生物學家很快開始思考，染色體是否與遺傳有關。

1910 年，美國遺傳學家托馬斯・亨特・摩爾根通過實驗證明了基因和染色體在遺傳過程中的作用，從分子層面解釋了生物進化。

遺傳粒子

到 20 世紀初，科學家已經很清楚染色體在細胞分裂時的具體變化，並發現不同物種的染色體數目存在差異，但同一物種體細胞的染色體數目一般是相同的。1902 年，德國生物學家西奧多・博韋里

參見：格雷戈爾·孟德爾 166~171 頁，芭芭拉·麥克林托克 271 頁，詹姆斯·沃森和弗朗西斯·克里克 276~283 頁，邁克爾·敘韋寧 318~319 頁。

（Theodor Boveri）研究海膽的繁殖後得出結論，生物的染色體必須全部出現，胚胎才會正常發育。同年晚些時候，一個名叫沃爾特·薩頓（Walter Sutton）的美國學生通過研究蝗蟲，發現染色體甚至可以解釋孟德爾 1866 年在定律中提出的「遺傳粒子」。

孟德爾做了大量豌豆雜交試驗，1866 年提出遺傳性狀由離散粒子決定。40 年後，為了驗證染色體與孟德爾遺傳定律的關係，摩爾根將雜交試驗與現代顯微鏡學結合起來，並在紐約哥倫比亞大學建立了「果蠅室」，開始研究果蠅。

從豌豆到果蠅

果蠅是一種小昆蟲，可以用小玻璃瓶飼養，並能在 10 天內產生大量後代。基於這些原因，果蠅是遺傳試驗的理想對象。摩爾根的研究團隊將具有不同性狀的果蠅分開，進行雜交，並分析後代中出現不同性狀的果蠅的數量，這與孟德爾的豌豆雜交實驗如出一轍。

摩爾根發現了一隻雄性果蠅長着白色眼睛，而非一般的紅色，從而證實了孟德爾的實驗結果。雄性白眼果蠅與雌性紅眼果蠅雜交後，所有後代均為紅眼，這說明紅眼為顯性基因，而白眼為隱形基因。當這些後代進行雜交後，子二代中 1/4 為白眼，並且全部為雄性。所以，白眼基因一定與性別有關。當

摩爾根發現其他與性別有關的性狀時，他推論所有這些性狀會同時遺傳，而決定這些性狀的基因都存在於性染色體上。雌性具有一對 X 染色體，而雄性有一條 X 染色體和一條 Y 染色體。繁殖時，後代從母本繼承一條 X 染色體，從父本繼承一條 X 染色體或 Y 染色體。白眼基因在 X 染色體上，Y 染色體並沒有相應的基因。

通過進一步研究，摩爾根發現特定的基因不僅存在於特定的染色體上，並且位於染色體的特定位置。這為科學家繪製基因圖譜打開了大門。■

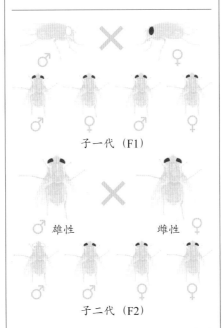

子一代 （F1）

雄性　　　　雌性

子二代 （F2）

果蠅的兩代交配顯示，白眼性狀只會通過性染色體遺傳給某些雄性果蠅。

托馬斯·亨特·摩爾根

托馬斯·亨特·摩爾根生於美國肯塔基州，攻讀動物學後，又開始研究胚胎學。1904 年，摩爾根搬到紐約的哥倫比亞大學，開始專心研究遺傳機制。起初，他對孟德爾的遺傳定律，甚至達爾文的進化論均持懷疑態度。他專注於果蠅交配實驗，以驗證自己的遺傳理論。果蠅實驗成功後，很多研究者都開始用這種昆蟲當作遺傳試驗的對象。

摩爾根發現，果蠅會發生穩定的遺傳變異，最終意識到達爾文是對的。1915 年，摩爾根發表著作解釋了以孟德爾遺傳定律為基礎的遺傳過程。摩爾根繼續在加州理工學院做研究，1933 年因對遺傳學的貢獻榮獲諾貝爾生理學獎。

主要作品

1910 年　《果蠅的性聯遺傳》

1915 年　《孟德爾式遺傳的機制》

1926 年　《基因論》

粒子具有
波的性質

埃爾溫・薛定諤（1887－1961 年）
Erwin Schrödinger

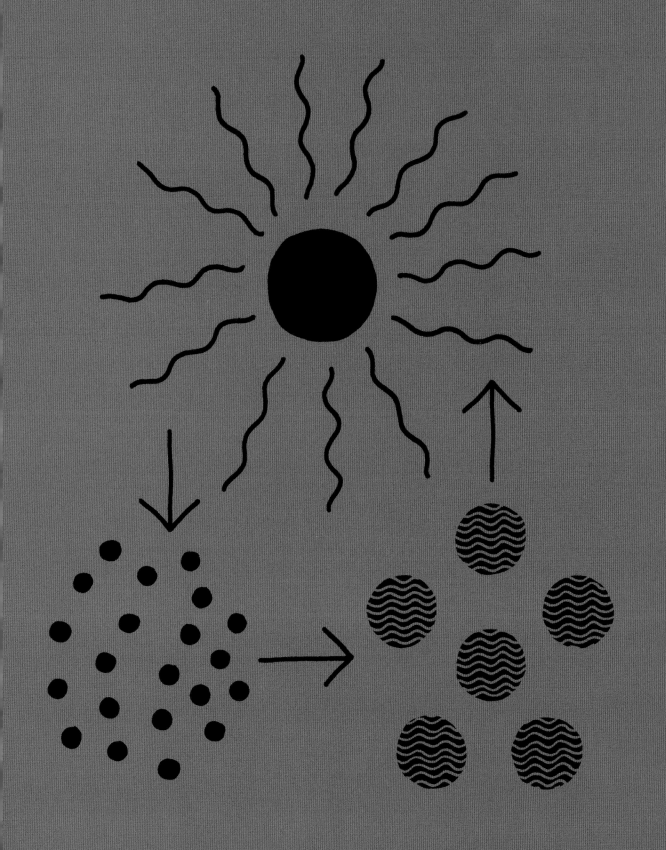

背景介紹

科學分支
物理學

此前

1900 年 為了解決黑體輻射問題，馬克斯・普朗克提出光是由一個個的能量包即「量子」構成的。

1905 年 阿爾伯特・愛因斯坦解釋光電效應的過程中，證實了普朗克的能量子學說。

1913 年 尼爾斯・玻爾的原子模型指出，原子中的電子會釋放或吸收單個的光量子（即光子），從而改變能量級。

此後

20 世紀 30 年代 薛定諤、保羅・狄拉克以及維爾納・海森堡的研究為現代粒子物理學奠定了基礎。

量子物理學是研究最微小的亞原子粒子的一門科學，埃爾溫・薛定諤則是推動這門科學進步的一位關鍵人物。他的最大貢獻是提出一個著名方程，證明了粒子的波動性，從而蜚聲物理學界。薛定諤方程是現代量子力學的基礎，徹底改變了人們看待世界的方式。但是，這場革命的發生並非偶然，整個的發現過程較為漫長，其間湧現出很多先驅人物。

最初，量子理論僅限於解釋光的性質。紫外災難是困擾理論物理學的一個問題，1900 年德國物理學家馬克斯・普朗克在試圖解決這一問題時提出，可以將光看作是不連續的能量包，即量子。後來，阿爾伯特・愛因斯坦進一步提出，光量子實際上是真實存在的物理現象。

丹麥物理學家尼爾斯・玻爾深知，愛因斯坦的理論可以說從根本上解釋了光和原子的性質。1913年，玻爾用愛因斯坦的理論解決了一個古老的問題，即某些元素受熱會釋放出一定波長的光。玻爾建立的原子結構模型中，電子在不同的軌道繞核運動，電子與原子核的距離決定了它的能量。通過這個模型，玻爾可以解釋原子的發射光譜（即波長分布圖譜），當電子躍遷到不同的軌道時，會釋放出光子能量。但是，玻爾的模型缺少理論支撐，並且只能預測最簡單的原子氫原子的光譜。

波一樣的原子？

愛因斯坦為古老的光理論注入了新的生機。一直以來，光都被認為是一束束的粒子，後來托馬斯・

1927年物理學索爾維會議在布魯塞爾舉辦，很多著名物理學家出席了這次會議，其中包括：1.薛定諤；2.泡利；3.海森堡；4.狄拉克；5.德布羅意；6.玻恩；7.玻爾；8.普朗克；9.居里；10.洛倫茲；11.愛因斯坦。

參見：托馬斯・楊 110~111 頁，阿爾伯特・愛因斯坦 214~221 頁，維爾納・海森堡 234~235 頁，保羅・狄拉克 246~247 頁，理查德・費曼 272~273 頁，休・艾弗雷特三世 284~285 頁。

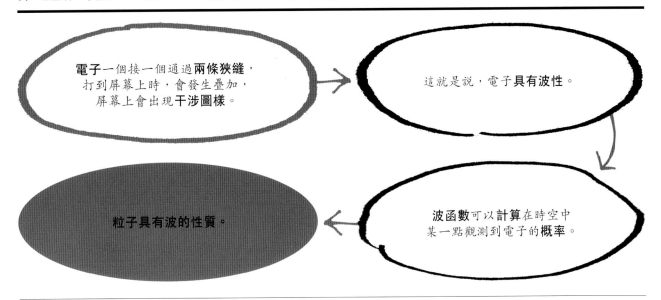

電子一個接一個通過**兩條狹縫**，打到屏幕上時，會發生疊加，屏幕上會出現**干涉圖樣**。

這就是説，電子**具有波性**。

波函數可以**計算**在時空中某一點觀測到電子的**概率**。

粒子具有波的性質。

楊的雙縫實驗證明光也具有波的性質。可問題是：光怎麼可能既具有粒子的性質，又體現出波的性質呢？1924 年，這個問題出現了新的轉機，法國博士生路易・德布羅意（Louis de Broglie）的理論使這場量子革命進入了一個全新的階段。德布羅意用一個簡單的公式不僅證明了亞原子粒子也是一種波，還指出，任何物體，不管質量如何，從某種程度上說都具有波的性質。換句話說，如果光波具有粒子的性質，那麼電子等粒子也一定具有光的性質。

之前，普朗克已經提出一個用於計算光量子能量的簡單方程 $E=h\nu$，其中 E 表示電磁輻射的量子的能量，ν 表示輻射頻率，h 代表一個常數，也就是我們今天所說的普朗克常數。德布羅意指出，

光量子也具有動量，一般來說只與粒子有關，等於粒子的質量乘以粒子的速度。德布羅意還指出，光量子的動量等於普朗克常數 h 除以波長。不過，因為速度接近光速時，粒子的能量和質量會受到影響，所以德布羅意將洛倫茲因子（見 219 頁）引入他的公式。由此德布羅意

兩個看似不相容的概念可以分別代表真理的一個方面。

——路易・德布羅意

公式將相對論的影響考慮在內，變得更為複雜。

雖然德布羅意的理論激進而大膽，但很快便得到重量級人物的支持，其中包括愛因斯坦在內。另外，德布羅意的假設比較容易驗證。到 1927 年，兩個不同實驗室的科學家都已證明，電子的衍射和干涉現象與光量子的方式一模一樣，德布羅意的假設得到了證明。

理論的發展

與此同時，很多理論物理學家在德布羅意假說的啓發下，做了進一步研究。玻爾的原子模型提出，氫原子的電子軌道具有不同的能量級。這些科學家尤其想知道物質波的特性與電子能量級的排布有何關係。德布羅意自己曾提出，電子層之所以這樣排列，是因為每個軌

道的圓周必須容納所有波長的物質波。電子的能量級取決於離帶正電的原子核的距離，這就是說電子只有離原子核一定的距離，具有一定的能量級，才會穩定。然而，德布羅意的解釋建立在一維物質波的基礎上，全面的解釋必須從三維角度描述物質波。

波動方程

1925 年，三位德國物理學家維爾納・海森堡、馬克斯・玻恩（Max Born）和帕斯夸爾・約爾丹（Pascual Jordan）試圖用矩陣力學的方法解釋玻爾原子模型中的量子躍遷。矩陣力學用不斷變化的數學系統表示原子的性質。不過，這種方法無法解釋原子的內部結構。另外，其難懂的數學語言也不會特受歡迎。

一年後，奧地利物理學家埃爾溫・薛定諤想到了一個更好的辦法。當時，正在蘇黎世工作的他進一步研究了德布羅意的波粒二象性，並開始考慮能否用一個波動方程解釋亞原子粒子的運動。為了建立波動方程，薛定諤首先從普通力學中的能量和動量定理入手，然後加入了普朗克常數和德布羅意提出的粒子動量和波長的關係。

當薛定諤將最終的公式用於氫原子時，公式預測的能量級與實驗數據吻合，這個公式成功了。但是還有一個難解的問題，因為沒有人，甚至薛定諤本人也不確定波動方程描述的究竟是甚麼。薛定諤試

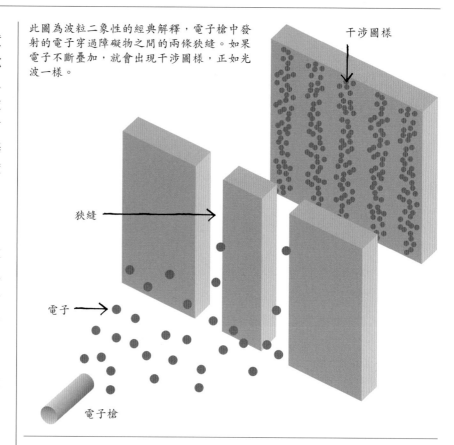

此圖為波粒二象性的經典解釋，電子槍中發射的電子穿過障礙物之間的兩條狹縫。如果電子不斷疊加，就會出現干涉圖樣，正如光波一樣。

干涉圖樣

狹縫

電子

電子槍

圖將其解釋成電荷的密度，但並不完善。最終解答這一問題是馬克斯・玻恩，他指出這個公式描述的是概率幅。換句話說，它描述了在特定空間發現電子的概率。與矩陣力學不同，薛定諤的波動方程，即波函數，雖然引出了一系列如何正確理解這一公式的問題，但仍然受到了物理學家的歡迎。

泡利不相容原理

1925 年，奧地利科學家沃爾夫岡・泡利（Wolfgang Pauli）有了另一重大發現。為了解釋原子內的電子不會全部自動變為可能最低的能量級，泡利提出了不相容原理。泡

利指出，一個粒子的所有量子態可以用幾個特性來決定，每個特性都有一個固定的離散值。不相容原理指出，同一體系的兩個粒子不可能同時處於相同的量子態。

從元素週期表中，我們很容易看出電子核外排布的週期性。為了解釋電子層的排布，泡利計算得出電子必須由四個不同的量子數決定。其中三個量子數分別為主量子數、角量子數和磁量子數，它們決定了電子在可能電子層和電子亞層的精確位置，後兩個量子數的數值由主量子數決定。第四個量子數有兩個可能的數值，這樣就可以解釋為甚麼兩個電子可以存在於能量級

相差甚微的電子亞層上。這四個量子數可以巧妙地解釋可以容納 2、6、10 和 14 個電子的原子軌道。

如今，第四個量子數稱為自旋量子數，表示粒子自身的角動量（粒子自轉產生的動量），數值有正負之分，是整數或半整數。幾年後，泡利證明，根據自旋量子數可以將粒子分為兩大類，一類是電子等費米子（自旋量子數為半整數），遵循費米－狄拉克統計規律（見 246～247 頁）；另一類是光子等玻色子（自旋量子數為零或整數），遵循玻色－愛因斯坦統計規律。只有費米子符合不相容原理，這對理解從坍縮星到組成宇宙的基本粒子等一切事物都具有重要意義。

薛定諤的成功

結合泡利的不相容原理，薛定諤的波動方程可以更為深刻地解釋原子內部的軌道、電子層和電子亞層。波動方程並沒有將其設想成經典軌道，即電子繞核運轉的明確軌道，而是將其描述為概率雲，即擁有特定量子數的電子可能出現的冬甩狀和葉狀區域（見 256 頁）。

薛定諤方程的另一大成功是解釋了 α 衰變，即原子核放射 α 粒子（含有兩個質子和兩個中子）的過程。根據經典力學理論，原子若想保持不變，必須有十分陡峭的勢阱圍繞在原子核周圍，以防粒子逃逸出去。（勢阱是一個勢能比周圍低的區域，粒子限制在內。）如果勢阱不夠陡峭，原子核就會全部分

解。那麼，為甚麼 α 衰變間斷地釋放出粒子，但剩下的原子核卻保持不變呢？波動方程解決了這一問題，因為在此方程中，原子核內 α 粒子的能量是可以發生改變的。在大多數情況下，α 粒子的能量很低，不會逃逸出去，但有時 α 粒子的能量會升高，克服勢阱的阻力逃逸出去（現稱為量子隧穿效應）。波動方程的概率預測與捉摸不定的放射性衰變的性質完全一致。

不確定性原理

20 世紀中葉，促進量子力學發展的大爭論圍繞波函數的意義展開，這場論戰至今也沒有最後的結論。繼 20 年前普朗克與愛因斯坦的論戰之後，德布羅意和薛定諤之間也展開了辯論。德布羅意認為，他和薛定諤的公式只是用來描述運

此圖為**薛定諤方程**的一般形式，描述了一個量子體系隨時間的演化，必須用複數表示。

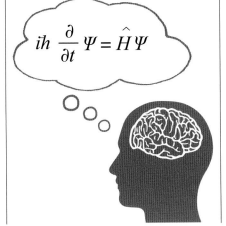

$$i h \frac{\partial}{\partial t} \Psi = \hat{H} \Psi$$

埃爾溫·薛定諤

埃爾溫·薛定諤 1887 年生於奧地利維也納，曾在維也納大學攻讀物理學，並獲得該大學的助理職位，隨後應徵入伍，參與第一次世界大戰。第一次世界大戰結束後，薛定諤先去了德國，然後到瑞士蘇黎世大學工作。在蘇黎世大學期間，他投身於量子力學這一嶄新的領域，並完成了他最重要的研究。1927 年，薛定諤回到德國，接任馬克斯·普朗克在柏林洪堡大學的職位。

薛定諤堅決反對納粹，因此於 1934 年離開德國，來到牛津大學。到牛津大學之後，薛定諤才知道自己因波動方程與保羅·狄拉克共同獲得了 1933 年的諾貝爾物理學獎。1936 年，薛定諤回到奧地利，但因為德國吞併奧地利而再次背井離鄉。薛定諤從此定居在愛爾蘭，直到 20 世紀 50 年代才回到奧地利。

主要作品

1920 年 《色度測量》
1926 年 《作為本徵值問題的量子化》

動的數學工具，另外，從本質上說電子就是一種粒子，一種運動和位置受控於波的性質的粒子。然而，對薛定諤而言，波動方程不僅僅是一個基本公式，它還描述了電子在空間的「抹散」方式。對薛定諤理論的反對激發了維爾納・海森堡的靈感，他提出了 20 世紀又一偉大理論，即不確定性原理（見 234 ～ 235 頁）。該原理認為，波函數是指一個粒子不可能既確定粒子的位置，又確定它的波長。位置測定得越準確，動量就越難測定。因此，量子波函數描述的粒子處於一種不確定的狀態。

哥本哈根學派的建立

測量量子系統的性質時，我們得出的只是粒子出現在某一位置的概率。根據經典物理學以及我們的日常所見，大部分測量都是精確的，且有確定的測量結果，而非各種重疊的可能性。如何將量子的不

> 上帝知道我不喜歡概率論，從我們親愛的朋友馬克斯・玻恩創立概率論的那一刻起，我就一直討厭它。
>
> ——埃爾溫・薛定諤

尼爾斯・玻爾（左）與維爾納・海森堡共同提出哥本哈根詮釋，解釋了薛定諤的波函數。

確定性和現實聯繫起來，這一挑戰被稱為測量問題，而提出的各種方法稱為詮釋。

其中最著名的當屬 1927 年尼爾斯・玻爾和維爾納・海森堡提出的哥本哈根詮釋。該詮釋指出，量子系統與宏觀的外界觀測者或測量儀器（這些儀器遵循經典物理學定律）之間的相互作用導致了波包坍縮，出現了確定結果。這種詮釋雖然並未得到全世界的認可，但卻是最廣為接受的一種解釋。另外，電子衍射、光波的雙縫實驗等都可以對其加以證實。設計一個揭示光或電子波動性的實驗是可能的，但要想記錄同一儀器中多個粒子的性質則是不可能的。

雖然哥本哈根詮釋能夠解釋粒子等微觀系統，但它所暗含的「唯有測量出結果才能確定」這一點卻困擾了很多物理學家。愛因斯坦有一句名言對此表示否定：「上帝不擲骰子。」薛定諤通過一個思想實驗解釋了他認為荒謬的一種情況。

薛定諤的貓

按照哥本哈根詮釋的邏輯推導，可以得出一個看似荒謬的悖論。薛定諤假設，將一隻貓放在一個密封的盒子中，盒子裏還有一小瓶與放射源連接的毒藥。如果放射源衰變，釋放出輻射粒子，會有一種機制鬆開錘子，打碎毒藥瓶。根據哥本哈根詮釋，如果沒有觀察到結果，那麼放射源的狀態仍可以用波函數描述，即兩種可能結果的疊加態。但如果事實真如此，那麼貓也是一樣，處於一種既死了，又活着的疊加態。

新的詮釋

因為哥本哈根詮釋導致的矛盾顯而易見，比如薛定諤的貓，所以科學家竭力對量子力學做出各種各樣的詮釋，其中最有名的是 1956 年美國物理學家休·艾弗雷特三世（Hugh Everett III）提出的「多世界詮釋」。這種詮釋指出，在任何一個量子事件中，宇宙分裂為互不可見的平行世界，每種可能發生的結果處於其中的一個世界中。換句話說，薛定諤的貓既活着，也死了，分別處於不同的世界，由此解決了哥本哈根詮釋的矛盾之處。

「一致性歷史詮釋」在解釋量子力學時較為保守，只是用複雜的公式進一步概括了哥本哈根詮釋。該詮釋繞開了波函數塌縮的問題，而是用量子力學的方法以及經典物理學的方法給各種場景或「歷史」賦予一定的概率。這種詮釋認為，只有一種歷史與現實相符，但並不對結果進行預測，只是描述量子力學與我們所看到的不存在波函數塌縮的宇宙的關係。

「系綜詮釋」，也稱「統計詮釋」，是一種極簡主義的數學詮釋，深受愛因斯坦的青睞。還有一種詮釋是德布羅意-玻姆理論，它建立在德布羅意最初的波動方程的基礎上，遵循的是因果關係而非概率，並假設宇宙存在着一種隱秩序。交易詮釋提出了順着時間行進以及逆着時間行進的波。

然而，最有意思的也許是與神學相關的詮釋。20 世紀 30 年代，匈牙利出生的數學家約翰·馮·諾依曼（John von Neumann）指出，測量問題說明整個宇宙都遵循一個無所不包的波動方程，即通用波函數。另外，當我們測量它的不同側面時，波函數不斷塌縮。尤金·維格納（Eugene Wigner）是馮·諾依曼的同事及同胞，他支持馮·諾依曼的理論，並進一步指出，波函數塌縮的原因不僅僅在於與宏觀系統的相互作用（如哥本哈根詮釋所述），智慧和意識的存在也是一個原因。 ■

一隻貓被放在一個密封的盒子裏，只要盒子裏的放射性物質不發生衰變，牠就是活的。

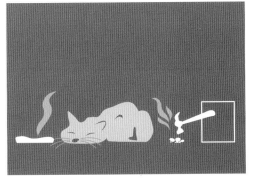

如果放射性元素開始衰變，毒藥就會釋放出來，貓就會死掉。

我們必須測量這個系統，弄清楚放射性物質是否發生衰變，否則我們只能認為貓既死了，又活着。

嚴格遵照哥本哈根詮釋，薛定諤的思想實驗向我們描述了這樣一個場景：一隻貓既死了又活着。

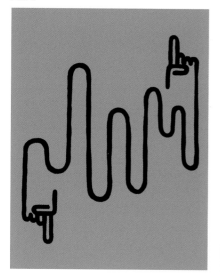

不可避免的不確定性

維爾納·海森堡（1901－1976 年）
Werner Heisenberg

1924 年，路易·德布羅意提出，亞原子粒子作為物質的最小單位，會表現出波的特性（見 226 ～ 233 頁）。此後，大批物理學家將注意力轉到粒子的物質波上，他們開始研究物質波的作用與原子的複雜特性之間有何種關係。1925 年，德國科學家維爾納·海森堡、馬克斯·玻恩和帕斯夸爾·約爾丹用矩陣力學建立了氫原子的變化模型。這種方法後來被埃爾溫·薛定諤的波函數取代。在薛定諤研究的基礎上，海森堡與丹麥物理學家尼爾斯·玻爾進一步提出了哥本哈根詮釋，解釋了遵守概率定律的量子系統與宏觀世界的相互作用。不確定性原理是哥本哈根詮釋的一個重要部分，限制了量子系統中兩種特性的精確度。

不確定性原理是矩陣力學的一個數學結果。海森堡發現，他的數學方法不能同時精確地測定量子系統的兩種特性。例如，粒子的位置測量得越準確，其動量的測量結果就越不確定，反之亦然。海森堡發

經典力學

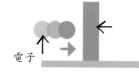

電子

*海森堡的不確定性原理可以用來解釋**量子隧穿效應**。電子通過它們本來無法通過的勢壘的概率不為零。*

量子力學

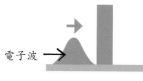

電子波

參見：阿爾伯特・愛因斯坦 214~221 頁，埃爾溫・薛定諤 226~233 頁，保羅・狄拉克 246~247 頁，理查德・費曼 272~273 頁，休・艾弗雷特三世 284~285 頁。

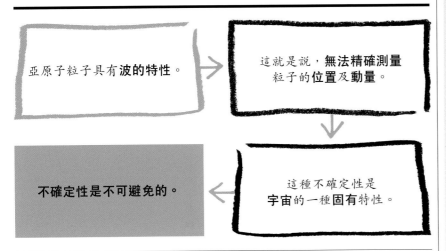

亞原子粒子具有**波的特性**。

這就是說，**無法精確測量**粒子的**位置**及**動量**。

不確定性是不可避免的。

這種不確定性是**宇宙**的一種**固有**特性。

維爾納・海森堡

維爾納・海森堡 1901 年出生於德國南部烏茲伯格市，先後在慕尼黑大學和哥廷根大學學習數學和物理。海森堡在哥廷根大學的老師是馬克斯・玻恩，並在這裏邂逅了未來的搭檔尼爾斯・玻爾。

海森堡最著名的研究是哥本哈根詮釋以及不確定性原理，不過，他還為量子場作出了重大貢獻，並提出自己的反物質理論。1932 年，海森堡獲得諾貝爾物理學獎，成為該獎項最年輕的獲獎者。1933 年納粹上台，海森堡利用自己的聲望反對納粹。但是，他依然選擇留在德國，並在第二次世界大戰期間領導了德國的原子能項目。

主要作品

1927 年 《運動與機械關係的量子理論重新詮釋》
1930 年 《量子論的物理原理》
1958 年 《物理學和哲學》

現，單就這兩種特性的關係而言，可以用公式表示為，

$$\Delta x \Delta p \geq \hbar/2$$

其中，Δx 表示位置的不確定性，Δp 表示動量的不確定性，$\hbar$ 是約化普朗克常數（見 202 頁）。

不確定的宇宙

不確定性原理常常被說成是量子測量的結果，例如，有時會碰到這樣的描述：要測量一個亞原子的位置，需要有一種力的作用，也就是說該亞原子的動能和動量並不那麼確定。這種解釋首先由海森堡本人提出，之後包括愛因斯坦在內的許多科學家都開始設計思想實驗，希望用某種「花招」同時精確測量位置和動量的數值。然而，真相更加離奇，結果證明不確定性是量子系統的一個固有特性。

要理解這個問題，可以想一想粒子的物質波：在這種情況下，粒子的動量會影響它的總能量，進而影響它的波長。但是，如果我們對粒子的位置知道得越精確，我們獲得的相關波函數的信息就越少，波長信息也相應越少。反之，要精確測量粒子的波長，我們需要考慮更為廣闊的空間，因此要犧牲粒子的位置信息。這些想法可能與我們日常生活中的經驗不同，但很多實驗都證明事實的確如此，從而為現在物理學奠定了重要基礎。不確定性原理解釋了看似奇怪的真實現象，比如量子隧穿，即粒子能夠穿過本來無法通過的勢壘。■

不斷膨脹的宇宙

埃德溫·哈勃（1889－1953 年）
Edwin Hubble

背景介紹

科學分支
宇宙學

此前

1543 年 尼古拉斯・哥白尼指出，地球不是宇宙的中心。

17 世紀 地球在軌道上不同的位置，測得的恆星位置不同，所以可以用視差法測量恆星的距離。

19 世紀 望遠鏡的不斷改進為研究星光和天體物理學鋪平了道路。

此後

1927 年 喬治・勒梅特首次提出，宇宙的起源可以追溯到一個原始原子。

20 世紀 90 年代 天文學家發現，在一種稱為「暗能量」的力的作用下，宇宙的膨脹速度正在加快。

20 世紀初，天文學家因為對宇宙大小的看法不同而分為兩派，一派認為銀河系大致上就代表着整個宇宙，而另一派認為銀河系只是宇宙中無數星系中的一個。這個問題的解決者是埃德溫・哈勃，他指出宇宙比人們想像的要大得多。

兩派爭論的關鍵在於「漩渦星雲」的性質。現在我們用「星雲」一詞表示星際間的氣體塵埃雲，但在當時這個詞可以指代天文上的任

> **變星的亮度與光變週期之間存在着一種很簡單的關係。**
>
> ——亨麗埃塔・勒維特

何擴散天體，包括在銀河系之外的星系在內。

19 世紀，望遠鏡技術取得了顯著進步，有些被列為星雲的物體表現出獨特的漩渦特徵。與此同時，光譜學（即研究物質與輻射能量相互作用的科學）也得到進一步發展，並表明這些漩渦其實是由無數緊密連在一起的恆星組成的。

這些星雲的分布也很有趣。它們並不像銀河系的星體那樣聚集在銀河系的盤面上，而更常見於遠離盤面的黑暗天際中。於是，有些天文學接受了 1755 年伊曼努爾・康德提出的理論，星雲就是「島宇宙」，與銀河系相似但更為遙遠，只有銀河系物質以某種形式分布，我們能夠看到現在所說的星際空間時，才能看到星雲。那些仍相信宇宙的大小十分有限的人認為，這些漩渦可能表明繞銀河系運轉的太陽系正在形成中。

埃德溫・哈勃

哈勃全名埃德溫・鮑威爾・哈勃，1889 年生於密蘇里州的馬什菲爾德，年青時就是一位極具天賦的運動員，展現出了自己喜歡競爭的本性。儘管哈勃對天文學很感興趣，但還是遵照父親的旨意選擇了法律。哈勃 25 歲時父親去世，他又重拾了曾經的興趣。第一次世界大戰期間，哈勃的學習被迫中斷，開始到軍隊服役。回到美國後，哈勃在威爾遜山天文台謀到了一個職位，並在那裏完成了自己最重要的研究。1924 至 1925 年間，哈勃發表了有關「銀河系外星雲」的研究，1929 年發表了宇宙膨脹的證據。後來，他用各種方式建議諾貝爾獎委員會將天文學納入評獎範圍，但直到他 1953 年去世後評獎規則才得以改變，所以他本人並未獲得諾貝爾獎。

主要作品

1925 年 《漩渦星雲中的造父變星》
1929 年 《河外星雲距離與視向速度的關係》

參見：尼古拉斯・哥白尼 34~39 頁，克里斯蒂安・多普勒 127 頁，喬治・勒梅特 242~245 頁。

亨麗埃塔・勒維特健在時並沒有得到多少關注，但她在造父變星方面的研究發現十分重要，為天文學家測量地球與遙遠星系的距離打開了大門。

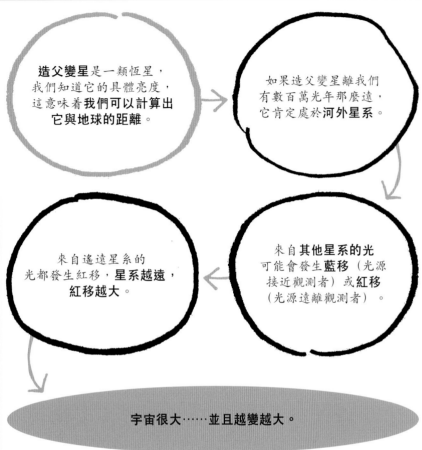

造父變星是一類恆星，我們知道它的具體亮度，這意味着**我們可以計算出它與地球的距離**。

如果造父變星離我們有數百萬光年那麼遠，它肯定處於**河外星系**。

來自**其他星系的光**可能會發生**藍移**（光源接近觀測者）或**紅移**（光源遠離觀測者）。

來自遙遠星系的光都發生紅移，**星系越遠，紅移越大**。

宇宙很大……並且越變越大。

亮度變化的恆星

這場曠日持久的爭論分為幾個階段才得以解決，其中最重要的也許是找到了測量恆星距離的精確方法。這個突破源自亨麗埃塔・斯旺・勒維特（Henrietta Swan Leavitt）。當時，哈佛大學有一些女天文學家正在研究星光的特徵，勒維特就是其中一員。

勒維特被變星的行為所吸引。因為變星在消失前會發生週期性膨脹和收縮，所以其亮度會發生變化。勒維特開始研究麥哲倫星雲的照相底片。麥哲倫星雲位於南天星空，看起來是兩小片光，像兩個獨立的銀河系。勒維特發現，大麥哲倫星雲和小麥哲倫星雲由大量變星組成。通過對比不同的照相底片，她不僅發現這些變星的亮度呈週期性變化，還計算出了光變週期。

勒維特集中精力研究這兩個雲霧狀、彼此分離的小型星雲，發現可以假設其中的變星離地球的距離大致相同。雖然她當時無法計算出具體的距離，但是她的研究結果表明，變星「視星等」（即觀察到的亮度）的不同說明其「絕對星等」（實際亮度）也在變化。1908 年，勒維特首次發表研究結果，她在文中提到變星的光變週期與絕對星等存在一種關係。不過，這一關係

她又用了四年時間才得出。就造父變星而言，亮度越大的恆星，光變週期越長。

勒維特的週期–光度定律為解答宇宙大小的問題打開了大門。如果可以根據光變週期得出恆星的絕對星等，再通過視星等就可以計算出這顆恆星與地球之間的距離。那麼，第一步就是找到校準的對象，這項工作 1913 年已經由瑞典天文學家埃希納・赫茨普龍（Ejnar Hertzsprung）完成。他利用視差法

> 我們在太空中探索，距離地球越來越遠，直到發現能看到的最小星雲……我們才到達已知宇宙的邊界。

—— 埃德溫・哈勃

（見 39 頁）測量了 13 顆相對較近的造父變星的距離。造父變星的亮度極高，是太陽亮度的幾千倍，用現代術語說它們是黃超巨星。從理論上說，造父變星是理想的「標準燭光」，其亮度可以用來測量宇宙距離。不過，不管天文學家多麼努力，漩渦星雲中的造父變星仍難以測量。

大辯論

1920 年，美國華盛頓特區史密森尼博物館舉辦了一場辯論，希望一次性解決宇宙的尺度問題。辯論雙方是對立的兩個宇宙學派。普林斯頓德高望重的天文學家哈羅・沙普利（Harlow Shapley）支持「銀河系就是整個宇宙」。他曾率先使用勒維特對造父變星的研究測量球狀星團（繞銀河系運轉的密度很大的星團）的距離，並發現它們一般處於幾千光年以外。1918 年，

他曾用天琴座 RR 型星（與造父變星類似但亮度較低的變星）大致計算出銀河系的大小，並指出太陽距離銀河系中心很遠。當時很多人對「宇宙十分巨大，包括很多星系」表示懷疑，沙普利的論點不僅吸引了這些人，還引用了具體的證據（後來證明是錯誤的），比如報告顯示，天文學家很多年前就觀察到了漩渦星雲的旋轉。假如果真如此，那麼在星雲其他部分不超過光速的情況下，漩渦星雲必須比較小才行。「島宇宙」的支持者以匹茲堡大學阿勒格尼天文台的希伯・柯蒂斯（Heber Curtis）為代表。他對比了遙遠漩渦星雲與銀河系的新星爆炸亮度，並以此作為論據。新星爆炸亮度很高，可以作為「天體距離的指示器」。

柯蒂斯還引用了一個重要因素作為證據，那就是很多漩渦星雲都會表現出巨大的紅移。這種現象 1912 年維斯托・斯里弗（Vesto Slipher）曾在亞利桑那州弗拉格斯塔夫的天文台觀察到過，星雲的譜線明顯移向紅色光譜一端。斯里弗、柯蒂斯以及很多其他天文學家認為，這是由多普勒效應（即光源和觀察者間的相對運動引起的光波波長變化）引起的。因此，這說明這些星雲正以極快的速度離我們而去，速度之快是銀河系的引力所無法阻擋的。

通過測量來自仙女座星雲造父變星的光，哈勃得出仙女座星雲距離我們250萬光年，並且其本身也是一個星系。

測量宇宙的大小

　　1922－1923年，加利福尼亞州威爾遜天文台的埃德溫・哈勃和米爾頓・赫馬森永久地解決了宇宙大小的問題。他們使用天文台最新的2.5米胡克望遠鏡（當時世界上最大的望遠鏡），打算找到漩渦星雲中閃亮的造父變星，這次他們在很多最大最亮的星雲中成功找到了這種變星。

　　之後，哈勃測定了它們的光變週期，從而得出了絕對星等。這樣一來，簡單對比一下恆星的視星等就可以得出距離，而距離的具體數值一般都會達到數十萬光年。這有效地證明了漩渦星雲其實很大，屬於獨立的星系，遠在銀河系之外，大小堪比銀河系。現在，漩渦星雲的正確叫法是螺旋星系。彷彿這場改變人們對宇宙尺度看法的革命還不夠徹底，哈勃又進一步研究了星系距離與斯里弗發現的紅移之間有甚麼關係，結果有了重大發現。通過測量40多個星系的距離與紅移，哈勃發現了一個大致為線性的

> 憑着天賦五官，人類在環繞其四周的宇宙中探索，並將這種探索稱為科學。
>
> ——埃德溫・哈勃

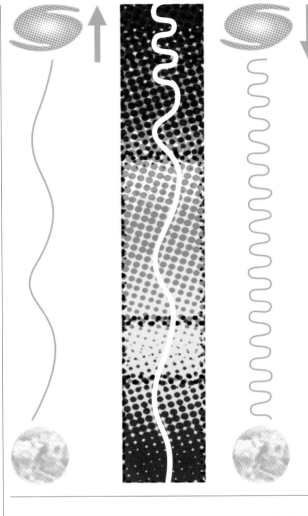

1842年，克里斯蒂安・多普勒（見127頁）指出，如果光源接近或遠離我們，光波到達我們的頻率是不同的。如果光源移向我們，因為光波接近可見光譜的藍色一端，所以我們會看到光源偏藍；如果光源遠離我們，我們看到的則偏紅。哈勃猜測，遙遠星系上的鈉光與地球上的鈉光顏色應該是一樣的，但是根據多普勒效應，它在接近或遠離我們時，會分別藍移或紅移。

關係：星系越遠，紅移越大，所以遠離地球的速度越快。哈勃立刻意識到，這肯定不是因為我們的銀河系太不受歡迎，而是宇宙膨脹的結果。換句話說，太空本身是不斷膨脹的，同時攜帶着各個星系向外擴張。兩個星系之間的距離越遠，兩者之間的空間膨脹得越快。膨脹速度很快被命名為「哈勃常數」，並於2001年用哈勃太空望遠鏡測量了它的最終值。

　　很早之前，哈勃的宇宙膨脹理論就引出了科學史上最著名的一個學說，即宇宙大爆炸理論（見242～245頁）。■

宇宙的半徑從零開始

喬治・勒梅特（1894－1966 年）
Georges Lemaître

大爆炸理論指出，宇宙是由密度極大且溫度極高的一點不斷膨脹演變而來的，該理論是現代宇宙學的基礎，人們經常把這一理論的萌芽歸結於 1929 年埃德溫・哈勃提出的宇宙膨脹理論。不過，大爆炸理論的先導思想其實早於哈勃若干年，最早可以追溯到阿爾伯特・愛因斯坦的廣義相對論，因為該理論適用於整個宇宙。

在建立廣義相對論時，愛因斯坦利用當時的時空證據假設宇宙是靜止的，既不膨脹，也不收縮。廣

參見：艾薩克・牛頓 62~69 頁，阿爾伯特・愛因斯坦 214~221 頁，埃德溫・哈勃 236~241 頁，弗雷德・霍伊爾 270 頁。

從138億年前的**宇宙大爆炸**開始，宇宙膨脹經歷了不同階段。初始階段稱為暴脹階段，之後膨脹速度減慢，後來又開始加速。

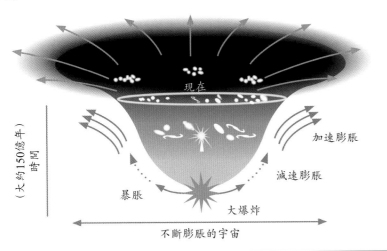

現在

（大約150億年）時間

加速膨脹

減速膨脹

暴脹

大爆炸

不斷膨脹的宇宙

義相對論指出，在自身引力的作用下，宇宙本應坍塌，所以愛因斯坦在方程式中加入一個他設想的「宇宙常數」。從數學上講，愛因斯坦的宇宙常數可以抵消引力的收縮作用，維持他假設的靜止狀態。我們

宇宙膨脹的最初階段速度極快，這是由初始原子的質量決定的，而該原子的質量與目前宇宙的質量基本相同。

—— 喬治・勒梅特

都知道，愛因斯坦後來宣稱宇宙常數是他一生最大的錯誤，但其實在他提出這一理論時就有人表示懷疑。荷蘭物理學家威廉・德西特和俄國數學家亞歷山大・弗里德曼（Alexander Friedmann）分別提出可以用宇宙膨脹解釋廣義相對論。1927 年，比利時天文學家和神父喬治・勒梅特也得出了同樣的結論，兩年後哈勃找到了觀察性證據。

火中誕生

1931 年，勒梅特在寄給英國皇家天文學會的信件中，在宇宙膨脹學說的基礎上得出了一個符合邏輯的結論。他指出，宇宙起源於一個點，他稱之為「原始原子」，對這一激進的想法，既有支持者，也有反對者。

喬治・勒梅特

喬治・勒梅特 1894 年出生於比利時的沙勒羅瓦，曾在天主教魯汶大學學習土木工程，第一次世界大戰期間參軍服役，後來回到學術界，開始研究物理學、數學和神學。從 1923 年起，他開始在英國和美國學習天文學。1925年，勒梅特回到沙勒羅瓦擔任講師，並開始研究宇宙膨脹理論，以此解釋河外星雲的紅移現象。

1927 年，勒梅特的理論首次發表在比利時一本不知名的雜誌上，後來在亞瑟・愛丁頓的幫助下翻譯成英文發表，這時勒梅特的理論才受到廣泛關注。勒梅特於 1966 年去世，在此之前，宇宙微波背景輻射的發現已經證明其理論是正確的。

主要作品

1927 年 《質量恆定、半徑增加的均勻宇宙對河外星雲徑向速度的解釋》
1931 年 《論宇宙演化》

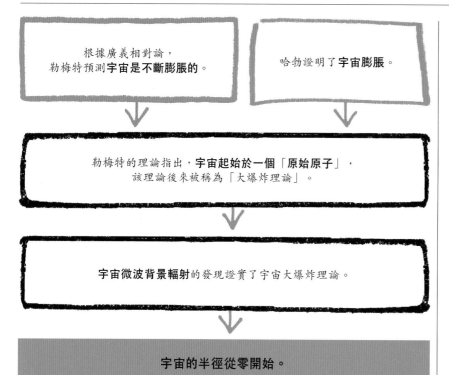

根據廣義相對論，勒梅特預測**宇宙是不斷膨脹的**。

哈勃證明了**宇宙膨脹**。

勒梅特的理論指出，**宇宙起始於一個「原始原子」**，該理論後來被稱為「大爆炸理論」。

宇宙微波背景輻射的發現證實了宇宙大爆炸理論。

宇宙的半徑從零開始。

當時的天文學機構認為，宇宙是永恆的，沒有開始也沒有結束。他們還認為，宇宙源於一點的看法（還是由一位天主教神父提出的），相當於為宇宙學引入了一個不必要的宗教元素。

然而，哈勃的觀測結果又是不置可否的，所以需要一種模型來解釋宇宙膨脹。於是，20 世紀 30 年代湧現了各種理論，但是到 40 年代末，只有兩種理論尚在角逐之中，一個是勒梅特的原始原子模型，另一個是穩恆態宇宙模型，後者認為宇宙膨脹的過程中會不斷產生物質。英國天文學家弗雷德・霍伊爾（Fred Hoyle）是穩恆態模型的擁護者。1949 年，霍伊爾將對方的理論斥為「大爆炸」，這一名稱自此流行開來。

元素的起源

就在霍伊爾無意中為「大爆炸理論」命名時，一條有說服力的證據已經發表，這條證據支持了勒梅特的假設，使宇宙模型的爭論開始偏離穩恆態理論。這篇名為〈化學元素起源〉的論文發表於 1948 年，作者是約翰・霍普金斯大學的拉爾夫・阿爾菲（Ralph Alpher）和喬治・伽莫夫（George Gamow）。文中詳細描述了根據愛因斯坦的方程 $E=mc^2$，亞原子粒子和輕量級的化學元素可以由大爆炸時期的原始能量生成。這一理論後來稱為大爆炸核合成，所涉及的過程只能形成四種最輕的元素，即氫、氦、鋰、鈹。直到後來科學家才發現，較重的元素是恆星核合成的產物。恆星核合成發生於恆星內部。具有諷刺意味的是，恆星核合成理論的證據竟源自弗雷德・霍伊爾。

無論怎樣，還是沒有直接的觀察性證據可以證明大爆炸理論或穩恆態模型孰對孰非。驗證這兩種模型的嘗試開始於 20 世紀 50 年代，

宇宙微波背景輻射中存在微小變化，此圖中不同顏色表示的溫度差不到四億分之一開爾文。

阿諾・彭齊亞斯和羅伯特・威爾遜偶然發現了背景輻射。起初，他們認為這種干擾來自於無線電天線上的鳥糞。

使用的是名為劍橋干涉儀的射電望遠鏡。這些實驗基於一個簡單的原則：如果穩恆態理論是正確的，那麼從本質上講宇宙在時間和空間上都是均勻的。但是，如果按照大爆炸理論，宇宙起源於 100 億–200 億年前，經歷了漫長的演變過程，那麼遙遠的宇宙電磁輻射要經歷幾十億年才能到達地球，我們看到的應該是它幾十億年前的樣子。（光由遙遠天體傳到地球所需要的時間，就是這個天體的回顧時。）通過測量超過一定亮度的遙遠星系的數量，應該可以區別現在和過去兩種不同的情景。

劍橋大學最初的實驗結果似乎對大爆炸理論提供了有力支撐，但是結果發現射電望遠鏡存在一定問題，所以測量結果不能算數，而後期的結果更加模棱兩可。

大爆炸的痕跡

幸運的是，這個問題很快通過其他方式得到了解決。早在 1948 年，阿爾菲及其同事羅伯特・赫曼就曾預測，大爆炸會在宇宙空間裏留下一定的熱輻射。根據大爆炸理論，宇宙 38 萬年時，溫度已經降低，宇宙變得透明，可見光子可以自由穿梭。這些光子一直在太空中傳播，隨着宇宙不斷膨脹，波長會越變越長，顏色越來越紅。1964 年，普林斯頓大學的羅伯特・迪克

（Robert Dicke）及其同事開始製作能夠檢測到這種微弱信號的射電望遠鏡，他們認為這種輻射會是一種低能量的無線電波，但最終卻被阿諾・彭齊亞斯（Arno Penzias）和羅伯特・威爾遜（Robert Wilson）捷足先登。彭齊亞斯和威爾遜當時是普林斯頓大學附近的貝爾電話實驗室的工程師。他們之前就製作了一台射電望遠鏡用於衛星通信，但是一直有一種背景信號在干擾他們，他們又無法將其移除。這種信號來自各個方向，相當於一個溫度 3.5K（零下 269.65°C，接近熱力學溫度絕對零度）的物體釋放出的微波。當貝爾實驗室聯繫迪克，請求他幫忙解決這個問題時，迪克意識到他們已經找到了大爆炸的遺跡，現在稱為宇宙微波背景輻射。

宇宙微波背景輻射在宇宙中無處不在，穩恆態模型無法解釋這種現象，於是局勢偏向了大爆炸一方。後來的測量顯示，宇宙微波背景輻射實際的平均溫度為 2.73K，高精度的衛星測量發現這種信號存在微小的變化，我們可以據此研究大爆炸之後宇宙 38 萬年時的情景。

後續發展

儘管從理論上證明了大爆炸理論是正確的，但從 20 世紀 60 年代開始，隨着我們對宇宙了解的加深，該理論也經歷了很多變化。其中最重要的是引入了暗物質和暗能量的概念，並且提出了大爆炸之後的快速形成期，即暴脹期。宇宙大爆炸的原因我們還不得而知，但是利用哈勃太空望遠鏡等儀器，我們測量了宇宙的膨脹速率，由此可以確定宇宙形成的時間，大約是 137.98 億年前，誤差為 0.37 億年。對於宇宙的未來，存在很多理論，但很多科學家都認為宇宙會繼續膨脹，直到到達一種熱動力平衡狀態，即「熱寂」狀態，大約會經歷 10^{100} 年，那時物質會分解為冰冷的亞原子粒子。∎

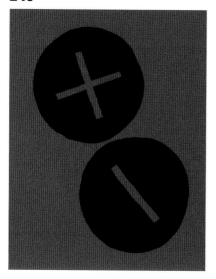

每種粒子都有相應的反粒子

保羅·狄拉克（1902－1984 年）
Paul Dirac

背景介紹

科學分支
物理學

此前
1925 年 維爾納·海森堡、馬克斯·玻恩和帕斯夸爾·約爾丹用矩陣力學描述了粒子的波動性。

1926 年 埃爾溫·薛定諤用波函數描述了電子隨時間的變化。

此後
1932 年 卡爾·安德森證實了正電子（即電子的反粒子）的存在。

20 世紀 40 年代 理查德·費曼、朝永振一郎和朱利安·施溫格創立了量子電動力學，用數學方法描述光與物質間的相互作用，將量子理論與狹義相對論完全結合起來。

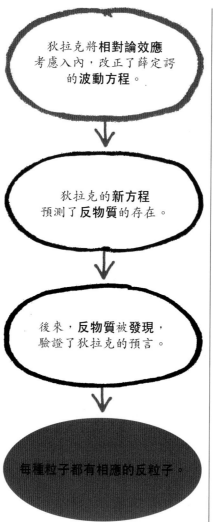

狄拉克將**相對論效應**考慮入內，改正了薛定諤的**波動方程**。

狄拉克的**新方程**預測了**反物質**的存在。

後來，**反物質**被**發現**，驗證了狄拉克的預言。

每種粒子都有相應的反粒子。

20 世紀 20 年代，英國物理學家保羅·狄拉克（Paul Dirac）為量子力學的理論框架作出了巨大貢獻，但今天我們最熟知的大概是他通過數學方法預言了反粒子的存在。

當時，狄拉克正在劍橋大學當研究生，有一天讀到了維爾納·海森堡有關矩陣力學的論文。這篇論文描述了粒子如何從一種量子態躍遷到另一種量子態，十分具有開創性。當時能夠理解其中複雜數學的人為數不多，狄拉克就是其中一位，他發現海森堡的方式與經典的粒子運動理論「哈密爾頓力學」有相似之處。於是，狄拉克提出了一種在量子級別理解經典系統的方法。

該方法最初的結果源自量子自旋理論。狄拉克建立了一系列規則，即「費米－狄拉克統計」（因為恩里科·費米同時發現了這種方法）。狄拉克用費米的名字命名了自旋為半整數的粒子，比如電子，稱其為

參見：詹姆斯‧克拉克‧麥克斯韋 180~185 頁，阿爾伯特‧愛因斯坦 214~221 頁，埃爾溫‧薛定諤 226~233 頁，維爾納‧海森堡 234~235 頁，理查德‧費曼 272~273 頁。

「費米子」。這些規則描述了大量費米子之間的相互作用。1926 年，狄拉克的博士生導師拉爾夫‧福勒 (Ralph Fowler) 利用狄拉克的統計力學計算了塌縮的恆星內核，解釋了密度極大的白矮星的來源。

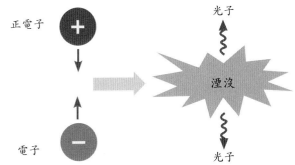

正電子

電子

光子

光子

湮沒

當一個粒子與其反粒子相遇時，會發生湮沒。根據方程 $E=mc^2$，它們的質量轉化為具有電磁能的光子。

量子場論

物理教科書一般關注的是單個粒子或物體在力的作用下的性質與動力，但是從場理論的角度會有更深入的了解。場理論描述了力在整個空間所呈現的影響。作為一個獨立實體，場的重要性首次獲得認可是在 19 世紀中葉，當時詹姆斯‧克拉克‧麥克斯韋提出了地磁輻射理論。愛因斯坦的廣義相對論也是一種場理論。

狄拉克對量子世界的新詮釋催生了量子場論。1928 年，狄拉克在量子場論和薛定諤波動方程的基礎上，提出了一個電子運動的相對論性量子力學方程，即狄拉克方程 (該公式考慮了粒子以接近光速運動的情形，對量子世界的描述比薛定諤不含相對論性的方程更為精確)。狄拉克方程還預測了反粒子的存在，反粒子與其對應的粒子性質相同，電性相反。它們被稱為「反物質」(自 19 世紀末以來，這個術語頻繁出現在各種猜測中)。

1932 年，美國物理學家卡爾‧安德森 (Carl Anderson) 用實驗證實了電子的反粒子，即正電子的存在。正電子首先發現於宇宙射線 (即來自宇宙中的一種高能量粒子流) 中，後來又在某種放射性衰變中發現了它。從此以後，反物質成為物理界廣泛研究的一個課題，同時深受科幻小說作家的喜愛 (尤其因為反物質會與正常物質發生湮沒，釋放出能量)。然而，更為重要的是，狄拉克的量子場論為量子電動力學奠定了基礎，接下來的新一代物理學在量子電動力學領域取得纍纍碩果。■

保羅‧狄拉克

保羅‧狄拉克是一個數學天才，為量子力學作出了多項重要貢獻，1933 年與埃爾溫‧薛定諤共同獲得諾貝爾物理學獎。狄拉克出生於英國的布里斯托爾，父親是瑞士人，母親是英國人。他在布里斯托爾的大學獲得了電氣工程學和數學學位，後來到劍橋大學學習。狄拉克到劍橋大學後開始研究他所着迷的廣義相對論和量子理論。20 世紀 20 年代中期取得了開創性的進步後，狄拉克繼續在哥廷根和哥本哈根大學做研究。後來，劍橋大學授予他盧卡斯數學教授席位，他回到劍橋。狄拉克後期的研究集中於量子電動力學。他還試圖將量子理論與廣義相對論結合起來，但收穫甚微。

主要作品

1930 年 《量子力學原理》
1966 年 《量子場論講義》

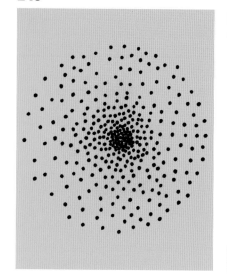

恆星塌縮的極限

蘇布拉馬尼揚・錢德拉塞卡（1910－1995 年）
Subrahmanyan Chandrasekhar

背景介紹

科學分支
天體物理學

此前
19 世紀 天文學家發現了一顆體積很小但質量極大的恆星，即白矮星。

此後
1934 年 弗里茨・茲威基和沃爾特・巴德提出，超新星爆炸標誌着很多大質量恆星的死亡，其內核塌縮後形成中子星。

1967 年 英國天文學家喬瑟琳・貝爾和安東尼・休伊什發現，一個天體會快速發出電磁脈衝信號，這個天體我們現在稱為脈衝星，即快速旋轉的中子星。

1971 年 天雁座 X-1 會釋放出 X 射線，是由強放射性材料螺旋式進入黑洞產生的，這是最早被認為是黑洞的天體。

20 世紀 20 年代，量子力學的發展對天文學同樣產生了影響，天文學家利用量子力學的方法研究密度超大的白矮星。白矮星的前身是一顆類似太陽的恆星，恆星核能源耗盡後，內核由於自身的引力發生塌縮，形成了一個如地球般大小的天體，就是白矮星。1926 年，物理學家拉爾夫・福勒和保羅・狄拉克解釋，因為電子簡併壓力，恆星到達這個體積後不會繼續塌縮。當電子的緊密程度符合泡利不相容原理時，就會產生簡併壓力。不相容原理指出，兩個粒子不能同時佔有相同的量子態。

黑洞的形成

1930 年，印度天體物理學家蘇布拉馬尼揚・錢德拉塞卡指出，恆星的內核質量存在一個上限，超過這個上限，引力就會克服電子簡併壓力，內核就會塌縮為宇宙中的一點，即奇點，形成一個黑洞。我們現在知道，恆星內核塌縮的錢德拉塞卡極限是太陽質量的 1.44 倍。不過，在白矮星與黑洞之間還有一個中間階段，即塌縮為一個城市大小的中子星，中子星因為中子簡併壓力而處於穩定狀態。只有當中子星的內核質量超過一個上限，即太陽質量的 1.5 倍到 3 倍之間，才會形成黑洞。■

自然界中的黑洞是宇宙中最完美的宏觀物體。

—— 蘇布拉馬尼揚・錢德拉塞卡

參見：約翰・米歇爾 88~89 頁，阿爾伯特・愛因斯坦 214~221 頁，保羅・狄拉克 246~247 頁，弗里茨・茲威基斯 250~251 頁，斯蒂芬・霍金 314 頁。

生命本身就是一個獲取知識的過程

康拉德·勞倫茲（1903－1989 年）
Konrad Lorenz

背景介紹

科學分支
生物學

此前

1872 年 查爾斯·達爾文在《人類與動物的感情表達》一書中描述了行為遺傳。

1873 年 道格拉斯·斯普拉丁區分了鳥類的先天（遺傳）行為與習得行為。

19 世紀 90 年代 俄國生理學家伊凡·巴甫洛夫證明，狗經過簡單的訓練後會形成分泌唾液的條件反射。

此後

1976 年 英國動物學家理查德·道金斯發表《自私的基因》一書，其中強調了基因在驅動行為方面的作用。

21 世紀初 新的研究發現，越來越多的證據表明，在昆蟲、虎鯨等很多動物中訓練十分重要。

19 世紀的英國生物學家道格拉斯·斯普拉丁是最早使用科學實驗研究動物行為的科學家之一，他主要研究鳥類。當時的普遍觀點是，鳥類的複雜行為是後天習得的，但斯普拉丁認為有些行為是天生的：這些行為是遺傳得來的，基本上已經根深蒂固，比如母雞孵蛋的傾向。

現代的動物行為學認為，動物行為既有天生的，也有後天習得的。先天行為是固有的，因為它是遺傳得來的，所以會通過自然選擇不斷進化，而後天習得行為可以根據經驗發生改變。

雁的印刻

20 世紀 30 年代，奧地利生物學家康拉德·勞倫茲研究了鳥類的一種習得行為，他稱之為「印刻」。他研究了灰雁的印刻現象，即剛剛破殼而出的小雁會本能地跟隨在牠

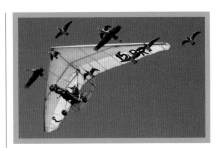

這些鶴和雁由克里斯蒂安·穆萊克孵化養大，牠們對他產生了印刻效應，不管穆萊克走到哪，牠們都跟到哪。穆萊克駕駛超輕型飛機帶領牠們在空中翱翔，教牠們遷徙路線。

第一眼見到的移動物體後面，通常來說是牠自己的母親。母親的榜樣作用會激發牠的後代產生一種本能行為，即「固定動作模式」。

勞倫茲以小雁為研究對象證明了這一點。這些小雁把勞倫茲當成媽媽，並且一直跟隨着他。勞倫茲與荷蘭生物學家尼古拉斯·廷伯根共同獲得 1973 年諾貝爾生理學獎。■

參見：查爾斯·達爾文 142~149 頁，格雷戈里·孟德爾 166~171 頁，托馬斯·亨特·摩爾根 224~225 頁。

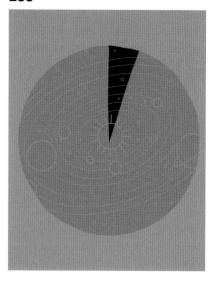

95%的宇宙不見了

弗里茨·茲威基（1898－1974 年）
Fritz Zwicky

背景介紹

科學分支
物理學和宇宙學

此前

1923 年 埃德溫·哈勃證實，他觀察到的星系實際上是獨立的，遠在銀河系之外數百萬光年。

1929 年 哈勃提出，宇宙在不斷膨脹，離我們越遠的星系遠離我們的速度越快（即哈勃流）。

此後

20 世紀 50 年代 美國天文學家喬治·阿貝爾整理出第一份詳細的星系團表。隨後的星系團研究反覆證實了暗物質的存在。

20 世紀 50 年代至今 各種大爆炸模型均預測，大爆炸產生的物質應該比我們現在所看到的多得多。

瑞士天文學家弗里茨·茲威基首次提出，宇宙可能主要被其他物質佔據，而非我們所看得到的發光物質。1922－1923 年，埃德溫·哈勃就已發現，星雲實際上是遙遠的星系。十年後，茲威基開始測量後發星系團的總質量。他運用位力定理這個數學模型，根據單個星系的相對速率，測量出後發星系團的總質量。令茲威基奇怪的是，

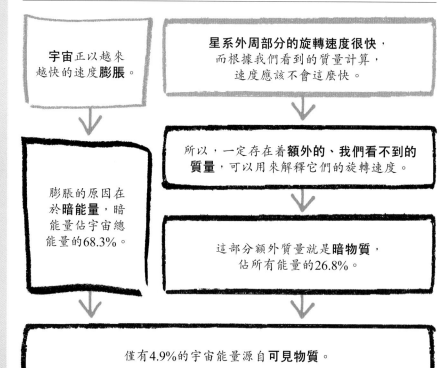

宇宙正以越來越快的速度**膨脹**。

星系外周部分的旋轉速度很快，而根據我們看到的質量計算，速度應該不會這麼快。

所以，一定存在着**額外的、我們看不到的質量**，可以用來解釋它們的旋轉速度。

膨脹的原因在於**暗能量**，暗能量佔宇宙總能量的68.3%。

這部分額外質量就是**暗物質**，佔所有能量的26.8%。

僅有4.9%的宇宙能量源自**可見物質**。

參見：埃德溫‧哈勃 236~241 頁，喬治‧勒梅特 242~245 頁。

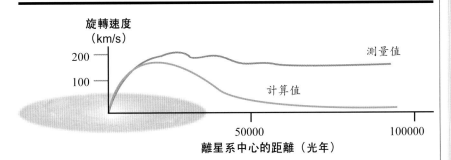

旋轉速度
（km/s）

測量值

計算值

離星系中心的距離（光年）

*如果**銀河系的質量分布**與其中的可見物質相吻合，那麼銀河系外部軌道的恆星因為距離大質量的中心較遠，所以速度也應該較慢。薇拉‧魯賓的研究發現，超過一定距離的恆星會做均速運動，與離星系中心的距離無關，這說明星系外圍存在着暗能量。*

測量結果顯示後發星系團的質量應該比實際看到的重 400 倍。茲威基將這些巨量的看不見的物質稱為「暗物質」。

當時，茲威基的結論基本沒有受到關注，但到了 20 世紀 50 年代，新的科技提供了檢測不發光物質的新方法。顯然，有大量物質因為溫度很低，不會發出可見光，但仍會輻射紅外線和無線電波。隨着科學家不斷深入了解銀河系以及其他星系的可見以及不可見結構，未知的「不可見物質」急劇減少。

真實存在的暗物質

20 世紀 70 年代，美國天文學家薇拉‧魯賓（Vera Rubin）研究了恆星圍繞銀河系運轉的速率，並測量了銀河系的質量分布。她發現，大部分的質量分布在銀河系可見範圍之外，位於銀暈這一區域。之後，暗物質的存在才受到認可。現在，廣為接受的觀點是，暗物質佔宇宙質量的 84.5%。有人認為，暗物質可能就是普通的物質，只是以難以發現的形式存在，比如黑洞或星際行星，但暫時並沒有任何研究可以支撐這種觀點。目前，科學家認為暗物質由一種所謂弱相互作用大質量粒子組成。這些假設的亞原子粒子擁有何種性質，還是未知數。它們不僅是黑色透明的，若非引力的作用，它們甚至不會與普通物質或輻射發生反應。

自 20 世紀 90 年代起，這種暗物質顯然還及不上「暗能量」的神秘。宇宙加速膨脹（見 236 ～ 241 頁）的力量就源自暗能量，但它的性質也還屬於未知領域。暗能量可能是時空本身的一種基本特性，或是宇宙的第五種基本力量，即第五元素。目前認為，暗能量佔宇宙總能量的 68.3%，再加上暗物質所佔的 26.8%，普通物質僅佔 4.9% 的宇宙能量。■

弗里茨‧茲威基

弗里茨‧茲威基 1898 年出生於保加利亞的瓦爾納，由瑞士的祖父母撫養長大，小時候就展露出了物理天賦。1925 年，茲威基前往美國加州理工學院工作，在這裏度過了餘下的職業生涯。

除了暗物質的研究，茲威基還因自己在大質量爆炸行星方面的研究而出名。他和沃爾特‧巴德首先提出，中子星的大小在白矮星和黑洞之間，並創造了「超新星」一詞，用來指代劇烈的恆星爆炸，而白矮星作為大質量恆星爆炸的產物因此誕生。茲威基和巴德指出，同類超新星爆炸時總會達到同樣的亮度。他們還提供了一種不需要使用哈勃定律的測量遙遠星系距離的方法，為後來暗能量的發現鋪平了道路。

主要作品

1934 年　《論超新星》（合著者：沃爾特‧巴德）
1957 年　《形態天文學》

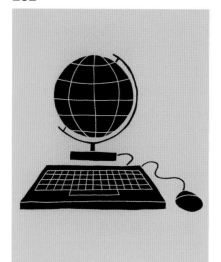

通用的計算機器

阿蘭·圖靈（1912－1954 年）
Alan Turing

背景介紹

科學分支
計算機科學

此前

1906 年 美國電氣工程師李·德福雷斯特發明了三極管。這是早期電子計算機的重要組成部分。

1928 年 德國數學家戴維·希爾伯特提出「判定問題」，即算法能否處理輸入的所有數學命題。

此後

1943 年 根據圖靈的一些解碼思想，真空管巨人計算機在布萊切利園落成。

1945 年 美籍數學家約翰·馮·諾依曼描述了現代程式存儲計算機的基本邏輯結構。

1946 年 第一台多用途可編程電子計算機「埃尼阿克」（ENIAC）誕生，其部分理念源自圖靈機。

> 很多數字問題的運算可以**簡化**為一系列數學步驟，即**算法**。

> 在適當指令的基礎上，**圖靈機**可以計算任何**可以計算的算法**。

> 利用不同的指令，**可編程器件**可以解決**多種任務**。

> 這就是一部通用的**計算機（電腦）**。

假設按升序排列 1000 個隨機的數字，比如 520，74，2395，4，999，…有種自動程序可以助你一臂之力。例如：(**A**) 比較前兩個數字；(**B**) 如果第二個數字小，調換兩個數字的位置，回到 (A)，如果兩個數字相等或第二數字更大，執行 (C)；(**C**) 將上一對的第二個數字作為新一對的第一個數字。如果後面還有數字，將它作為新一對的第二個數字，回到 (B)，如果後面沒有數字，算法**結束**。這一套指令就是一個序列，即算法。算法從一個初始狀態開始，接收數據，即輸入，進行有限次運算後得出一個結果，即輸出。這種理念與現今的任何電腦程式很相似。1936 年，英國數學家和邏輯學家阿蘭·圖靈構想一台能夠執行這些程式的機器時，首次採用了這種算法。他發明的計算機現在稱為圖靈機。圖靈的研究最開始

參見：唐納德・米基 286~291 頁，尤里・馬寧 317 頁。

只是理論層面的，是一種邏輯上的計算。他很喜歡將數字問題轉化為最簡單、最基礎的自動計算形式。

自動機

為了實現這種算法，圖靈設想了一種機器，即自動機。它包括一條很長的紙帶，上面分為若干個方格，每個方格裏有一個數字、字母或符號，同時還包括一個讀寫頭。指令都存放在控制規則中，當讀寫頭閱讀一個方格裏的符號時，會根據規則選擇擦掉它重寫一個，或是保持原樣。接下來，讀寫頭會移向左邊或右邊的方格，然後重複這一步驟。每次結束後，機器的構形都會發生變化，紙帶上的符號也會呈現出新的序列。

整個過程好比前文的排序算法。這個算法只能解決一種任務，所以圖靈以此類推構思了一系列機器，每個機器具有一套指令，可以解決一種問題。他補充道：「我們只有做到可以將一套規則取出，換上另一套，才能做出類似於通用計算機的機器。」

這種裝置我們現在稱之為通用圖靈機，它具有無限的存儲空間（即內存），既包含指令又包含數據，因此可以模擬任何圖靈機。圖靈當時所說的「變更規則」，我們現在稱之為「編程」。可以說，圖靈首次提出了可編程計算機的概念，在輸入、信息處理和輸出的基礎上，這種計算機能夠處理多種任務。■

> 如果計算機能夠讓人們相信它是一個人，那麼它就稱得上是智能的。
>
> ——阿蘭・圖靈

阿蘭・圖靈

圖靈 1912 年生於倫敦，上學時便在數學方面展露出驚人的天賦。1934 年，圖靈獲得劍橋大學國王學院的一等數學學位，研究方向為概率論。1936-1938 年，圖靈在美國普林斯頓大學學習，並提出了通用計算機的理論。

第二次世界大戰期間，圖靈設計並建立了一台功能齊全的計算機，即炸彈機（Bombe），破譯了德國恩尼格瑪機（Enigma）的密碼。此外，圖靈對量子論、生物身上的圖案和樣式很感興趣。1945 年，他搬到倫敦的國家物理實驗室，後來又遷往曼徹斯特大學開展計算機項目。1952 年，他因自己的同性戀行為身心疲憊（同性戀在當時屬於非法行為），兩年後死於氰化物中毒，這很可能是自殺行為，而非意外事故。2013 年，圖靈終於獲得平反。

主要作品

1939 年 《應用概率的加密》

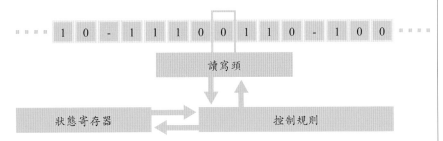

10 - 1 1 1 1 0 0 1 1 0 - 1 0 0

讀寫頭

狀態寄存器　　　　控制規則

圖靈機就是計算機的數學模型。讀寫頭從一條無限長的紙帶上閱讀一個數字，然後在上面寫一個新的數字，根據控制規則選擇向左或向右移動。狀態寄存器記錄變化，並將輸入反饋給控制規則。

化學鍵的本質

萊納斯·鮑林（1901－1994 年）
Linus Pauling

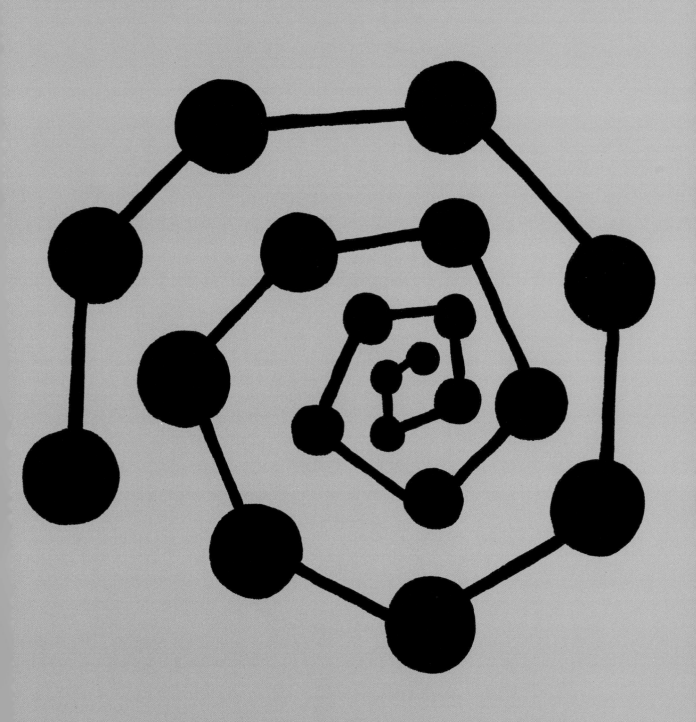

背景介紹

科學分支
化學

此前

1800 年 亞歷山德羅・伏打按照正電性從弱到強的順序排列金屬。

1852 年 英國化學家愛德華・弗蘭克蘭指出，原子具有一定的結合能力，這決定了它的化合物組成。

1858 年 奧古斯特・凱庫勒指出，碳四價，可以與其他原子形成四條化學鍵。

1916 年 美國物理化學家吉爾伯特・路易斯指出，共價鍵是指一個分子中兩個原子共用的一對電子。

此後

1938 年 英國數學家查爾斯・庫爾森精確計算出氫的分子軌道波函數。

20世紀 20 年代末和 30 年代初，美國化學家萊納斯・鮑林在一系列具有里程碑意義的論文中，用量子力學解釋了化學鍵的本質。鮑林曾到歐洲學習量子力學，師從慕尼黑大學的阿諾德・索末菲（Arnold Sommerfeld）、哥本哈根大學的尼爾斯・玻爾以及蘇黎世大學的埃爾溫・薛定諤。鮑林很早便下定決心研究分子共價鍵，並發現量子力學是一個很好的工具。

雜化軌道

鮑林回到美國時，已經發表大約 50 篇論文。1929 年，鮑林列出了五條規則，解釋複雜晶體的 X 射線衍射圖像，現在稱為鮑林規則。與此同時，他將注意力轉向共價分子（即原子以共享電子對的方式結合的分子）中原子的結合方式，尤其是以碳原子為基礎的有機化合物。

電子軌道

電子繞原子核旋轉的軌道分為幾種，包括圍繞中心的軌道（即 s 軌道），以及沿一條軸運轉的軌道（即 p 軌道）。

碳原子共有 6 個電子。歐洲的量子力學先驅們認為，兩個電子先排在 1s 軌道上，該軌道是一個以原子核為中心的球形軌道，像一個吹脹了的氣球，氣球正中心有一顆高爾夫球一樣。1s 軌道外面是另一條軌道，含有兩個 2s 電子。2s 軌道像一個更大的氣球繞在第一個氣球外面。最後是 p 軌道，彷彿在原子核兩邊分別伸出了一個吊鐘般的形狀。p_x 軌道位於 x 軸上，p_y 軌道位於 y 軸上，p_z 軌道位於 z 軸上。最後兩個碳原子位於這三條軌道中的兩條上，可能一個位於 p_x 軌道上，一個位於 p_y 軌道上。

量子力學將電子軌道看成是表示概率密度的電子雲，這時如果還把電子看成是在軌道上移動的點就不完全正確了，應該將電子看成雲狀「彌散」在軌道中間。這幅電子並不位於固定位置上的真實畫面，

量子力學為描述電子的行為提供了一種新的方法。

量子力學經過修正後可以解釋分子結構。

化學鍵的本質反映了電子的量子力學行為。

參見：奧古斯特·凱庫勒 160~165 頁，馬克斯·普朗克 202~205 頁，埃爾溫·薛定諤 226~233 頁，哈里·克羅托 320~321 頁。

讓科學家提出了新的化學鍵觀點，化學鍵可能是由兩個軌道以「頭碰頭」的方式重疊形成的 σ 鍵，或是由平排的兩個軌道組成的 π 鍵。σ 鍵比 π 鍵更穩定。

鮑林提出新想法，在一個分子中的碳原子會有一種別於單獨碳原子的現象，其原子軌道會組合起來，即產生「雜化」，以達致與其他原子形成更強的化學鍵。他指出，s 軌道和 p 軌道可以結合成 4 個相同的 sp^3 雜化軌道，從原子核向四面體的各個角延伸，鍵角為 $109.5°$。每個 sp^3 軌道可以與另一個原子形成一個 σ 鍵。如此可見為何甲烷（CH_4）中的所有氫原子以及

> 到 1935 年，我覺得我基本上已經完全理解了化學鍵的本質。
>
> —— 萊納斯·鮑林

四氯化碳（CCl_4）的所有氯原子都是沒有分別的。

通過研究不同碳化合物的結構，科學家發現 4 個位置鄰近的原子通常會形成一個四面體。1914 年，通過 X 射線晶體學首次確定了鑽石的晶體結構。鑽石的化學成分是純碳。在鑽石晶體中，每個碳原子與其他四個碳原子形成 σ 鍵，指向四面體的四個頂點。這種結構正是鑽石強大硬度的原因。

碳原子還有一種與其他原子結合的方式，即一個 s 軌道與兩個 p 軌道形成三個 sp^2 雜化軌道。軌道的對稱軸在同一條平面上，兩兩之間的夾角皆為 $120°$。這與乙烯的分子結構一致，乙烯由雙鍵結構 $H_2C=CH_2$ 組成。在此結構中，碳原子通過一個 sp^2 雜化軌道形成一個 σ 鍵，剩餘的一個未雜化軌道則形

甲烷

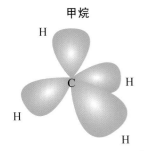

碳原子的 4 個電子雜化形成 4 個 sp^3 軌道。

乙烯

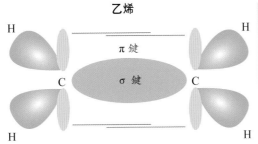

碳原子的 3 個電子雜化形成 3 個 sp^2 軌道。剩餘的未雜化軌道在碳原子之間形成了第二個 π 鍵。

鑽石

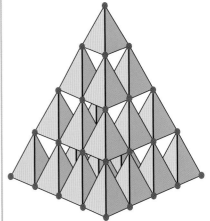

鑽石的通過 sp^3 雜化軌道與其餘 4 個碳原子相連，形成四面體的一角。最後形成的無限晶格通過無比堅固的碳碳共價鍵相連。

二氧化碳

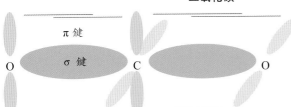

碳原子的兩個電子形成兩個 sp 軌道，每個軌道與一個氧原子相連。剩餘的兩個軌道與氧原子結合形成 π 鍵。

成一個 π 鍵。

　　碳原子還有一種結合方式，即一個 s 軌道與一個 p 軌道形成兩個 sp 雜化軌道，形成一條直線，呈 180° 分布。這與二氧化碳（CO_2）的結構一致，其中每個 sp 雜化軌道與一個氧原子形成一個 σ 鍵，剩餘的兩個未雜化軌道各自與一個氧原子形成一個 π 鍵。

苯的新結構

　　60 多年前，奧古斯特・凱庫勒首次提出苯（C_6H_6）環結構時，曾有一個問題困擾着他。最後他提出，碳原子一定以單雙鍵交替的形式結合，苯分子在兩種等價結構中來回擺動（見 164 頁）。

　　鮑林的解決方法十分巧妙。他指出，苯分子中的碳原子形成的都是 sp^2 雜化軌道，所以碳原子的所有化學鍵以及氫原子都位於同一個 *xy* 平面上，互呈 120° 夾角。每個碳原子有一個多餘的電子，位於 p_z 軌道。這些電子結合在一起，形成一條連接六個碳原子的化學鍵。這是一條 π 鍵，其中電子仍位於苯環的上方和下方，**離碳原子核較遠**（見右圖）。

離子鍵

　　甲烷和乙烯在常溫下都是氣體。苯和其他很多以碳為基礎的有機化合物都是液體。它們的分子又小又輕，可以在氣態或液態的情況下自由移動。而碳酸鈣和硝酸鉀等鹽一般都是固態的，只有在很高

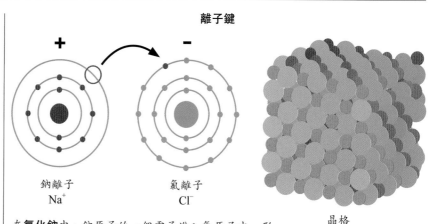

離子鍵

鈉離子　　　　　　氯離子
Na^+　　　　　　Cl^-

晶格

在**氯化鈉**中，鈉原子的一個電子進入氯原子中，形成兩個帶電的穩定粒子。這兩個粒子通過靜電吸引結合在一起，形成一個穩定的晶格。

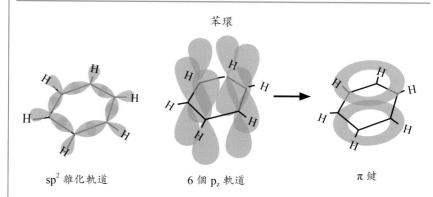

苯環

sp^2 雜化軌道　　　　6 個 p_z 軌道　　　　π 鍵

在**苯環**中，碳原子通過 sp^2 雜化軌道彼此相連，並且與一個氫原子相連。苯環通過離域 π 鍵彼此相連，形成 6 個 p_z 軌道。

的溫度下才會熔化。但是，氯化鈉（NaCl）的分子量為 58，而苯的分子量卻有 78。它們的不同性質不能用質量解釋，而可以用結構來解釋。苯分子由共價鍵組成，每條共價鍵包含一對電子，由兩個原子共用。

　　氯化鈉的性質則不同。銀色的金屬鈉在黃綠色的氯氣中會劇烈燃燒，生成白色固體氯化鈉。鈉原

子的原子核周圍有一個穩定、飽和的電子層，外加最外層的一個電子；氯原子還差一個電子才能形成穩定、飽和的電子層。當兩者相互反應時，鈉原子的一個電子轉移到氯原子中，從而使二者都達到穩定結構。但是，此時鈉變成了鈉離子 Na^+，氯變成了氯離子 Cl^-（見上圖）。它們沒有多餘的電子形成共價鍵，但離子是帶電荷的：鈉原子

> 世界上沒有甚麼是科學家不應該研究的，總是有一些尚未解決的問題。總之，這是問題尚未提出。
>
> —— 萊納斯·鮑林

失去一個帶負電的電子，變為帶正電的鈉離子；而氯原子得到一個電子帶負電。離子通過靜電吸引結合在一起，形成穩定的離子鍵。

氯化鈉是用 X 射線晶體學分析的第一種化合物，結果發現 NaCl 分子並不存在。該化合物的結構由無限的鈉離子和氯離子交替排列而成。每個鈉離子周圍有六個氯離子，每個氯離子周圍也有六個鈉離子。還有很多鹽也具有類似的結構：其中一種離子排出了無窮的晶格，而另一種離子則填充晶格中的空隙。

電負性

鮑林解釋，氯化鈉等化合物中的化學鍵是純粹的離子鍵，而有些化合物中的化學鍵則介於離子鍵和共價鍵之間。鮑林通過研究化學鍵提出了電負性這一概念。從某種程度上說，這與亞歷桑德羅·伏打 1800 年首次按照電正性降序排列金屬類似。鮑林發現，兩種不同原子之間的共價鍵（比如 C—O）可能高於 C—C 和 O—O 的平均強度。他認為，一定是一種與電有關的因素增強了這些共價鍵。於是他決心要計算出這種因素，結果得出現在稱為鮑林標度的電負性標度。

元素（嚴格來說是化合物中的元素）的電負性描述了元素原子吸引電子的能力。電負性最強的元素是氟，在我們所熟知的元素中電負性最弱（即電正性最強）的是銫。在氟化銫中，每個氟原子從一個銫原子那裏完全搶奪走一個電子，形成離子化合物 Cs^+F^-。

而水（H_2O）這種共價化合物中，不存在離子，不過氧的電負性比氫強，所以水分子有極性。其中，氧原子略帶負電，氫原子略帶正電，這些電荷使水分子之間互相緊密地吸附着。也正因為此，水表面具有較強的張力，沸點也較高。

1932 年，鮑林首次提出電負性，在隨後的幾年裏，他和其他科學家做了進一步研究。

因為對化學鍵本質的闡釋，鮑林 1954 年獲得諾貝爾化學獎。■

萊納斯·鮑林

鮑林全名萊納斯·卡爾·鮑林，生於美國俄勒岡州波特蘭市。他首次聽說量子力學時還在俄勒岡州，後來獲得獎學金於 1926 年到歐洲跟隨幾位世界級專家學習這門科學。回國後，鮑林在加州理工學院擔任助理教授，並在這裏度過了餘生。

鮑林對生物分子很感興趣，他發現鐮狀細胞性貧血是一種分子病。他還是一位和平擁護者，並因為調停美國與越南之間的戰爭於 1963 年獲得諾貝爾和平獎。

晚年時期，鮑林因為推崇非傳統療法而名譽受損。他積極推行使用高劑量的維生素 C 治療普通感冒，這種療法後來證明是無效的。

主要作品

1939 年 《化學鍵的本質以及分子和晶體的結構》

原子核中隱藏的
巨大能量

J·羅伯特·奧本海默（1904－1967 年）
J Robert Oppenheimer

背景介紹

科學分支
物理學

此前
1905 年 愛因斯坦著名的質能方程式 $E=mc^2$ 表示，微小的質量中藏着巨大的能量。

1932 年 約翰·考克饒夫和歐內斯特·沃爾頓用質子分裂鋰原子核的實驗表明，原子核內藏有巨大的能量。

1939 年 利奧·西拉德發現，鈾-235 發生一次裂變會釋放出三個中子，這表明鈾可能發生鏈式反應。

此後
1954 年 蘇聯奧布寧斯克核電站投入使用，這是第一個向國家電網送電的核電站。

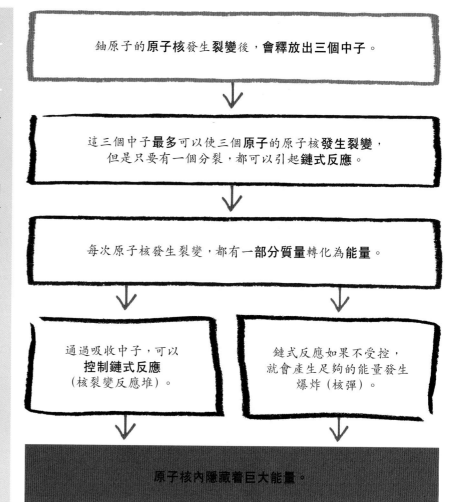

鈾原子的**原子核**發生**裂變**後，**會釋放出三個中子**。

這三個中子**最多**可以使三個**原子**的原子核**發生裂變**，但是只要有一個分裂，都可以引起**鏈式反應**。

每次原子核發生裂變，都有**一部分**質量轉化為**能量**。

通過吸收中子，可以**控制鏈式反應**（核裂變反應堆）。

鏈式反應如果不受控，就會產生足夠的能量發生爆炸（核彈）。

原子核內隱藏着巨大能量。

1938 年，世界正處於向新時代邁進的重要關頭，有一個人將引領科學界進入原子時代，他就是 J·羅伯特·奧本海默，而這個決定卻最終毀了他本人。奧本海默領導了全球最大的一個科學項目，即曼哈頓計劃，後來卻對自己的行為深感後悔。

向原子核進軍

奧本海默豐富職業生涯的一個特點就是「不達目的誓不罷休」，正是因為這種強迫自己的精神，奧本海默剛從哈佛畢業後就來到歐洲，在這裏理論物理學正經歷空前的發展。1926 年，他在德國哥廷根大學與馬克斯·玻恩共同提出了玻恩–奧本海默近似。用奧本海默的話說，這種方法是用來解釋「分子何所謂分子」的。它超越了量子力學的研究範圍，從單個原子擴展到化合物的能量。這是一次大膽的數學演算，因為一個分子中每個電子可能出現的概率範圍實在

多得令人暈眩。奧本海默在德國的研究對現代化學的能量計算至關重要，但是有關原子彈的最終突破卻發生在他回到美國之後。

裂變與黑洞

原子彈的原理在於鏈式反應，而對鏈式反應的研究始於 1938 年 12 月中旬。當時，德國化學家奧托·哈恩和弗里茨·斯特拉斯曼在柏林的實驗中「分裂了原子」。他們用中子轟擊鈾，但鈾並沒有因

參見：瑪麗・居里 190~195 頁，歐內斯特・盧瑟福 206~213 頁，阿爾伯特・愛因斯坦 214~221 頁。

> 我們知道世界不會和過去一樣了，有些人笑，有些人哭，大多數人保持沉默。我想起了印度教的經文：「現在的我就是死神，那無盡世界的摧毀者。」

——J・羅伯特・奧本海默

為吸收中子變為質量更大的元素，或是因為釋放一個或多個核子（即質子和中子）變為更輕的元素。哈恩和斯特拉斯曼發現，鈾釋放出了更輕的元素鋇，鋇原子的核子數比鈾少 100 個。當時，沒有哪種核反應過程可以解釋為甚麼了少了 100 個核子。

哈恩對此十分疑惑，因此寫了一封信給哥本哈根的同事利茲・邁特納（Lise Meitner）和奧托・弗里施（Otto Frisch）。在一月之內，邁特納和弗里施就弄清楚了核裂變的基本原理。他們發現，鈾分裂為鋇和氪，失去的核子轉化成了能量，之後會有機會發生鏈式反應。1939 年，丹麥物理學家尼爾斯・玻爾將這一消息帶到了美國。他的解釋，加上邁特納和弗里施在《自然》雜誌上發表的論文，讓東海岸的科學界沸騰起來。理論物理學年會結束

後，玻爾和普林斯頓大學的阿奇博爾德・惠勒（Archibald Wheeler）繼續研究，共同提出了玻爾-惠勒原子核裂變理論。

同一種元素的原子核都有相同數目的質子，但是中子數可能不同，從而形成了同位素。以鈾為例，它有兩種天然的同位素，即鈾 -238 和鈾 -235。天然鈾中含有 99.3% 的鈾 -238，以及 0.7% 的鈾 -235。鈾 -238 的原子核含有 92

個質子和 146 個中子，而鈾 -235 的原子核含有 92 個質子和 143 個中子。低能量的中子能夠使鈾 -235 發生裂變，原子核分裂時會釋放出能量，玻爾-惠勒理論將這一研究結果納入其中。

當這一消息傳到西海岸時，正在伯克利的奧本海默被深深地吸引住了。他針對這種全新的理論做了一系列講座，並很快意識到根據這個理論可以製造一種力量奇大無比

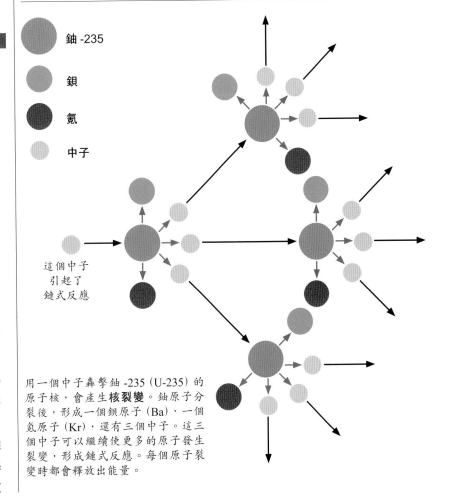

用一個中子轟擊鈾 -235（U-235）的原子核，會產生**核裂變**。鈾原子分裂後，形成一個鋇原子（Ba）、一個氪原子（Kr），還有三個中子。這三個中子可以繼續使更多的原子發生裂變，形成鏈式反應。每個原子裂變時都會釋放出能量。

的武器。當時,他認為,這樣利用這種新科學是正當的、務實的,也是再好不過的。但是,當東海岸的各個大學競相重複早期的核裂變實驗時,奧本海默卻在專心研究恆星因為自身引力發生塌縮進而形成黑洞的過程。

新思想的萌生

製造核武器的想法早已存在。早在 1913 年,赫伯特‧喬治‧威爾斯 (Herbert George Wells) 就曾寫道:「利用原子內部的能量可以製造原子彈。」他的小說《解放全世界》預測,這一創新將發生在 1933 年。而實際上,歐內斯特‧盧瑟福正是在 1933 年的一次講座中提到了核裂變會釋放出大量能量,講座內容隨後刊登在倫敦的《泰晤士報》上。然而,盧瑟福認為利用原子能的想法只是空談,因為整個過程的效率極低,耗費的能量遠高於產生的能量。

真正參透原子核奧秘的是旅居英國的匈牙利人利奧‧西拉德,他同時意識到了世界走向戰爭的可怕後果。通過反覆思考盧瑟福的講座,西拉德發現,原子核第一次裂變後釋放出的「次級中子」可以引發下一次裂變,從而形成鏈式反應。西拉德後來回憶道:「我當時很清楚,世界將陷入悲傷之中。」

德國和美國所做的實驗表明,鏈式反應事實上是可以發生的,於是西拉德和另一位匈牙利人愛德華‧泰勒給阿爾伯特‧愛因斯坦寫了一封信。1939 年 10 月 11 日,愛因斯坦將這封信呈交給美國時任總統羅斯福。僅僅十天後,就成立了鈾諮詢委員會,任務是研究美國率先製造出原子彈的可能性。

大科學的誕生

這一決議的結果就是制定了曼哈頓計劃,開創了大科學的典範。該項目由眾多分支機構組成,包括數個遍布美國和加拿大的大型研究所及無數較小型的設施,共僱用

> 我們做了一種東西,一種十分可怕的武器,使世界突然間發生了本質變化。這樣的結果讓我們重拾那個問題:科學究竟對人類有益還是有害。
>
> ——J‧羅伯特‧奧本海默

了 13 萬人,當年共耗資 20 多億美元 (相當於現在的 260 億美元),並且一切都在最高機密中進行。

1941 年年初,項目決定採用三種不同的方法生產原子彈所需的能夠發生裂變的材料,即電磁分離法、氣體擴散法和熱擴散法,以此分離同位素鈾 -235 和鈾 -238。另外,還分兩條線研究核反應堆技術。1942 年 12 月 2 日,在芝加哥

J‧羅伯特‧奧本海默

奧本海默全名朱利葉斯‧羅伯特‧奧本海默,畢業於紐約菲爾德斯頓文理學校。他身形消瘦,十分敏感,學習新事物的能力很強。從哈佛大學畢業後,奧本海默在劍橋大學待了兩年,師從歐內斯特‧盧瑟福,之後又到德國哥廷根大學跟隨馬克斯‧玻恩學習。

奧本海默性格複雜,無論甚麼事情,他總是能夠成為中心人物,無論走到哪裏都能結交具有影響力的朋友。然而,他也以言辭尖刻著稱,並且喜歡別人誇他智慧超羣。雖然他最有名的是領導了曼哈頓計劃,但是他對科學界影響最為深遠的貢獻卻是戰前在加州大學伯克利分校進行的中子星和黑洞研究。

主要作品

1927 年 《分子的量子理論》
1939 年 《論不斷的引力收縮》

1945 年 8 月 9 日，一顆名為「胖子」(Fat Man) 的鈈彈在日本南部的長崎落下，大約 4 萬人當場死亡，隨後的幾個星期更多的人相繼離世。

的一個壁球場內，第一個鏈式反應可控的核裂變反應堆成功建立。恩里科·費米的芝加哥 1 號堆是增殖反應堆的原型，這種反應堆可以使鈾變為當時剛發現的一種元素鈈，這種元素十分不穩定，可以用作快速鏈式反應的燃料，還可以用來製作殺傷力更強的原子彈。

神奇山

　　奧本海默被選為曼哈頓計劃的負責人，帶領科學家研究這種神秘武器。他同意選用新墨西哥洛斯阿拉莫斯一所廢棄的寄宿學校作為項目的研究中心，項目的最後階段，即原子彈的組裝，將在這裏完成。這個代號「Y 地點」的地方將匯集史上最多的諾貝爾獎獲得者。

　　因為大部分重要的科研工作已經完成，待在洛斯阿拉莫斯的很多科學家都認為，自己在新墨西哥沙漠中的工作只是在處理「工程學的問題」。然而，正是因為奧本海默在這 3000 名科學家中間不斷協調，原子彈才得以成功問世。

內心的轉變

　　1945 年 7 月 16 日，在「三一」試驗場進行的試爆大獲成功。1945 年 8 月 6 日，美國向日本廣島投擲了「小男孩」原子彈。這些成果曾令奧本海默感到振奮，但最終卻成了他的人生陰影。在第一顆原子彈

投放之時，德國已經投降，洛斯阿拉莫斯基地的很多科學家都認為，只需要作一次原子彈爆炸的公開演示，當日本見識到原子彈驚人的威力後，必定會投降。有人認為向廣島投放原子彈雖是一場災難，但當時確實不可避免，然而 8 月 9 日向長崎投放的「胖子」鈈彈卻很難自圓其說。一年後，奧本海默公開表明，他認為是將原子彈投向了已經戰敗的敵人。

　　1945 年 10 月，奧本海默見到時任總統杜魯門，並告訴他：「我覺得自己的雙手沾滿了鮮血。」杜魯門十分氣憤。1954 年，美國國會聽證會剝奪了奧本海默的安全特許權，結束了他影響公共政策的能力。

　　那時，奧本海默已經看到了軍工複合體的到來，並已引領世界進入了大科學時代。奧本海默通過主持曼哈頓項目，用科學創造出了新式的恐怖武器，最終因為自己的行為遭受了道德的譴責，這件事件對現代科學家起了警示作用。■

FUNDAMENTAL BUILDING BLOCKS

1945–PRESENT

重要的基石
1945年—現在

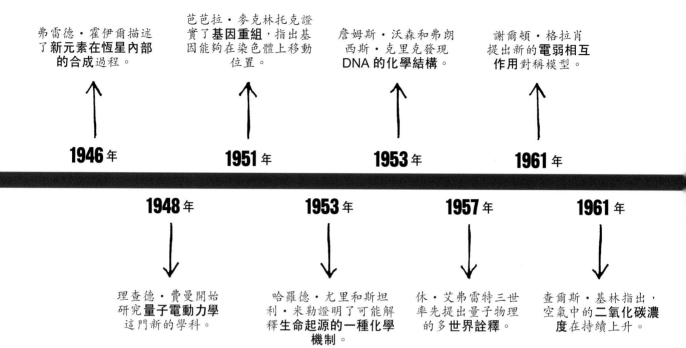

弗雷德·霍伊爾描述了新元素在恆星內部的合成過程。

1946 年

芭芭拉·麥克林托克證實了**基因重組**，指出基因能夠在染色體上移動位置。

1951 年

詹姆斯·沃森和弗朗西斯·克里克發現 **DNA 的化學結構**。

1953 年

謝爾頓·格拉肖提出新的**電弱相互作用**對稱模型。

1961 年

1948 年

理查德·費曼開始研究**量子電動力學**這門新的學科。

1953 年

哈羅德·尤里和斯坦利·米勒證明了可能解釋**生命起源的一種化學機制**。

1957 年

休·艾弗雷特三世率先提出量子物理的多**世界詮釋**。

1961 年

查爾斯·基林指出，空氣中的**二氧化碳濃度**在持續上升。

20 世紀下半葉，從望遠鏡到化學分析，幾乎所有科學領域都經歷了技術的高速發展。新技術提高了計算和實驗的可能性。20 世紀 40 年代，第一台計算機（電腦）製成，一門新的科學「人工智能」隨之誕生。歐洲核子研究中心（CERN）的大型強子對撞機成為史上最大的科學儀器，簡單說，該對撞機就是一個粒子加速器。通過先進的顯微鏡，科學家第一次直接觀察到了原子，而新的望遠鏡則發現了太陽系之外的行星。到 21 世紀，科學已經成為一個團隊活動，涵蓋了最昂貴的儀器以及跨學科合作。

生命的密碼

1953 年，美國芝加哥大學的化學家哈羅德·尤里和斯坦利·米勒設計了一個巧妙的實驗。他們試圖驗證，地球誕生之際，閃電在大氣中引起的化學反應能否產生生命。同年，在美國與蘇聯的競賽中，美國的分子生物學家詹姆斯·沃森（James Watson）與英國人弗朗西斯·克里克（Briton Francis Crick）率先研究出 DNA 的分子結構，為破解生命的遺傳密碼奠定了基礎。不到半個世紀的時間，人類基因圖譜順利完成。

隨着對基因機制的深入了解，美國生物學家琳·馬古利斯（Lynn Margulis）提出了一個看似荒謬的理論，即有些生物會被其他生物吞噬，形成共生關係，並指出所有多細胞生物的複雜細胞都源於此過程。多年來，學界對馬古利斯的理論一直持懷疑態度，直到 20 年後，新的遺傳發現才證明她是對的。美國微生物學家邁克爾·敘韋寧（Michael Syvanen）證明，基因可以從一個物種轉移至另一個物種，而在 20 世紀 90 年代，表觀遺傳學的發現使得古老的拉馬克學說重新獲得關注，這種學說認為獲得性狀是可以遺傳的。至此，有關進化機制的知識正變得越發豐富。

20 世紀末，美國的克雷格·文特爾（Craig Venter）開啓了自己的人類基因組項目，並在電腦上根據

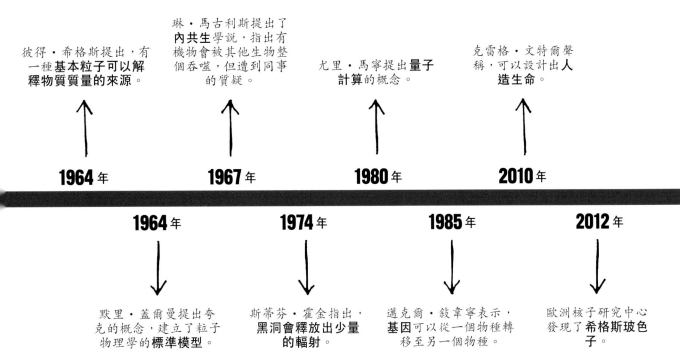

彼得・希格斯提出，有一種**基本粒子可以解釋物質質量的來源**。

琳・馬古利斯提出了**內共生**學說，指出有機物會被其他生物整個吞噬，但遭到同事的質疑。

尤里・馬寧提出**量子計算**的概念。

克雷格・文特爾聲稱，可以設計出**人造生命**。

1964年　**1967**年　**1980**年　**2010**年

1964年　**1974**年　**1985**年　**2012**年

默里・蓋爾曼提出夸克的概念，建立了粒子物理學的**標準模型**。

斯蒂芬・霍金指出，**黑洞會釋放出少量的輻射**。

邁克爾・敘韋寧表示，**基因**可以從一個物種轉移至另一個物種。

歐洲核子研究中心發現了**希格斯玻色子**。

DNA 設計出人造生命。在蘇格蘭，伊恩・維爾穆特（Ian Wilmut）及其同事屢經失敗後，成功研製出克隆羊。

新的粒子

在物理學領域，美國物理學家理查德・費曼（Richard Feynman）等人進一步研究了量子力學的奇異性，並用「虛粒子」的交換解釋了量子力學中的相互作用。20 世紀30 年代，保羅・狄拉克成功預言了反物質的存在。隨後的幾十年中，更強大的粒子對撞機首次發現了更多的亞原子粒子。基於這些難以俘獲的粒子，粒子物理學的標準模型得以建立，該模型根據自然界基本粒子的性質對其進行了排列。雖然並沒有得到所有物理學家的支持，但 2012 年歐洲核子研究中心的大型強子對撞機發現了預言中的希格斯玻色子後，標準模型的地位獲得了極大提升。

與此同時，「萬有理論」也呈現出各種研究方法。萬有理論旨在將自然的四種基本力（引力、電磁力、強核力、弱核力）統一起來。美國的謝爾頓・格拉肖（Sheldon Glashow）將電磁力與弱核力統一起來，形成了「電弱」理論。弦理論提出，除了四維時空外還有 6 個隱藏的空間維度，試圖將所有物理學理論綜合起來。美國物理學家休・艾弗雷特三世指出，也許可以通過數學方法證實多個宇宙的存在。艾弗雷特提出宇宙在不斷分裂，其理論起初並沒有引起多少重視，但近些年的支持度不斷攀升。

未來的方向

目前，尚有很多謎團沒有解決，比如還沒有理論可以將量子力學和廣義相對論結合起來，但並不乏各種吸引科學家繼續前行的可能性，比如量子比特的引入可能在計算領域引發一場革命。未來可能會出現我們未曾想過的新問題，但如果以科學史為鑒，我們應該做好準備迎接這些意外之事的到來。■

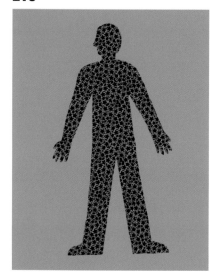

人體由星塵組成

弗雷德・霍伊爾（1915–2001 年）
Fred Hoyle

背景介紹

科學分支
天體物理學

此前

1854 年 德國物理學家赫爾曼・馮・亥姆霍茲用引力收縮理論解釋了太陽能量的產生。

1863 年 英國天文學家威廉・哈金斯通過恆星的光譜分析證明，恆星上存在着某些和地球一樣的元素。

1905–1910 年 美國和瑞典的天文學家通過分析恆星的亮度，將其分為白矮星和巨星。

1920 年 亞瑟・愛丁頓指出，恆星通過核聚變將氫變為氦。

1934 年 弗里茨・茲威基創造了「超新星」一詞，用來指代大質量恆星在演化接近末期時經歷的一種劇烈爆炸。

此後

2013 年 深海化石的生物遺跡顯示，鐵可能來自超新星。

1920 年，英國天文學家亞瑟・愛丁頓率先提出，恆星通過核聚變產生能量。他指出，恆星彷彿是將氫的原子核融合為氦的工廠。一個氦核的質量略小於合成所需的四個氫核的質量，根據公式 $E=mc^2$，這部分質量會轉化為能量。愛丁頓指出，恆星由向內拉的地心吸力和向外的光輻射壓力維持平衡，並由此建立了恆星結構模型，但是他並沒有進一步研究其中的核反應原理。

重元素的形成

1939 年，德國出生的美籍物理學家漢斯・貝特（Hans Bethe）發表了一篇論文，詳細分析了氫核聚變的不同方式。他描述了兩種路徑，一種是太陽等恆星內部的連鎖反應，其特點是溫度低、速度慢；另一種更大質量的恆星內部的循環反應，特點是溫度高、速度快。

1946 至 1957 年間，英國天文學家弗雷德・霍伊爾等人進一步發展了貝特的理論，指出氦核聚變反應會產生碳以及更重的元素，直至鐵元素，從而解答了宇宙中很多重元素的來源問題。現在，我們知道比鐵更重的元素源自超新星爆炸，即大質量行星演變的最後階段。生命所需的元素形成於恆星內部。■

太空一點兒也不遙遠，只要你的車能夠照直往上開，也就一個小時的車程。

—— 弗雷德・霍伊爾

參見：瑪麗・居里 190~195 頁，阿爾伯特・愛因斯坦 214~221 頁，歐內斯特・盧瑟福 206~213 頁，喬治・勒梅特 242~245 頁，弗里茨・茲威基 250~251 頁。

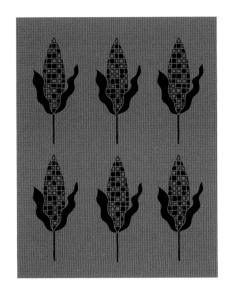

跳躍基因

芭芭拉・麥克林托克（1902－1992 年）
Barbara McClintock

背景介紹

科學分支
生物學

此前
1866 年 格雷戈爾・孟德爾指出，遺傳由「顆粒」決定，這種顆粒後來稱為基因。

1902 年 西奧多・博韋里和沃爾特・薩頓分別指出染色體在遺傳中的作用。

1915 年 托馬斯・亨特・摩爾根的果蠅實驗證實了之前的理論，並指出不同基因可位於同一條染色體上。

此後
1953 年 詹姆斯・沃森與弗朗西斯・克里克的 DNA 雙螺旋結構解釋了遺傳物質的複製形式，其中染色體由 DNA 組成。

2000 年 第一個人類基因圖譜公布，其中列出了人體 23 對染色體上的 2 萬－2.5 萬個基因的位置。

20 世紀初，有關遺傳粒子「基因」以及基因的載體「染色體」都有了新的發現，格雷戈爾・孟德爾 1866 年提出的遺傳定律因此得到了進一步完善。染色體在顯微鏡下呈絲狀。20 世紀 30 年代，美國遺傳學家芭芭拉・麥克林托克第一個意識到，染色體的結構並不像以前認為的那樣穩定；另外，基因在染色體上的位置是可以變換的。

交換基因

麥克林托克當時正在研究玉米的遺傳。一個玉米棒擁有許許多多的籽粒，每顆籽粒根據玉米棒的基因會呈現黃色、棕色或條紋。一顆玉米粒就是一個種子，代表着一個後代，所以研究不同的玉米棒可以得到大量有關籽粒顏色遺傳的數據。麥克林托克用雜交試驗和顯微鏡研究玉米的染色體。1930 年，

玉米的不同顏色促使麥克林托克研究導致這一差異的基因重組過程。1951 年，她發表了研究結果。

她發現玉米在有性生殖期間，性細胞形成時染色體會進行配對，呈現出 X 形狀。麥克林托克意識到，配對的染色體正是在這些呈 X 形的結構處交換基因片段。原本排在同一條染色體上的基因會被攪亂重排，從而產生新的性狀，比如不同的顏色。

這種攪亂重排的過程被稱為基因重組，後代會因此表現出極大的多樣性，它們在不同環境中存活的概率也因此提高。■

參見：格雷戈爾・孟德爾 166~171 頁，托馬斯・亨特・摩爾根 224~225 頁，詹姆斯・沃森與弗朗西斯・克里克 276~283 頁，邁克爾・敘韋寧 318~319 頁。

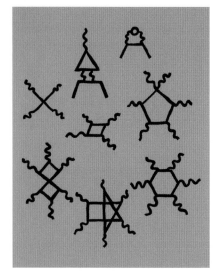

光和物質的奇妙理論

理查德·費曼（1918－1988 年）
Richard Feynman

背景介紹

科學分支
物理學

此前

1925 年 路易·德布羅意提出，任何具有質量的粒子都具有波的性質。

1927 年 維爾納·海森堡指出，在量子力學中，某兩個物理量不能同時被精確測量，比如粒子的位置和動量。

1927 年 保羅·狄拉克將量子力學應用到場理論而非單個粒子上。

此後

20 世紀 50 年代末 朱利安·施溫格與謝爾頓·格拉肖提出電弱統一理論，將弱核力與電磁力結合起來。

1965 年 韓武榮、南部陽一郎和奧斯卡·格林伯格用粒子的一種性質解釋了它們之間的強相互作用，這種性質我們現在稱為色荷。

20 世紀 20 年代，量子力學面臨着各種問題，其中一個就是粒子是如何通過力而相互作用的。與此同時，電磁學也需要一種理論在量子層面上對其作出解釋。隨之誕生的就是量子電動力學（QED），該理論解釋了粒子和電磁場的相互作用，結果證明十分成功。不過，因為所描述的宇宙圖像很難想像，所以量子電動力學的先驅理查德·費曼稱其為「奇怪」的理論。

信使粒子

帶電粒子通過交換量子（即光子）相互作用，光就是由這種具有電磁能的量子組成的。保羅·狄拉克根據這一想法向量子電動力學邁出了第一步。根據海森堡的不確定性原理，光子可以在瞬間憑空產生，因此就能容許真空中的能量不斷地出現些微變化。有時這種光子被稱作虛粒子，隨後物理學家確定了它們在電磁學中的作用。一般而言，量子場理論中的信使粒子就是「規範玻色子」。

然而，量子電動力學還是問題重重，其中最重要的就是它的方程往往會得出無窮大的數值，這是極為荒謬的。

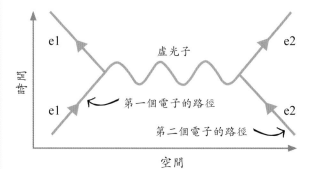

費曼圖描述了粒子相互作用的方式。此圖中，兩個電子通過交換一個虛光子而相互排斥。

參見：埃爾溫・薛定諤 226~233 頁，維爾納・海森堡 234~235 頁，
保羅・狄拉克 246~247 頁，謝爾頓・格拉肖 292~293 頁。

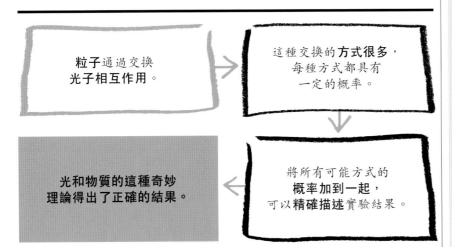

粒子通過交換**光子相互作用**。

這種交換的**方式很多**，
每種方式都具有
一定的概率。

將所有可能方式的
概率加到一起，
可以**精確描述**實驗結果。

光和物質的這種奇妙
理論得出了正確的結果。

理查德・費曼

理查德・費曼 1918 年生於
紐約，很早便展露出了數學天
賦。在麻省理工學院取得一等學
位後，費曼以優異的數學和物理
成績考入普林斯頓大學，攻讀研
究生學位。1942 年，費曼獲得博
士學位，之後加入曼哈頓計劃，
在漢斯・貝特手下工作，共同研
究原子彈。第二次世界大戰結束
後，他在康奈爾大學繼續與貝特
共事，期間完成了他最重要的量
子電動力學研究。

費曼在表述自己的想法方面
獨具天賦，他預言了納米技術的
潛能。他晚年撰寫了多本暢銷著
作，涵蓋量子電動力學以及現代
物理學的其他領域。

主要作品

1950 年 《用數學公式表示電磁
相互作用的量子理論》
1985 年 《量子電動力學：光和
物質的奇妙理論》
1985 年 《別鬧了，費曼先生》

概率相加

1947 年，德國物理學家漢斯・
貝特提出了一種修正這些公式的
方法，以使其與真實的實驗數據
相符。20 世紀 40 年代，日本物理
學家朝永振一郎、美國的朱利安・
施溫格（Julian Schwinger）以及理
查德・費曼等人在貝特的理論基
礎上，用數學方法成功描述了量子
電動力學。這種方法根據量子力
學將粒子相互作用的所有可能方
式考慮在內，並得出了有意義的結
果。

費曼發明的「費曼圖」用一幅
簡單的圖畫呈現了粒子間可能發
生的電磁作用，直觀描述了相互作
用的過程，從而解決了這個複雜問
題。它的重要突破在於找到了一種
表示粒子間相互作用的數學方法。
這種方法將粒子每條路徑的概率
加在一起，時間向後方移動的粒子
也包括在內。相加的過程中，很多
概率會相互抵消。例如，朝某一方

向運動的粒子與朝相反方向運動的
粒子，二者的概率就可以抵消，所
以其相加之和為零。將每種概率相
加，包括時間向後方移動的奇怪粒
子，得出了我們所熟悉的結果，比
如，光看起來是沿直線傳播的。不
過，在某些情況下，相加之後確實
會得出奇怪的結果，而且實驗顯示
光並不總是沿直線傳播。所以，雖
然量子電動力學描述的世界與我們
看到的不同，但確實對現實做出了
精確的描述。

實驗證明，量子電動力學十分
成功，為其他幾種相似的基本力提
供了模型：量子色動力學（QCD）
描述了強核力，而電弱規範理論將
電磁學與弱核力統一起來。目前，
四種基本作用力中，只有引力尚不
符合這一模型。■

生命並非奇跡

哈羅德·尤里 (1893－1981 年)
Harold Urey

斯坦利·米勒 (1930－2007 年)
Stanley Miller

背景介紹

科學分支
化學

此前

1871 年 查爾斯·達爾文提出，生命可能起源於「一個溫暖的小池塘」。

1922 年 蘇聯生物化學家亞歷山大·歐帕林提出，複雜化合物可能產生於原始大氣。

1952 年 在美國，肯尼思·A·懷爾德用 600 伏的電火花穿過二氧化碳和水蒸氣混合而成的氣體，結果得到了一氧化碳。

此後

1961 年 西班牙生物化學家霍安·奧羅在尤里-米勒實驗的基礎上加入了更多的可能化學物，結果得到了組成 DNA 的重要分子等。

2008 年 米勒曾經的學生傑弗里·巴達等人用敏感度更高的新技術得到了更多有機分子。

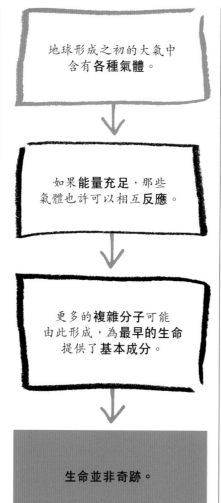

地球形成之初的大氣中含有**各種氣體**。

如果**能量充足**，那些氣體也許可以相互**反應**。

更多的**複雜分子**可能由此形成，為**最早的生命**提供了**基本成分**。

生命並非奇跡。

生命起源一直是縈繞在科學家腦海中的一個問題。1871 年，查爾斯·達爾文在給朋友約瑟夫·胡克的信中寫道：「但是如果……我們假設在一個溫暖的小池塘中，有各種各樣的氨鹽和磷鹽，以及光、熱、電等，它們形成了一種蛋白質，而這種蛋白質又會發生更複雜的變化……」1953 年，美國化學家哈羅德·尤里和他的學生斯坦利·米勒在實驗室中模擬了地球初期的大氣，從無機物中生成了構成生命的重要有機物。

在尤里和米勒的實驗之前，化學和天文學已經取得了很大的進步，太陽系其他無生命行星的大氣成分也得到分析。20 世紀 20 年代，蘇聯生物化學家亞歷山大·歐帕林 (Alexander Oparin) 和英國遺傳學家 J.B.S. 霍爾丹 (JBS Haldane) 分別提出，如果生命出現以前的地球和那些行星相似，那麼簡單的化學物質可以在原始湯中相互作用，形成更為複雜的分子，進而演化成生物。

參見：約恩斯・雅各布・貝爾塞柳斯 119 頁，弗里德里希・維勒 124~125 頁，查爾斯・達爾文 142~149 頁，弗雷德・霍伊爾 270 頁。

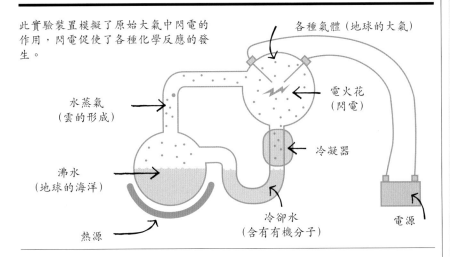

此實驗裝置模擬了原始大氣中閃電的作用，閃電促使了各種化學反應的發生。

各種氣體（地球的大氣）

電火花（閃電）

冷凝器

水蒸氣（雲的形成）

沸水（地球的海洋）

熱源

冷卻水（含有有機分子）

電源

模擬地球的原始大氣

1953 年，尤里和米勒首次用一個歷時較長的實驗驗證了歐帕林-霍爾丹理論。他們將多個玻璃燒瓶連成一個封閉的整體，使其與大氣隔絕，裏面放置了水和地球原始大氣中可能存在的氣體，包括氫氣、甲烷和氨氣。水加熱後變為水蒸氣，會在密閉的燒瓶裝置中不斷循環。其中一個燒瓶中有一對電極，正負電極間不斷產生電火花，以模仿閃電。有一種假說認為閃電觸發了原始大氣中的各種反應。閃電能夠提供充足的能量破壞大氣中的某些分子，形成活性極高的物質，這些物質會與其他分子發生進一步反應。

一天的時間，混合氣體變成了粉紅色。兩週過後，尤里和米勒發現混合氣中 10% 的碳（源自甲烷）變成了另一種有機化合物，2% 的碳形成了蛋白質的重要組成成分氨基酸，而蛋白質正是生命的物質基礎。尤里鼓勵米勒將實驗寫成論文寄給《科學》雜誌，發表時的題目為〈在可能的早期地球環境下之氨基酸生成〉。此時，世人可以想像達爾文的「溫暖的小池塘」中可能形成了第一個生命形態。

在一次採訪中，米勒表示，「在模擬原始地球的基本實驗中，只要打開開關觸發電火花，就能生成氨基酸」。後來科學家發現，如果使用比 1953 年更先進的儀器，該實驗能夠產生至少 25 種氨基酸，比自然界中存在的氨基酸種類還要多。幾乎可以肯定，地球早期的大氣中含有二氧化碳、氮氣、硫化氫以及火山噴發釋放的二氧化硫，所以那時生成的有機化合物很可能更為豐富，而隨後的實驗也確實證實了這一點。隕石中含有數十種氨基酸，有些氨基酸可以在地球上找到，有些則不能，這也促使科學家開始在系外行星上找尋生命的跡象。■

哈羅德・尤里與斯坦利・米勒

尤里全名為哈羅德・克萊頓・尤里，生於美國印第安納州的沃克頓，研究同位素分離時發現氘，因此於 1934 年獲得諾貝爾化學獎。後來，尤里用氣體擴散法富集鈾 -235，這對製造第一顆原子彈的曼哈頓計劃至關重要。與斯坦利・米勒在芝加哥完成模擬原始大氣的試驗後，尤里遷至聖地亞哥，致力於研究阿波羅 11 號帶回的月球岩石。

米勒全名為斯坦利・勞埃德・米勒，出生於加利福尼亞州的奧克蘭，曾在加州大學伯克利分校學習數學，畢業後在芝加哥做助教，與尤里共事，後來成為聖地亞哥的教授。

主要作品

1953 年 〈在可能的早期地球環境下之氨基酸生成〉

通過研究（宇宙），我幾乎可以確定其他行星也有生命存在。我懷疑人類是否是最智能的生命形式。

——哈羅德・尤里

脫氧核糖核酸（DNA）的結構

詹姆斯·沃森（1928 年－）
James Watson

弗朗西斯·克里克（1916－2004 年）
Francis Crick

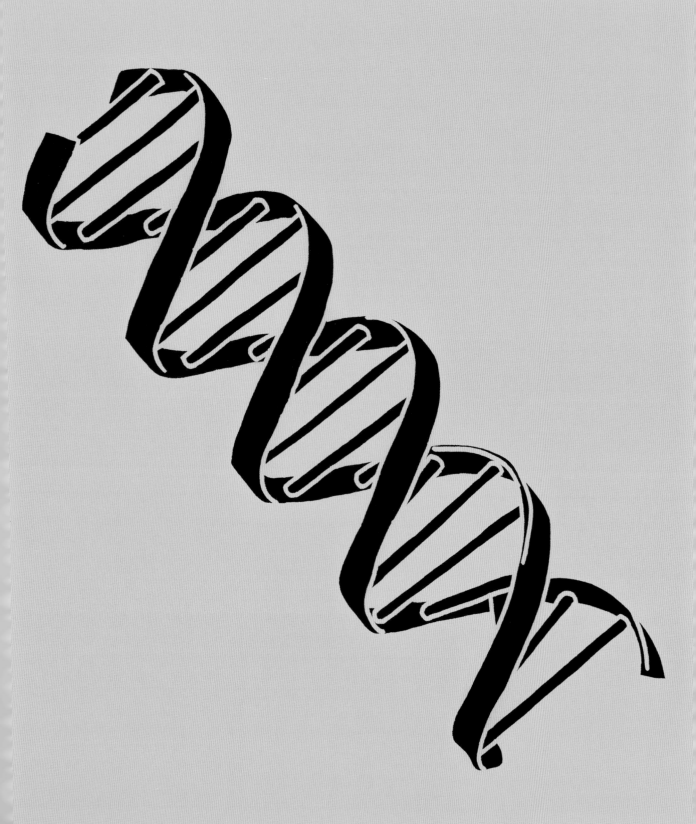

背景介紹

科學分支

生物學

此前

1869 年　弗里德里希・米舍率先在血細胞中發現了 DNA。

20 世紀 20 年代　菲巴斯・利文等人分析得出，DNA 的成分包括糖、磷酸基團和四種鹼基。

1944 年　實驗顯示 DNA 是遺傳數據的載體。

1951 年　萊納斯・鮑林提出，某些生物分子呈 α 螺旋結構。

此後

1963 年　弗雷德里克・桑格用測序法確定了 DNA 上的鹼基位置。

20 世紀 60 年代　破解 DNA 密碼：三個鹼基決定一個氨基酸。

2010 年　克雷格・文特爾及其團隊將人造 DNA 植入一個活細菌中。

1953 年 4 月，《自然》雜誌悄然發表了一篇簡短的論文，解開了圍繞有機物的一個重要謎團。這篇文章不僅解釋了生物內部的遺傳指令，還說明了這些指令是如何遺傳給下一代的。最重要的是，文中首次描述了 DNA 的雙螺旋結構。DNA 全稱脫氧核糖核酸，是一種含有遺傳信息的分子。

這篇文章的作者是 29 歲的美國生物學家詹姆斯・沃森和他的同事弗朗西斯・克里克。克里克年

> 太漂亮了，絕對是真的。
> ——詹姆斯・沃森

長於沃森，是一位英國生物物理學家。從 1951 年起，他們開始在劍橋大學卡文迪許實驗室研究 DNA 結構，當時該實驗室主任是布喇格爵士（Lawrence Bragg）。

當時，DNA 是一個熱門話題，成功解密 DNA 的結構似乎近在咫尺。20 世紀 50 年代，歐洲、美國和蘇聯的研究團隊競相爭當第一個「破解」DNA 三維結構的團隊。在這個複雜模型中，DNA 通過某種化學編碼承載着遺傳數據，同時又能準確地進行自我複製，所以相同的遺傳信息會傳遞給後代，即子細胞。

DNA發現之旅

但是，DNA 並不像大家認為的那樣發現於 1953 年，克里克和沃森也不是第一個發現 DNA 組成成分的人。研究 DNA 的歷史其實十分漫長。早在 19 世紀 80 年代，德國生物學家瓦爾特・弗萊明就

詹姆斯・沃森與弗朗西斯・克里克

詹姆斯・沃森（左）1928 年出生於美國芝加哥，年僅 15 歲便進入芝加哥大學學習。沃森研究生期間主攻遺傳學，畢業後來到英國劍橋大學，與弗朗西斯・克里克共同開展研究。後來，沃森回到美國，在紐約冷泉港實驗室工作。從 1988 年起，他加入人類基因組計劃，但由於遺傳數據的專利問題未達成一致，沃森退出了這一計劃。

弗朗西斯・克里克 1916 年生於英國北安普敦附近，第二次世界大戰期間發明了反潛水雷。1947 年，克里克

來到劍橋大學研究生物學，自此開始與詹姆斯・沃森合作。後來，克里克提出了著名的中心法則，該法則指出，遺傳數據在細胞中基本以同一種方式流動。晚年期間，克里克轉而研究大腦，提出了一種意識理論。

主要作品

1953 年　《核酸的分子結構：脫氧核糖核酸的一種結構》

1968 年　《雙螺旋》

參見：查爾斯·達爾文 142~149 頁，格雷戈爾·孟德爾 166~171 頁，托馬斯·亨特·摩爾根 224~225 頁，萊納斯·鮑林 254~259 頁，芭芭拉·麥克林托克 271 頁，克雷格·文特爾 324~325 頁。

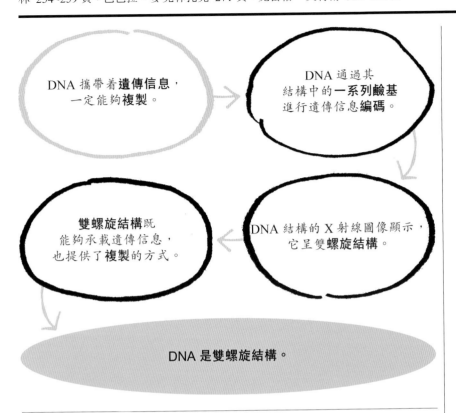

DNA 攜帶着**遺傳信息**，一定能夠**複製**。

DNA 通過其結構中的**一系列鹼基**進行遺傳信息**編碼**。

雙螺旋結構既能夠承載遺傳信息，也提供了**複製**的方式。

DNA 結構的 X 射線圖像顯示，它呈雙**螺旋結構**。

DNA 是雙螺旋結構。

曾指出，細胞分裂時細胞內會有一種 X 形狀的物體（後稱染色體）。1900 年，格雷戈爾·孟德爾豌豆試驗的結果被再次發現，孟德爾首次提出了遺傳粒子（即後來所說的基因）是成對出現的。孟德爾遺傳規律被再次發現的同時，美國物理學家沃爾特·薩頓以及德國生物學家西奧多·博韋里各自的雜交試驗證明，一組染色體（攜帶基因的一種桿狀結構）經細胞分裂分配給每個子細胞。後來的薩頓–博韋里理論提出，染色體是遺傳物質的載體。

不久，更多的科學家開始研究這些神奇的 X 形物體。1915 年，美國生物學家托馬斯·亨特·摩爾根指出，染色體實際上是遺傳信息的載體。那麼，下一步就要研究組成染色體的分子了，這種分子可能就是候選基因。

新的成對基因

20 世紀 20 年代，科學家發現了兩種新的候選分子：一種是稱為組蛋白的蛋白質；另一種是核酸，瑞士生物學家弗里德里希·米舍（Friedrich Miescher）1869 年曾將其描述為核蛋白質。美籍俄裔生化學家菲巴斯·利文（Phoebus Levene）等人更為詳細地確定了 DNA 的主要成分，每個 DNA 由一個脫氧核糖、一個磷酸基和一個鹼基構成。20 世紀 40 年代末，DNA 的基本分子式已經十分清晰，DNA 是一個巨大的聚合物，一個含有重複單聚體的大分子。1952 年，細菌實驗顯示，遺傳信息的載體就是 DNA 本身，而非其他候選基因，即染色體內的蛋白質。

棘手的研究工具

研究人員競相使用各種先進的研究工具破解 DNA 的具體結構，其中包括 X 射線衍射晶體學。這種方法讓 X 射線從物質的晶體中通過，因為晶體內部的原子排列會呈現獨特的幾何結構，所以 X 射線通過時會發生衍射，即發生彎曲。用照相底片可以得到衍射圖像，包括

這是對生物化學的一種概括，一種更加引人注目的概括……我幾乎毫不懷疑，這 20 種氨基酸和 4 個鹼基在整個自然界中都是一樣的。

——弗朗西斯·克里克

點、線及模糊圖案。根據這些圖像進行逆推，可能得出晶體的詳細結構。不過，這並非易事。有人曾這樣形容 X 射線晶體學：它好比研究一個大房間內枝形水晶燈在屋頂和牆壁上形成的各種光的圖案，並用這些圖案推算出水晶燈每個玻璃部件的形狀和位置。

走在前列的鮑林

卡文迪許實驗室的英國研究團隊希望可以打敗以萊納斯·鮑林為首的美國團隊。1951 年，鮑林及其同事羅伯特·科里（Robert Corey）和赫爾曼·布蘭森（Herman Branson）已經在分子生物學領域取得了重大突破。他們提出，很多生物分子，比如血液中運送氧的物質血紅蛋白，都呈螺旋結構。鮑林將這種分子模型命名為 α 螺旋。

鮑林的突破以些微之差戰勝了卡文迪許實驗室，而 DAN 結構的精確形狀似乎也掌握在鮑林的手中。1953 年，鮑林提出 DNA 是一種三螺旋結構。此時，詹姆斯·沃森正在卡文迪許實驗室工作。25 歲的他有着年輕人的幹勁。他已擁有兩個動物學學位，還曾研究過噬菌體的基因和核酸。噬菌體是一類能夠感染細菌的病毒。生物物理學家克里克當時 37 歲，主要研究大腦和神經科學。他曾研究過生物的蛋白質、核酸以及其他大分子，也目睹了卡文迪許實驗室與鮑林之間的競爭，後來分析了鮑林對 DNA 結構的錯誤假設以及只會陷入絕境的探索方向。

沃森和克里克雖然所涉領域不同，但都有過 X 射線晶體學的經驗。他們很快便開始思考兩個深深吸引他們的問題：DNA 分子是如何進行遺傳信息編碼的？這些信息又如何翻譯成了生命系統的一部分？

重要的晶體圖

當時，沃森和克里克聽說鮑林成功提出了蛋白質的 α 螺旋結構。在這種模型中，分子繞中心軸盤繞成螺旋狀，每隔 3.6 個殘基，螺旋上升一圈。他們還知道，最新的研究證據似乎並不支持鮑林的 DNA 三螺旋模型。由此，沃森和克里克

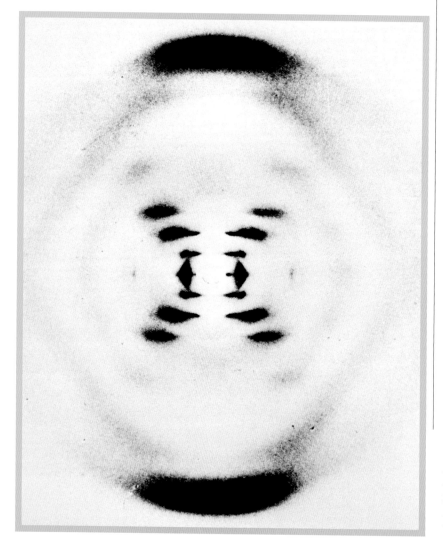

此圖為 DNA 的 **X 射線衍射圖**，為羅莎琳德·富蘭克林攝於 1953 年，也是破解 DNA 最重要的線索。通過衍射圖的光點和光帶，DNA 的螺旋結構得到確認。

設想，DNA 模型可能既不是單螺旋結構，也不是三螺旋結構。他們二人幾乎沒有做任何實驗，而只是收集他人的數據，包括研究 DNA 不同組成成分之間成鍵夾角的化學實驗結果。他們還利用 X 射線晶體學的知識，同時借鑒其他研究人員拍攝的高質量 DNA 或類似分子的圖像，其中就包括「照片 51」，這張圖片對沃森和克里克的重大突破極為關鍵。

照片 51 是一張 DNA 的 X 射線衍射圖片，圖像呈 X 形狀，彷彿是透過百葉窗板條看到的。這張圖片雖然很模糊，但卻是當時最清晰、信息最為豐富的 DNA 圖片。至於誰拍攝了這張具有歷史意義的圖片，尚有爭議。這張照片來自英國生物物理學家、X 射線晶體學專家羅莎琳德·富蘭克林（Rosalind Franklin）的實驗室。在不同時期，富蘭克林和她在倫敦國王學院的學生雷蒙德·戈斯林（Raymond Gosling）都曾被視為照片的拍攝者。

我們發現了生命的奧秘。

——弗朗西斯·克里克

羅莎琳德·富蘭克林為她提出的 DNA 理論模型起草了多份報告，這些報告對沃森和克里克發現雙螺旋結構至關重要。但是，富蘭克林一生並未受到多少關注。

紙板模型

倫敦國王學院還有一位物理學家對分子生物學十分感興趣，他就是莫里斯·威爾金斯（Maurice Wilkins）。1953 年初，威爾金斯做了一件似乎破壞科學界規則的事。他在沒有得到羅莎琳德和戈斯林同意的情況下，給詹姆斯·沃森看了他們拍攝的 DNA 圖片。這位美國人立刻意識到了這些圖片的重要性，並直接將自己從圖片中得到的啟示告訴了克里克。他們二人的研究工作瞬間進入了正確的軌道。

此後發生的具體事情就不那麼清楚了，後來關於發現 DNA 結構的說法也並不一致。富蘭克林曾起草了多份報告，描述了 DNA 的結構和形狀，但並未發表。沃森和克

里克在努力構建自己的 DNA 結構時也融入了富蘭克林報告中的內容。其中的主要觀點是 DNA 大分子是某種不斷重複的螺旋結構，該觀點源自鮑林的 α 螺旋結構，也得到了威爾金斯的支持。

富蘭克林當時思考的一個問題是，由脫氧核糖和磷酸構成的 DNA 主鏈居於中心，那麼鹼基是朝外還是朝內的呢？富蘭克林還有一位同事提供了幫助，他就是馬克斯·佩魯茨（Max Perutz）。英國生物學家佩魯茨生於奧地利，後來於 1962 年因在血紅蛋白以及其他蛋白質結構方面的研究獲得諾貝爾化學獎。佩魯茨當時也讀到了富蘭克林未發表的報告，並將報告轉給了人脈廣泛的沃森和克里克。他們認為，DNA 主鏈在外，鹼基朝內，並且可能成對相連。他們將紙板剪成不同形狀，分別代表 DNA 的組成成分：主鏈的脫氧核糖和磷酸，還有四種鹼基，即腺嘌呤、胸腺嘧啶、鳥嘌呤和胞嘧啶，並打亂它們的順序。

1952 年，沃森和克里克見到了埃爾文·查戈夫（Erwin Chargaff）。生物化學家查戈夫生於奧地利，曾發現了查戈夫法則。該法則指出，DNA 中鳥嘌呤和胞嘧啶的數量相等，腺嘌呤和胸腺嘧啶的數量相等。有的實驗顯示所有四種鹼基的數量基本相等，有的則不是。而最終證明後者的試驗方法存在問題，所有四種鹼基的數量相等成為一條準則。

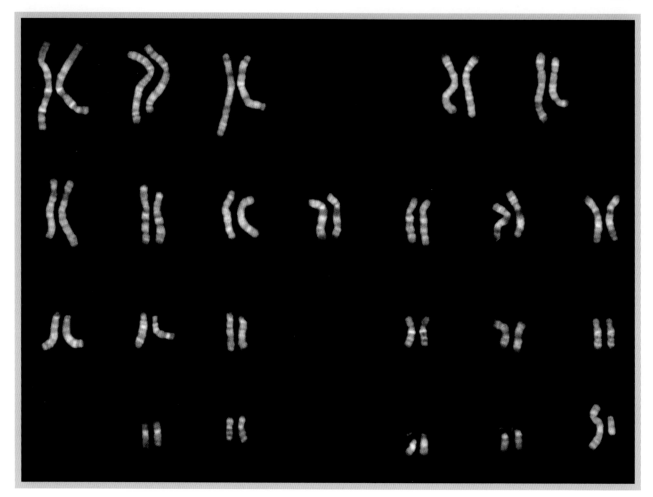

圖中為男性的染色體。在克里克和沃森發現 DNA 結構之前，人們已經知道染色體是基因的載體，將基因從分裂的細胞傳遞至子細胞中。

拼圖

查戈夫將所有鹼基分成兩組，每組一對，對 DNA 結構起到了拋磚引玉的作用。此時，沃森和克里克認為，腺嘌呤只與胸腺嘧啶配對，而鳥嘌呤只與胞嘧啶配對。

在將一塊塊的紙板模型拼成三維結構的過程中，沃森和克里克研究了大量數據，包括數學、X 射線圖片，以及他們對化學鍵及鍵角的了解等，所有方法都接近成功，但卻存在一定的問題。最後，他們微調了胸腺嘧啶和鳥嘌呤的位置，使其配成一對，由此取得了突破，得到了漂亮的雙螺旋結構。其中，鹼基對在雙螺旋結構中間連接起來。在蛋白質的 α 螺旋結構中，每一圈含有 3.6 個氨基酸殘基，而 DNA 結構與此不同，每圈有 10.4 個基本單位構成。

沃森和克里克的模型含有兩條呈螺旋狀的糖磷酸主鏈，彼此旋繞，就像一條「扭曲的梯子」，鹼基對連接形成梯子的橫檔。鹼基的順序彷彿是一句話中的不同漢字，每個字都蘊含着一部分信息，組合在一起形成一條完整的指令，即基因。這條指令會告訴細胞如何形成某種蛋白質或其他分子。這些分子是遺傳信息的具體體現，對細胞的構造和功能起着獨特的作用。

解旋與合成

每對鹼基都由化學中的氫鍵連接。氫鍵的形成和斷裂都比較容易，所以可以通過切斷氫鍵「解開」DNA 片段，從而獲知鹼基的編碼，以此為模板進行複製。

解旋與合成可以引發兩個過程：第一，雙螺旋解開時，以其中一條鏈為模板複製一條互補的核酸鏈。然後，根據鹼基順序表示的遺傳信息，蛋白質在細胞核生成。

第二，當整個雙螺旋結構解開後，以每部分為模板複製新的互補成分，最終形成兩條彼此相同的 DNA 鏈，這兩條鏈與親代 DNA 鏈也完全相同。通過這種方式，生物體的細胞因生長和修復而發生分裂時，DNA 就會進行複製。性細胞精子和卵子攜帶着雙方的基因形成受精卵，下一代便由此開始。

「生命的奧秘」

1953 年 2 月 28 日，沃森和克里克為了慶祝他們的發現，到劍橋最古老的老鷹酒吧吃午餐。卡文迪許以及其他實驗室的同事經常在這裏會面。據說，克里克當時宣稱他和沃森發現了「生命的奧秘」，使在座喝酒的人頗為吃驚。這個故事記錄在沃森後來的著作《雙螺旋》(*The Double Helix*) 中，但克里克並不承認發生過這件事。

我從未想過，在有生之年能夠得知自己的基因組序列。

—— 詹姆斯·沃森

1962 年，沃森、克里克和威爾金斯「因發現核酸的分子結構及其對生物信息傳遞的意義」獲得諾貝爾生理學或醫學獎。然而，這次評獎備受爭議。此前幾年，羅莎琳德·富蘭克林拍攝了重要的 X 射線圖片，她撰寫的報告為沃森和克里克的研究指明了方向，但並未受到正式認可。1958 年，富蘭克林因卵巢癌去世，年僅 37 歲。因為諾貝爾獎一般只授予在世者，所以富蘭克林無緣 1962 年的諾貝爾獎。有人表示，這個獎應該早點兒頒發，讓富蘭克林成為其中一位獲獎者，但諾貝爾獎規定同一獎項的獲獎者不得超過三人。

因為這一重大發現，沃森和克里克蜚聲全球。他們並沒有停止分子生物學的研究，此後又獲得了無數獎項。既然 DNA 結構已經破解，那麼下一個重大挑戰就是破譯遺傳「密碼」。到 1964 年，科學家已經研究清楚，鹼基序列攜帶的遺傳信息如何翻譯成氨基酸。氨基酸是特定蛋白質及其他分子的組成成分，而這些分子又是生命的基石。

如今，科學家能夠確定一個生物所有基因的鹼基序列，一個生物體的完整序列稱為基因組。科學家還能夠控制基因，他們可以改變基因的位置，從一定長度的 DNA 中去除基因或插入基因。2003 年，全球最大的生物研究計劃「人類基因組計劃」宣布已成功繪製了人類基因圖譜，共包括 2 萬多個基因的序列。克里克和沃森的發現為基因工程和基因療法奠定了基礎。■

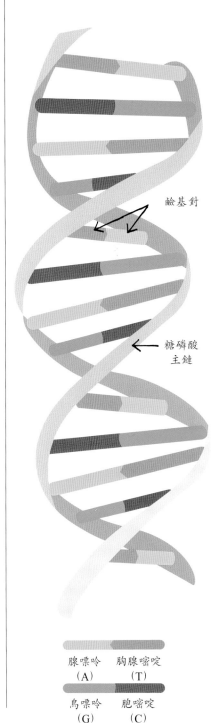

DNA 分子呈雙螺旋結構，其中鹼基對附着在糖磷酸主鏈上。鹼基對的配對方式總是一定的，即腺嘌呤–胸腺嘧啶，或鳥嘌呤–胞嘧啶。

鹼基對

糖磷酸主鏈

| 腺嘌呤 (A) | 胸腺嘧啶 (T) |
| 鳥嘌呤 (G) | 胞嘧啶 (C) |

能發生的一切都會發生

休·艾弗雷特三世（1930－1982 年）
Hugh Everett III

背景介紹

科學分支
物理學和宇宙學

此前
1600 年 意大利哲學家喬爾丹諾·布魯諾因堅持宇宙無限論而被燒死。

1924－1927 年 尼爾斯·玻爾和維爾納·海森堡提出波函數塌縮，試圖解決波粒二象性導致的測量問題。

此後
20 世紀 80 年代 科學家試圖用量子脫散證實多世界詮釋。

21 世紀初 瑞典宇宙學家馬克斯·泰馬克描述了宇宙的無限性。

21 世紀初 在量子計算理論中，計算能力源自多個平行宇宙的疊加。

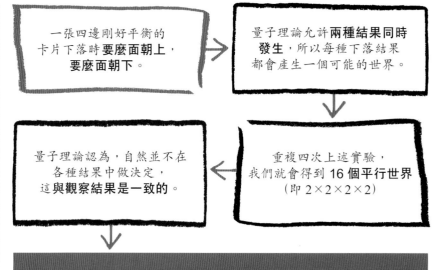

一張四邊剛好平衡的卡片下落時**要麼面朝上，要麼面朝下**。

量子理論允許**兩種結果同時發生**，所以每種下落結果都會產生一個可能的世界。

量子理論認為，自然並不在各種結果中做決定，**這與觀察結果是一致的。**

重複四次上述實驗，我們就會得到 **16 個平行世界**（即 $2 \times 2 \times 2 \times 2$）

能發生的一切都會發生。

休·艾弗雷特三世提出的量子力學多世界詮釋改變了科學家對現實本質的看法，因此受到科幻小說迷的頂禮膜拜。

艾弗雷特的研究源自量子力學一個尷尬的核心問題。雖然量子力學能夠解釋基本粒子的大多數相互作用，但卻會得出與實驗不符的奇怪結果，這就是量子力學的測量問題（見 232 ～ 233 頁）。

根據埃爾溫·薛定諤的波函數，在量子世界裏，亞原子粒子可以處於「疊加態」，即處於任何可能的位置，擁有任何可能的速度和自旋。但是，這些可能狀態一經觀察就會消失。測量一個量子體系似乎就是將其歸為一種狀態或另一狀態，迫使其作出選擇。如同我們拋

參見：馬克斯·普朗克 202~205 頁，維爾納·海森堡 234~235 頁，埃爾溫·薛定諤 226~233 頁。

「多元宇宙」是一個由 4.1 萬個 LED 燈組成的走廊，位於在華盛頓特區的美國國家藝術館。該設計的靈感源於多世界詮釋。

世界，但是因為我們處於其中一個世界，而這個世界只發生了一種結果。其他可能出現的結果我們是看不到的，因為各個世界都是獨立的，不會相互干擾。我們以為，每次測量時都會失去某些信息，但其實這是錯誤的。

雖然艾弗雷特的理論並沒有被所有人接受，但它確實移除了解釋量子力學的一個理論阻礙。多世界詮釋雖然沒有提到平行宇宙，但可以根據邏輯推導出平行宇宙的存在。有人批評該詮釋無法驗證，不過情況可能有所改變。量子脫散，即量子物體會「泄露」疊加態信息的現象，可能對多世界理論作出證明。▨

硬幣的結果不是正面朝上就是反面朝上，而非兩種狀態同時存在。

敷衍了事的哥本哈根詮釋

20 世紀 20 年代，尼爾斯·玻爾和維爾納·海森堡試圖用哥本哈根詮釋規避測量問題。該詮釋指出，觀察量子系統會導致波函數「塌縮」為一個結果。雖然哥本哈根詮釋目前仍是廣為接受的一種詮釋，但因為它並沒有解釋波函數塌縮的機制，所以很多理論學家對這種詮釋並不滿意。這個問題也讓薛定諤十分煩惱。對他而言，不管用甚麼數學公式描述世界，這個公式都必須有一個客觀現實。正如愛爾蘭物理學家約翰·貝爾所言：「根據薛定諤公式，波函數要麼無法解釋一切，要麼就是錯的。」

多世界詮釋

艾弗雷特的目的是要解釋量子

疊加態。他認為，波函數是一種客觀現實，他並不考慮（沒有觀察到的）波函數塌縮。為甚麼每次測量時，自然都要選擇某種現實呢？他繼而提出一個問題：量子體系的不同選擇結果如何呢？

多世界詮釋指出，所有可能性實際上都發生了。現實分裂成新的

休·艾弗雷特三世

休·艾弗雷特生於華盛頓特區，12 歲時，曾寫信給愛因斯坦問他是甚麼讓宇宙結合在一起。他在普林斯頓大學學習時，一開始學的是數學，後來轉為物理。多世界詮釋是他 1957 年博士論文的主題，他用這一理論解答了量子力學的核心謎題，卻因提出多個宇宙而遭到恥笑。1959 年，他前往哥本哈根大學，與尼爾斯·玻爾討論這個問題，結果簡直是一場災難：玻爾否定了艾弗雷特的所有想

法。艾弗雷特由此受挫，從物理學轉向美國國防工業。不過，現如今多世界詮釋已被視為量子理論的主流詮釋，但這對艾弗雷特而言已為時過晚，他年僅 51 歲便離開人世。艾弗雷特一生皆是無神論者，因此要求把他的骨灰與垃圾一同棄置。

主要作品

1956 年　《無概率波動力學》
1956 年　《普適波函數理論》

玩畫圈打叉遊戲的高手

唐納德・米基（1923－2007 年）
Donald Michie

背景介紹

科學分支
人工智能

此前

1950 年　阿蘭・圖靈提出了一種測量機器智能的方法，即圖靈測試。

1955 年　美國程序員亞瑟・塞繆爾寫了一個可以學習下跳棋的程式，以此更新了原有的程式。

1956 年　美國人約翰・麥卡錫創造了「人工智能」一詞。

1960 年　美國心理學家弗蘭克・羅森布拉特製造了一台計算機，該計算機採用了可以通過經驗進行學習的神經網絡。

此後

1968 年　美國人理查德・格林布拉特發明了第一個水平較高的象棋程式，即 MacHack。

1997 年　國際象棋冠軍加里・卡斯帕羅夫被 IBM 一台名為「深藍」的電腦打敗。

1961 年，計算機（電腦）的大小幾乎有一個房間那麼大，微型計算機直到 1965 年才問世，而微芯片的發明還要過後幾年。在計算機硬件如此龐大且專業的情況下，英國研究科學家唐納德・米基決定用簡單的物體，即火柴盒和玻璃珠，完成一個有關機器學習和人工智能的小型項目。他選的任務也很簡單，就是畫圈打叉遊戲，也稱井字遊戲。這個項目的成果就是用火柴盒做成的、會學習畫圈打叉遊戲的機器「MENACE」。

米基發明的 MENACE 由 304 個火柴盒粘和而成，像櫥櫃一樣。每個盒子上面的編碼可以輸入到一張 3×3 的表格中，9 個方格中的 X 和 O 會形成不同的布局。隨着遊戲的進行，表格的排列也會不同。實際上，這張表格共有 19683 種可能的布局，但是有些布局之間是一種旋轉的關係，有些布局彼此是對稱的。所以，304 種排列就足夠使

> 機器能思考嗎？簡單來說，能。如果人能思考的話，機器就能。
> ——唐納德・米基

用了。

每個火柴盒中裝有 9 個不同顏色的玻璃珠，每種顏色代表 MENACE 將在哪個方格裏畫 O。比如，綠色玻璃珠表示 O 應該畫在左下角的方格裏，紅色玻璃珠表示 O 應該畫在中間的方格裏。

遊戲原理

一開始，MENACE 用表格中沒有任何 X 和 O 的火柴盒作為「開局」盒。每個火柴盒的內盒中還有兩張額外的卡片，卡片的一端對在一起，形成 V 形。想玩這個遊戲，首先要將內盒從火柴盒中抽出來，輕輕搖晃，使其傾斜，最後讓 V 形紙板穩固在底端。這時玻璃珠會隨機滾落，有一個會位於 V 形紙板的最底端。這個玻璃球將被選中，它的顏色決定了 MENACE 的第一個 O 畫在哪個方格中。之後，這個玻璃珠會被放到一旁，內盒被推回火柴盒中但會留一點縫隙。

接下來，MENACE 的對手為第一個 X 選好位置。第二輪會選

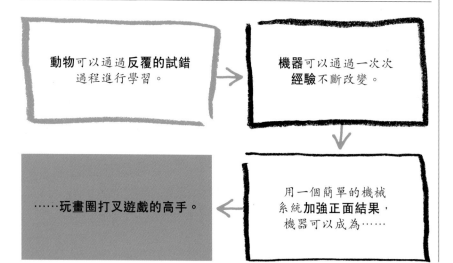

參見：阿蘭・圖靈 252~253 頁。

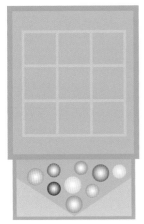 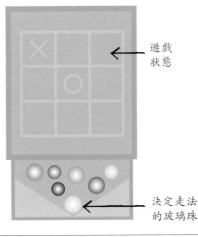 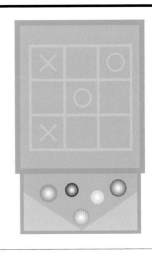

遊戲狀態

決定走法的玻璃珠

MENACE 擁有 304 個火柴盒，每個火柴盒代表遊戲盤的一種狀態。盒子內的玻璃珠代表這種狀態的可能走法，而 V 形紙板最底部的玻璃珠決定了走法。隨着遊戲的進行，戰勝對手的玻璃珠會增多，輸掉遊戲的玻璃珠會被移除，由此 MENACE 可以通過經驗進行學習。

擇 X 和 O 的位置與第一輪結束時相同的那個火柴盒。同樣，這個火柴盒被打開，內盒晃動傾斜，隨即落到 V 型紙板最底端的玻璃珠的顏色決定了 MENACE 第二個 O 的位置。隨後，對手選擇第二個 X 的位置。以此類推，同時記錄 MENACE 玻璃珠的順序以及走法。

輸贏與平局

最終，遊戲會有一個結果。如果 MENACE 贏了，會得到強化，即一個「獎勵」。移走的玻璃珠會記錄贏得遊戲的具體走法，遊戲結束後可以根據火柴盒的編號以及稍微拉出的內盒把這些玻璃珠放回。同時，還會多放入 3 個同樣顏色的玻璃珠以示獎勵。這樣，在以後的遊戲中，如果排列相同的 X 和 O 出現時，這個火柴盒還會加入遊戲，並且它擁有了比原來贏得遊戲時更多的玻璃珠。所以，這個玻璃珠被選中，從而重複上次走法並以

此獲勝的概率都變高了。

如果 MENACE 輸了，移走的玻璃珠將不會返還，以此作為「懲罰」。此時，移走的玻璃珠同樣會記錄輸掉遊戲的具體走法。但這仍然是有益的，在以後的遊戲中，如果排列相同的 X 和 O 出現時，代表上次輸掉比賽走法的玻璃珠數量較少或乾脆沒有了，從而減少了再次失敗的概率。

如果是平局，這場遊戲中的每

巨像計算機是世界第一台可編程電子計算機，製造於 1943 年，解密專家在布萊切利園用其破譯密碼。米基訓練人員使用這台計算機。

個玻璃珠仍返還至相應的火柴盒中，同時還有一個小小的獎勵，即一顆同樣顏色的玻璃珠。如果排列相同的 X 和 O 出現時，這會增加這顆玻璃珠被選中的概率，但沒有贏得比賽獲贈三顆玻璃珠時那麼大。

米基的目的是讓 MENACE 可以「通過經驗學習」。對於某種 X 和 O 布局，如果特定的走法獲勝，那麼這種走法的可能性應該逐漸增大，而輸掉比賽的走法的可能性應該逐漸減小。MENACE 應該通過試錯學習不斷進步，積累經驗，隨着玩遊戲次數的增多，獲勝的概率越來越大。

控制變量

米基還考慮了可能出現的問題。如果選中的玻璃珠所指定的方格已被 X 或 O 佔據，怎麼辦呢？米基的解決辦法是，在某種排列時，保證每個火柴盒中的玻璃珠所

代表的方格是空的。所以，如果表格的排列是 O 位於左上角，X 位於右下角，那麼這個火柴盒中就沒有代表這兩個位置的玻璃珠。米基知道，每個盒子中如果放入代表所有九個可能方格的玻璃珠，會讓「問題變得很複雜，並且也沒有這個必要」。這意味着，MENACE 不僅要學習如何贏得遊戲或打成平局，還要邊玩邊學習規則。開始階段就這麼複雜，結果會十分糟糕，整個系統也會因此癱瘓。這說明了一條原則：從簡單開始，慢慢增加難度，機器學習會比較成功。

米基還指出，如果 MENACE 輸掉比賽，最後一步的毀滅性是 100%，倒數第二步雖然也讓 MENACE 陷入困境，但毀滅性相對要小一些，通常來說總還有可能躲過一場敗局。由此逆推，越往前，走法的毀滅性越小。也就是說，隨着遊戲的進行，每一步成為最後一步的可能性在逐漸增加。因此，表格中 O 和 X 的總數越多，越能夠避免成

> 專家水平的知識是憑直覺獲得的，專家本人並不一定能夠獲取這些知識。
> —— 唐納德 · 米基

為最後那致命一擊。

米基對此進行了模擬，每一種走法分別放置不同數量的玻璃珠。MENACE 走第二步（即遊戲的第三步）時，每個可以選擇的盒子，即表格中已經有一個 O 和一個 X 的盒子中，代表每種走法的玻璃珠分別有三顆；MENACE 走第三步，代表每種走法的玻璃珠分別有兩顆；MENACE 走第四步（即遊戲的第七步）時，代表每種走法的玻璃珠只有一顆。如果第四步失敗，那麼代表這一步的唯一玻璃珠會被移

除。沒有這顆玻璃珠，同樣的情況就不會再發生。

人機之戰

那麼，結果如何呢？米基是 MENACE 的第一個對手，他們共戰 220 個回合。MENACE 最初不堪一擊，但很快就穩定下來，打出更多的平局，然後開始戰勝對手。為了反擊，米基不再採用安全的路數，而是運用異常戰術。MENACE 花了些許時間適應，隨後便應對自如，繼而獲得了更多的平局和勝局。

MENACE 是機器學習的一個簡單例子，也表明控制變量可以改變最終的結果。米基對 MENACE 有一段很長的描述，他對比了機器的表現與動物的試錯學習，其中一部分描述如下：

「基本上，動物或多或少地都會做出一些隨機動作。從某種程度上說，這些動作後來還會出現，而它們會選擇那些可以達到『期望』結果的行為。這種描述似乎恰

唐納德 · 米基

唐納德 · 米基 1923 年生於緬甸仰光，1942 年獲獎學金赴牛津學習，卻因二戰加入了布萊切利園的破譯小組，成為電腦始祖阿蘭 · 圖靈的同事，二人關係十分密切。

1946 年，米基回到牛津大學學習哺乳動物遺傳學。不過，他對人工智能的興趣逐日增加。到 20 世紀 60 年代，人工智能已經成為他的主攻方向。1967 年，米基進入愛丁堡大學，成為機器智能與感知系的第一任系主任。他研究了可以通過視覺感知進行學習的 FREDDY 系列機器人。除此之外，他還主持了多個著名的人工智能項目，並在格拉斯哥創建了圖靈研究院。

米基耄耋之年仍致力於研究，2007 年在去往倫敦的路上死於一場車禍。

主要作品

1961 年　《試錯學習》

恰符合那個火柴盒模型。實際上，MENACE 就是一個試錯學習的模型。它的形式十分單純，如果加入其他類型的學習元素，我們可能會合理地懷疑這些元素也會具有試錯的成分。」

轉捩點

　　發明 MENACE 之前，唐納德·米基的研究方向包括生物學、外科學、遺傳學和胚胎學；而發明 MENACE 之後，他轉向了快速發展的人工智能領域。他將自己的機器學習理念融入到「強大的工具」中，而這些工具適用於很多領域，包括裝配線、工廠生產和鋼廠等。

隨着電腦的普及，他的人工智能研究開始用於設計電腦程式、控制結構，而這些結構的學習方式也許連其發明者都猜測不到。米基指出，通過謹慎應用人工智能，機器能越變越聰明。人工智能的最新發展也是利用類似的原理，模擬動物大腦的神經網絡。

　　米基還提出了記憶的概念，即輸入到機器或電腦中的每組數據都會存儲起來，就像是一個提醒器或備忘錄一樣。如果同樣的數據再次輸入，設備會立刻激活備忘錄，找到答案，而不用重新計算。米基還將記憶功能應用於電腦編程語言，如 POP-2 和列表處理語言（LISP）等。∎

新的電腦技術促進了人工智能的快速發展。1997 年，象棋電腦「深藍」打敗了世界冠軍加里·卡斯帕羅夫。這台電腦通過分析成千上萬場真實比賽來學習象棋戰略。

他有這樣一個想法，想用他認為也許可行的方法解決電腦下象棋的問題……這種想法就是要達到一種穩態。

—— 凱瑟琳·斯普拉克倫

基本力的統一

謝爾頓·格拉肖（1932 年－）
Sheldon Glashow

背景介紹

科學分支
物理學

此前

1820 年　漢斯·克里斯蒂安·奧斯特發現，電和磁是同一種現象的不同表現形式。

1864 年　詹姆斯·克拉克·麥克斯韋用一套公式描述了電磁波。

1933 年　恩里科·費米用 β 衰變理論描述了弱力作用。

1954 年　楊-米爾斯理論為統一四種基本力奠定了數學基礎。

此後

1974 年　發現了第四種夸克，即「粲夸克」，揭示了一種新的物質深層結構。

1983 年　位於瑞士的歐洲核子研究中心的超級質子同步加速器發現了攜帶力的 W 及 Z 玻色子。

人們很早就開始思考自然界中的基本力，時間至少可以追溯到古希臘。目前，科學家確定了四種基本力，包括萬有引力、電磁力，以及強相互作用力和弱相互作用力。後兩者屬於核力，正是這兩種力使原子核內的亞原子粒子組合在一起。我們現在知道，弱力和電磁力是「電弱力」的不同表現，發現這一點是建立萬有理論的重要一步。萬有理論的任務是解釋所有四種基本力之間的關係。

弱力

弱力的首次提出是為了解釋 β 衰變。β 衰變是一種核輻射，其間原子核中的一個中子變為一個質子，釋放出電子或正電子。1961 年，哈佛大學的研究生謝爾頓·格拉肖被分配了一個宏偉的任務，將弱相互作用力和電磁力的理論統一起來。格拉肖並沒有完成這個任務，但卻指出攜帶力的粒子是通過弱力相互作用的。

信使粒子

在量子場中，力通過交換一個規範玻色子而被「察覺到」。例如，光子就是一種規範玻色子，可以傳遞電磁相互作用。一個粒子會釋放一個玻色子，另一個粒子會吸收這個玻色子。一般來說，這種相互作用對這兩個粒子基本沒有甚麼影響，一個電子釋放或吸收一個光子後還是一個電子。弱力能夠打破這種對稱，使一種夸克變為另一種夸克。夸克也是一種粒子，光子和中

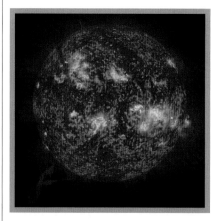

粒子通過弱力進行衰變，太陽的質子-質子聚合反應就源於這種衰變，在此過程中氫變為氦。沒有粒子衰變，太陽將不會發光。

參見：瑪麗・居里 190~195 頁，歐內斯特・盧瑟福 206~213 頁，
彼得・希格斯 298~299 頁，默里・蓋爾曼 302~307 頁。

「萬有理論」可以解釋基本力的統一。

該理論提出，**大爆炸剛結束時**，四種基本力在極高的
溫度下是合在一起的，即「**超力**」。

溫度降到大約 10^{32}K 時，**萬有引力**從其他力中分離出來。

溫度降到大約 10^{27}K 時，**強核力**分離出來。

溫度降到大約 10^{15}K 時，**電磁力**和**弱核力**分離出來。

子就是由夸克組成的。

那麼，其中可能涉及哪種玻色子呢？格拉肖猜測，與弱力有關的玻色子一定質量相對較大，因為這種力的作用範圍極小，而且重的粒子也無法運動到較遠處。他提出了兩種帶電的玻色子，即 W+ 玻色子和 W- 玻色子，以及中性的 Z 玻色子。1983 年，歐洲核子研究中心的粒子加速器檢測到了這三種攜帶力的玻色子。

基本力的統一

20 世紀 60 年代，美國物理學家史蒂文・溫伯格和巴基斯坦物理學家阿卜杜勒・薩拉姆分別將希格斯場（見 298 ～ 299 頁）融入到格拉肖的理論中。由此得出溫伯格－薩拉姆模型，即電弱統一模型，將弱作用力和電磁力統一為一種力。

這一結果令人十分震驚，因為弱力和電磁力屬於完全不同的領域。電磁力延伸到了可見世界的邊緣（這種力由無質量的光子傳遞），而弱力幾乎沒有超出原子核的範圍，並且僅是電磁力的大約千萬分之一。這兩種力的統一說明，在能量極高的情況下，比如大爆炸剛剛結束後，四種基本力很有可能是一種合在一起的「超力」。證實存在這樣一種萬有理論的研究現在仍在進行當中。■

謝爾頓・格拉肖

謝爾頓・格拉肖 1932 年生於紐約，父母都是猶太人，從蘇聯移民至美國。格拉肖上中學時與好友史蒂文・溫伯格同校，1950 年畢業後，二人同時進入康奈爾大學學習物理學。後來，格拉肖取得了哈佛大學的博士學位，並在此期間描述了 W 玻色子和 Z 玻色子。哈佛畢業後，他於 1961 年來到加州大學伯克利分校，後來又於 1967 年回到哈佛大學擔任物理學教授。

20 世紀 60 年代，格拉肖擴展了蓋爾曼的夸克模型，加入了粲數，並預測了第四種夸克的存在。1974 年，科學家發現了這種夸克。近年來，格拉肖成為弦理論的批判者，並因為這種理論的預言缺乏可驗證性，對其在物理學中的位置提出了質疑，還稱其為一顆「腫瘤」。

主要作品

1961 年 《弱相互作用的局部對稱》
1988 年 《相互作用：一個粒子物理學家的心路歷程》
1991 年 《物理學的魅力》

我們是全球變暖的主因

查爾斯·基林 (1928－2005 年)
Charles Keeling

背景介紹

科學分支
氣象學

此前

1824 年 約瑟夫·傅里葉提出，地球因為大氣的存在而溫暖適宜。

1859 年 愛爾蘭物理學家約翰·廷德爾證明，二氧化碳（CO_2）、水蒸氣和臭氧能夠防止大氣中的熱量散失。

1903 年 瑞典化學家斯萬特·阿雷紐斯指出，燃燒化石燃料釋放的 CO_2 可能引起大氣變暖。

1938 年 英國工程師蓋伊·卡倫德指出，地球的平均溫度在 1890 至 1935 年間升高了 0.5℃。

此後

1988 年 聯合國政府間氣候變化專門委員會（IPCC）成立，旨在評估相關的科學研究，並引導全球政策。

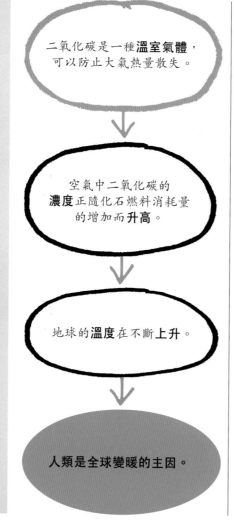

二氧化碳是一種**溫室氣體**，可以防止大氣熱量散失。

空氣中二氧化碳的**濃度**正隨化石燃料消耗量的增加而**升高**。

地球的**溫度**在不斷**上升**。

人類是全球變暖的主因。

20 世紀 50 年代，科學家意識到大氣中二氧化碳（CO_2）濃度不僅在逐步上升，而且可能會導致地球變暖，引起各種災難。此前，科學家曾假設，大氣中 CO_2 濃度是隨時間變化的，但一直保持在 0.03% 左右，即 300ppm。1958 年，美國地球化學家查爾斯·基林開始用他發明的敏感度很高的儀器測量 CO_2 濃度。正是基林的研究結果喚醒了世人對 CO_2 濃度不斷提高的警惕。到 20 世紀 70 年代，他又指出了人類在加劇溫室效應方面所扮演的角色。

定期測量

基林選擇在不同地方測量 CO_2 濃度，其中包括加利福尼亞州的大蘇爾、華盛頓州的奧林匹克島，以及亞利桑那州的高山森林。他還記錄了南極的測量數據和從飛機上測得的數據。1957 年，基林在夏威夷莫納羅亞山山頂建立了一座氣象站，此處海拔 3000 米。基林定期在這個氣象站測量 CO_2 濃度，他共

參見：揚・英根豪斯 85 頁，約瑟夫・傅里葉 122~123 頁，羅伯特・菲茨羅伊 150~155 頁。

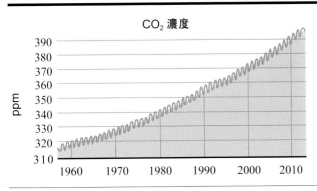

CO₂ 濃度

基林繪製的圖表顯示，大氣中的 CO_2 濃度正逐年升高。每一年年內的 CO_2 濃度會有微小浮動（如藍色線條所示），這是由於不同季節植物吸收 CO_2 的數量不同所致。

以防止大氣熱量的散失，所以 CO_2 同時可能導致全球變暖。基林發現：「南極的 CO_2 濃度每年大約升高 1.3ppm……觀察到的增長速度幾乎與燃燒化石燃料導致的結果相同（1.4ppm）。」換句話說，人類活動至少是全球變暖的原因之一。■

有三點發現。

第一，就某一地區而言，每天不同時段的 CO_2 濃度不同。下午三四點鐘，CO_2 濃度最低，這時綠色植物吸收 CO_2 的光合作用達到最強。第二，就全球而言，不同月份的 CO_2 濃度也會不同。北半球擁有更為廣闊的土地供植物生長，冬天時 CO_2 濃度會緩慢上升，因為此時植物一般不再生長。到 5 月份，CO_2 濃度達到一年的峰值，此後植物又開始生長，並吸收 CO_2。到 10 月份，CO_2 濃度會降到一年的最低值，此時北半球的植物開始凋謝枯萎。第三，也是最為關鍵的一點，CO_2 濃度一直在增長。通過研究極地冰層的空氣氣泡發現，自公元前 9000 年以來，CO_2 濃度一般在 275 − 285ppm 之間變化。1958 年，基林測得的數值是 315ppm，而到 2013 年 5 月，平均濃度首次突破 400ppm。1958 到 2013 年間，CO_2 濃度升高了 85ppm，也就是說 55 年升高了 27%，這是證明大氣中 CO_2 濃度正在攀升的第一個確鑿證據。CO_2 是一種溫室氣體，可

人類的能源需求肯定會不斷增長……因為越來越多的人都在努力改進自己的生活水平。

—— 查爾斯・基林

查爾斯・基林

查爾斯・基林生於美國賓夕法尼亞州斯克蘭頓市，是一位多才多藝的鋼琴家，同時也是位科學家。1954 年，基林在加州理工大學做地球化學博士後研究期間發明了一種新的儀器，可以用來測量大氣中的 CO_2 濃度。他發現，加州理工大學的 CO_2 濃度每個小時都有所不同，他認為這可能是交通導致的，於是在大蘇爾的野外紮營測量，結果同樣發現了微小但極具意義的變化。這激發了他研究 CO_2 濃度的興趣，並且一生未曾間斷。

1956 年，基林加入加利福尼亞的斯克里普斯海洋研究所，並在那裏工作了 43 年。

2002 年，基林獲得國家科學獎章，這是美國最高的科學終身成就獎。基林去世後，他的兒子拉爾夫接替父親，繼續進行監測大氣的研究。

主要作品

1997 年　《氣候變化與二氧化碳導論》

蝴蝶效應

愛德華·洛倫茲（1917－2008 年）
Edward Lorenz

背景介紹

科學分支
氣象學

此前

1687 年 牛頓三大運動定律指出，宇宙是可以預測的。

19 世紀 80 年代 亨利·龐加萊指出，三個或三個以上通過萬有引力相互作用的物體，其運動一般來說是混亂的、不可預測的。

此後

20 世紀 70 年代 混沌理論用於交通流量預測、數字加密、函數以及汽車和飛機設計。

1979 年 本華·曼德博提出曼德博集合，表明可以用十分簡單的法則創造出複雜的圖案。

20 世紀 90 年代 科學家認為混沌理論是複雜性科學的一個分支，複雜性科學試圖解釋複雜的自然現象。

縱觀科學史，其大部分時間都在試圖建立可以預測體系行為的簡單模型。這種模式適用於自然界中的很多現象，比如行星運動，已知行星的質量、位置、速度等初始狀態，就可以計算出這顆行星未來的位置。然而，很多過程所涉及的行為都是混亂無序、不可預

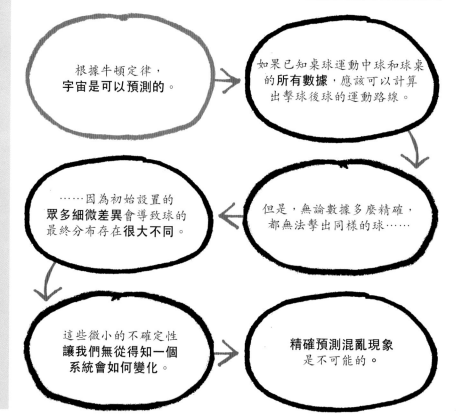

根據牛頓定律，**宇宙是可以預測的**。

如果已知桌球運動中球和球桌的**所有數據**，應該可以計算出擊球後球的運動路線。

但是，無論數據多麼精確，都無法擊出同樣的球……

……因為初始設置的**眾多細微差異**會導致球的最終分布存在**很大不同**。

這些微小的不確定性**讓我們無從得知一個系統會如何變化**。

精確預測混亂現象是不可能的。

參見：艾薩克·牛頓 62~69 頁，本華·曼德博 316 頁。

測的，比如海岸的波浪、源自蠟燭的煙，或是氣象圖。混沌理論試圖解釋的就是這些不可預測的現象。

三體問題

19 世紀 80 年代，科學研究朝混沌理論邁出了第一步。當時，法國數學家亨利·龐加萊 (Henri Poincaré) 正在研究「三體問題」。龐加萊指出，對於一個行星、衛星、恆星組成的體系，比如地球-月亮-太陽，不可能形成一個穩定的軌道。龐加萊發現，這些星體之間的萬有引力極為複雜，難以計算。除此之外，初始狀態的微小差異會導致不可預測的極大變化。然而，他的研究基本被人拋諸腦後。

驚人的發現

此後，這個領域基本沒有任何發展。直到 20 世紀 60 年代科學家開始使用強大的新型電腦預測天氣時，才有了突破。當時，科學家理所當然地認為，只要擁有足夠的某一時刻的大氣數據，再加上計算能力足夠強的電腦，就應該可以得出天氣系統的變化。根據越強大的電腦預測範圍越大這一假設，美國麻省工學院的氣象學家愛德華·洛倫茲進行了模擬，其中只涉及三個簡單公式。洛倫茲讓電腦模擬了幾次，每次都輸入相同的初始態，得到的結果應該也一樣。但是，洛倫茲驚奇地發現，電腦每次給出的結果竟然大相徑庭。他再次檢查了數據，發現程式對初始數值進行了四捨五入，本來小數點後應保留 6 位數，結果只保留了 3 位。初始條件的微小改變竟然會對最終結果產生巨大影響。這種對初始條件的敏感依賴性被稱作蝴蝶效應，即系統的微小變化會隨時間不斷放大，最終導致無法預測的後果。形象地說，一隻蝴蝶在巴西扇動翅膀所引起的少量空氣分子的運動，有可能會在美國的德克薩斯引起一場龍捲風。

愛德華·洛倫茲確定了可預測性的界限，並解釋未來的不可預測實際上已經成為混亂系統的不變規則。天氣以及很多現實世界中的系統都是混亂無序的，比如交通系統、股市震盪、液體和氣體的流動、星系成長，這些系統都可以用混沌理論構建模型。■

此圖中，飛機飛行時翼梢會產生渦旋，渦旋的尖端會形成**湍流**。研究系統產生湍流的臨界點對混沌理論的發展至關重要。

愛德華·洛倫茲

愛德華·洛倫茲 1917 年生於美國康涅狄格州西哈特福市，1940 年獲得哈佛大學數學碩士學位。第二次世界大戰期間，曾作為氣象學家為美國空軍預測天氣。二戰結束後，洛倫茲在麻省理工學院學習氣象學。

洛倫茲發現初始條件敏感性是一次偶然，也是科學領域一次偉大的靈光乍現。洛倫茲用電腦簡單模擬天氣系統時發現，雖然初始條件基本相同，但他的模型卻得出了完全不同的結果。1963 年，洛倫茲發表了一篇影響重大的論文，其中指出完美的氣象預測是不可能實現的。洛倫茲一生都很活躍，他不僅熱愛運動，還發表了無數學術論文。洛倫茲 2008 年去世，此前不久還進行過遠足和滑雪。

主要作品

1963 年　《決定性的非週期性流》

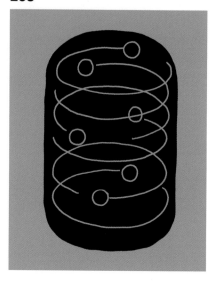

真空並非空無一物

彼得・希格斯（1929 年－）
Peter Higgs

背景介紹

科學分支
物理學

此前

1964 年 彼得・希格斯、弗朗索瓦・恩格勒和羅伯特・布繞特描述了一種場，能夠賦予所有攜帶力的基本粒子以質量。

1964 年 三個由物理學家組成的研究團隊預測，存在一種新的有質量的粒子（即希格斯玻色子）。

此後

1966 年 物理學家史蒂文・溫伯格和阿卜杜勒・薩拉姆在希格斯場的基礎上提出了電弱理論。

2010 年 歐洲核子研究中心的大型強子對撞機開足馬力，開始尋找希格斯玻色子。

2012 年 歐洲核子研究中心的科學家宣布，發現了一種與希格斯玻色子描述相符的新粒子。

假設很多物理學家正在一個房間裏辦**雞尾酒會**，這就彷彿是希格斯場。宇宙空間中的各處，**甚至真空中**，都充滿了希格斯場。

一個**稅務員**走進酒會，暢通無阻地走到位於房間另外一頭的吧台。

彼得・希格斯走進酒會。在場的物理學家都想和他交談，於是聚集在希格斯周圍，使他難於前行。

稅務員與這個「場」**幾乎沒有相互作用**，他就像是一個**質量很小的粒子**。

彼得・希格斯與這個「場」之間的**相互作用很強**，在房間內行進緩慢，他就像是一個**質量很大的粒子**。

真空其實並非空無一物。

2012 年，瑞士歐洲核子研究中心的科學家宣布，發現了一種新的粒子，可能就是一直未曾找到的希格斯玻色子，這可謂 2012 年最偉大的科學發現。希格斯玻色子能夠賦予宇宙中的所有物質以質量，也是物理學標準模型中所缺失的那一環。1964 年，曾有六位物理學家預測了希格斯玻色子的存在，彼得・希

參見：阿爾伯特·愛因斯坦 214~221 頁，埃爾溫·薛定諤 226~233 頁，喬治·勒梅特 242~245 頁，保羅·狄拉克 246~247 頁，謝爾頓·格拉肖 292~293 頁。

格斯就是其中一位。找到希格斯玻色子具有重要意義，因為它回答了「為甚麼有些攜帶力的粒子質量較大，而另一些粒子卻沒有質量」。

場與玻色子

經典力學認為，電場或磁場是連續的，會平穩地改變空間中的物質。量子力學反對這種連續性的觀點，而是認為場中分布着不連續的「場粒子」，場的強度取決於場粒子的密度。通過場的粒子會與攜帶力的虛粒子「規範玻色子」相互作用，因此受到場的影響。

宇宙空間甚至真空中都充滿着希格斯場，基本粒子通過希格斯場的作用獲得質量。我們用一個類比來說明具體的發生過程。假設很多滑雪者和穿着雪地鞋的人都必須通過一片大雪覆蓋的田野，每個人都要花費一定的時間才能過去，時間長短取決於與積雪的相互作用。

希格斯玻色子形成萬億分之一秒後就會自我毀滅。當其他粒子與希格斯場相互作用時會產生希格斯玻色子。

那些用雪橇一划而過的人彷彿是低質量的粒子，而那些每一步都會陷入雪中的人彷彿是質量大的粒子。無質量粒子，比如傳遞電磁力的光子以及傳遞強核力的膠子，通過希格斯場時不會受到任何影響。

尋找希格斯粒子

20 世紀 60 年代，彼得·希格斯、弗朗索瓦·恩格勒和羅伯特·布繞特等六位科學家提出了「對稱性自發破缺」理論，解釋了為甚麼

傳遞弱力的 W 和 Z 玻色子質量較大，而光子和膠子卻沒有質量。對稱性破缺對電弱理論（見 292～293 頁）的形成至關重要。希格斯闡明了如何可以檢測到希格斯玻色子（更確切地說，是這種玻色子的衰變產物）。

為了解開粒子物理學上的關鍵謎團，包括尋找希格斯粒子，啟動了世界上最大的科學項目，即建立大型強子對撞機。這台對撞機埋在地下 100 米深、周長 27 千米的環形隧道裏。當全速運行時，大型強子對撞機產生的能量與大爆炸剛剛結束時產生的能量大致相當，每對撞 10 億次就足以產生 1 個希格斯玻色子，可難點在於如何在不計其數的殘骸中找到希格斯玻色子的軌跡。另外，希格斯粒子質量很大，一出現立刻就會衰變。儘管如此，經過近 50 年的漫長等待，希格斯粒子的存在最終得以證實。■

彼得·希格斯

彼得·希格斯 1929 年生於英格蘭泰恩河畔的紐卡斯爾，在倫敦國王學院取得了本科及博士學位，之後在愛丁堡大學做高級研究員。希格斯 1960 年在愛丁堡凱恩戈姆山遠足時，有了「一個偉大的想法」。他想到了一種物理機制，其中一種力場能夠產生大質量和低質量的規範玻色子。當時也有其他物理學家從事同樣的研究，但是今天我們稱其為「希格斯場」，而不是「布繞特-恩格勒-希格斯場」，因為希格斯在 1964 年發表的論文中描述了

如何可以找到這種粒子。儘管希格斯表示，自己博士期間研究的並不是粒子物理學，所以「從根本上講能力不足」，但 2013 年他與弗朗索瓦·恩格勒還是因為 1964 年的研究共同獲得了諾貝爾物理學獎。

主要作品

1964 年 《破缺的對稱性與規範矢量介子的質量》

1964 年 《破缺的對稱性與規範玻色子的質量》

共生現象
無處不在

琳·馬古利斯（1938－2011 年）
Lynn Margulis

背景介紹

科學分支
生物學

此前

1858 年　德國醫生魯道夫·菲爾紹提出，細胞只能源自其他細胞，不可能自發形成。

1873 年　德國微生物學家安東·德巴里創造了「共生」一詞，用來指代生活在一起的不同生物之間的關係。

1905 年　康斯坦丁·梅列日科夫斯基提出，葉綠體和細胞核是在共生過程中產生的，但他的理論缺乏證據支撐。

1937 年　法國生物學家愛德華·沙東根據細胞結構將生命形態分為（結構複雜的）真核生物和（結構簡單的）原核生物。他的理論於1962 年再次被發現。

此後

1970－1975 年　美國微生物學家卡爾·烏斯發現，葉綠體的DNA與細菌的DNA十分相似。

查爾斯·達爾文的進化論與19 世紀 50 年代提出的細胞學說不謀而合，該學說指出，所有生物都是由細胞組成，新細胞只能通過原有細胞的分裂產生。新細胞的一些內部結構，比如製造食物的葉綠體，也是通過分裂過程複製的。

這一發現啟發了俄國植物學家康斯坦丁·梅列日科夫斯基，他由此想到葉綠體曾經可能是獨立的生物。研究進化論和細胞學的生物學家有一個疑問：複雜細胞是如何

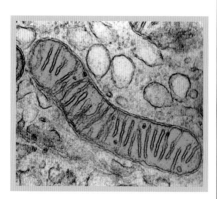

線粒體是真核細胞中的細胞器，能夠合成三磷酸腺苷（ATP），為細胞提供能量。此圖中的線粒體被錯誤地畫成了藍色。

產生的？答案就是內共生，該理論1905 年由梅列日科夫斯基首次提出，但直到琳·馬古利斯 1967 年找到證據後才被學界接受。

動植物和很多微生物都由複雜細胞組成，複雜細胞內含有細胞器，即控制細胞的細胞核、釋放能量的線粒體，以及進行光合作用的葉綠體。這些細胞現在被稱為真核細胞，是從更簡單的細菌細胞中演變而來的。細菌細胞不含細胞器，我們現在稱之為原核細胞。梅列日科夫斯基設想，最初存在着由簡單細胞構成的原生羣落，有些細胞通過光合作用製造食物，其他細胞捕食附近的細胞，將它們整個吞噬。梅列日科夫斯基指出，有時被吞噬的細胞並沒有被消化，而是成為葉綠體。但是因為沒有證據，他提出的內共生（一種生物生活在另一種生物體內）理論漸被遺忘。

新證據

20 世紀 30 年代，電子顯微鏡

參見：查爾斯‧達爾文 142~149 頁，詹姆斯‧沃森與弗朗西斯‧克里克 276~283 頁，詹姆斯‧洛夫洛克 315 頁。

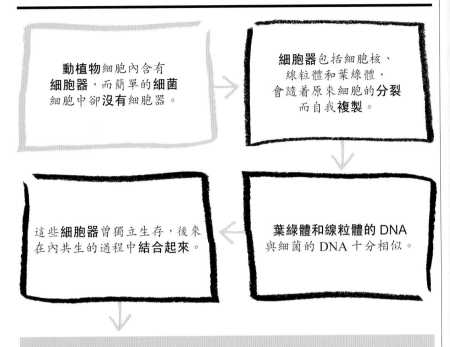

動植物細胞內含有**細胞器**，而簡單的**細菌**細胞中卻**沒有**細胞器。

細胞器包括細胞核、線粒體和葉綠體，會隨着原來細胞的**分裂**而自我**複製**。

葉綠體和線粒體的 DNA 與細菌的 DNA 十分相似。

這些**細胞器**曾獨立生存，後來在內共生的過程中**結合起來**。

共生現象無處不在。

琳‧馬古利斯

琳‧馬古利斯原名琳‧亞歷山大，因兩次婚姻分別隨夫姓改為琳‧薩根和琳‧馬古利斯。她 14 歲就進入芝加哥大學學習，而後在加州大學伯克利分校取得博士學位。她對生物細胞多樣性興趣濃厚，因此成為內共生理論的支持者，並為該理論注入了新的活力。生物學家理查德‧道金斯曾說，內共生理論是「20 世紀進化生物學最偉大的成就之一」。

馬古利斯認為，合作與競爭對促進生物進化同樣重要。她還將生物看成是具有自我組織功能的系統。後來，她成為詹姆斯‧洛夫洛克蓋亞假說的支持者。蓋亞假說認為，地球也可以看成是一個能夠自我調節的生物。為了表彰馬古利斯的研究，她當選美國國家科學院院士，並被授予國家科學獎章。

主要作品

1967 年 《有絲分裂細胞的起源》
1970 年 《真核細胞的起源》
1982 年 《五大生物界：地球生命各大門圖說》

面世，生物化學也不斷進步，這有助於生物學家探索細胞內部的工作機制。20 世紀 50 年代，科學家已經知道，DNA 為生命過程提供遺傳指令，並代代相傳。在真核細胞中，DNA 存在於細胞核內，但在葉綠體和線粒體中也發現了 DNA。

1967 年，馬古利斯用這一發現證實內共生理論的正確性，使該理論再次受到學界的關注。她還加入了一種觀點，即地球剛剛出現生命不久發生了一次「大氧化事件」。大約 20 億年前，能夠進行光合作用的生物過度繁殖，使地球的氧氣過度旺盛，因此毒死了很多微生物。捕食性微生物通過吞噬其他能夠吸收氧氣釋放能量的微生物，從而存活下來。被吞噬的微生物演變為線粒體，也就是今天我們所說的細胞動力室。起初，大多數生物學家都難以接受這種觀點，但是隨着支持性證據越來越有說服力，該理論目前已被廣泛接受。例如，線粒體和葉綠體的 DNA 由環形分子構成，正如活菌的 DNA 一樣。

生物通過合作不斷進化，這並非新觀點。達爾文曾經用這種理論解釋了贈予花蜜的植物與授粉昆蟲之間的互利關係，但是幾乎無人想到，地球生命史初期細胞融合時也會形成這種親密而重要的關係。■

三個一組的夸克

默里·蓋爾曼（1929 年－）
Murray Gell-Mann

背景介紹

科學分支
物理學

此前

1932 年 詹姆斯・查德威克發現了一種新的粒子，即中子。此時，共有三種有質量的亞原子粒子：質子、中子和電子。

1932 年 發現了第一種反粒子，即正電子。

20 世紀 40－50 年代 越來越強大的粒子加速器（產生高速粒子並使其相撞的機器）中，發現了大量新的亞原子粒子。

此後

1964 年 Ω 粒子的發現證實了夸克模型。

2012 年 歐洲核子研究中心發現了希格斯玻色子，進一步證明了標準模型的正確性。

自從 19 世紀末以來，科學家對原子結構的理解發生了翻天覆地的變化。1897 年，約瑟夫・約翰・湯姆孫大膽提出，陰極射線就是一束束粒子，這些粒子遠小於原子，他發現的就是電子。1905 年，阿爾伯特・愛因斯坦在馬克斯・普朗克光量子理論的基礎上，提出光由一束束沒有質量的微小粒子組成，我們現在稱這些粒子為光子。1911 年，湯姆孫的同胞歐內斯特・盧瑟福推論，原子有一個很小但密度很大的核，電子圍繞原子核運轉，由此建立的原子結構推翻了之前原子不可分的觀點。

1920 年，盧瑟福將最輕的氫元素的原子核定義為質子。12 年後，原子核由質子和中子構成的複雜模型建立。到 20 世紀 30 年代，科學家通過研究宇宙射線發現了更多的粒子。宇宙射線由源自超新星的高能粒子組成。研究發現的新粒子具有極高的能量，因此根據愛因斯坦

> 單憑幾條簡潔的公式，怎麼可能預測大自然的普遍規律？
>
> ——默里・蓋爾曼

的質量－能量公式（$E=mc^2$），可以推論出這些粒子的質量也很大。

20 世紀 50－60 年代，科學家為了解釋原子核內的相互作用力做了大量研究，試圖為宇宙間的所有物質建立概念框架。很多物理學家都為這一過程做出了貢獻，但美國物理學家默里・蓋爾曼是建立標準模型的關鍵人物。該模型對基本粒子和攜帶力的粒子進行了分類。

粒子動物園

蓋爾曼開玩笑說，研究基本粒子的理論物理學家的目標「並不大」，他們只是要解釋「控制宇宙所有物質的基本規律」。蓋爾曼表示，理論學家「用紙、筆和廢紙簍作為研究工具，其中最重要的就是廢紙簍」。與此相反，實驗學家的重要工具是粒子加速器，即對撞機。

1932 年，物理學家歐內斯特・沃爾頓（Ernest Walton）和約翰・考克饒夫（John Cockcroft）用劍橋大學的粒子加速器轟擊鋰原子，首次

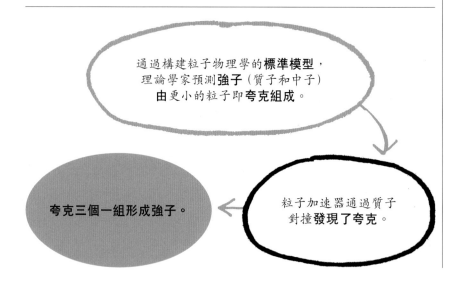

通過構建粒子物理學的**標準模型**，理論學家預測**強子**（質子和中子）由更小的粒子即**夸克組成**。

粒子加速器通過質子對撞**發現了夸克**。

夸克三個一組形成強子。

參見：馬克斯・普朗克 202~205 頁，歐內斯特・盧瑟福 206~213 頁，阿爾伯特・愛因斯坦 214~221 頁，保羅・狄拉克 246~247 頁，理查德・費曼 272~273 頁，謝爾頓・格拉肖 292~293 頁，彼得・希格斯 298~299 頁。

將原子核分裂。此後，科學家建造了越來越強大的粒子加速器。這些機器能夠加快微小的亞原子粒子的速度，使其接近光速，然後用這些粒子轟擊目標或彼此對撞。對亞原子粒子的理論預測推動了相關研究，位於瑞士的大型強子對撞機是世界上最大的粒子加速器，尋找理論上的希格斯玻色子（298 ～ 299 頁）是建造這台加速器的一個主要原因。大型強子對撞機長 27 千米，呈環形，由多個超強磁體組成，歷時 10 年才建造成功。亞原子粒子對撞後會分裂為不同的核心組成成分，有時釋放的能量足以生成新一代粒子，而這些粒子在日常條件下是不可能存在的。存在時間很短的奇特粒子紛紛飛濺而出，然後很快便自我消滅或衰變。研究人員能夠製造的能量越來越高，可以以更高的程度模擬宇宙大爆炸即物質誕生之初的條件，從而解開有關物質的謎團。這一過程彷彿是將兩塊手錶對撞得粉碎，然後篩選碎片，以期找到手錶的工作原理。

到 1953 年，對撞機能夠生成的能量已經足夠高，普通物質中無法找到的奇特粒子似乎橫空出世。科學家發現了 100 多種強相互作用的粒子，當時它們都被認為是基本粒子。這些新粒子所組成的「馬戲團」被戲稱為「粒子動物園」。

美國加利福尼亞州**史丹福大學的直線加速器**建於 1962 年，長 3000 米，是世界上最長的直線加速器。1968 年，該加速器首次證實質子由夸克組成。

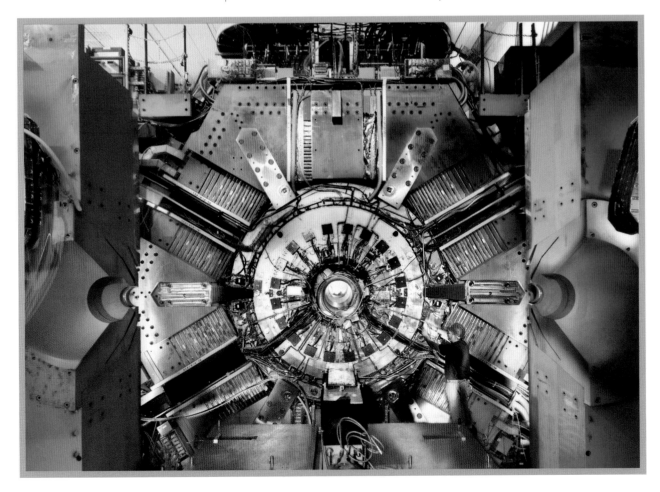

八重法

到 20 世紀 60 年代，科學家根據萬有引力、電磁力、強核力和弱核力這四種基本力對粒子的影響，對粒子進行了分類。所有具有質量的粒子都會受到萬有引力的影響，所有帶有電荷的粒子都會受到電磁力的影響，而存在於原子核中的一小部分粒子會受到強核力和弱核力的影響。質子和中子等質量較大的「強子」參與強相互作用，四種基本力都會對其產生影響，而電子和中微子等質量很輕的「輕子」不會受到強力的影響。

蓋爾曼用「八重法」對基本粒子進行分類，「八重法」源自佛教達到最高理想境地的八種方法。正如門捷列夫將化學元素排入一張週期表中，蓋爾曼也設想了一張表格，其中可以排列基本粒子，同時為尚未發現的粒子留出空位。為了讓表格最簡化，蓋爾曼提出強子由一種尚未發現的基本粒子組成。因為質量較大的粒子不再作為基本粒子，

從而將基本粒子的數量減少到了可控的範圍，此時強子看成是由多種基本粒子組成的。蓋爾曼十分喜歡給粒子起古怪的名字，他根據詹姆斯·喬伊斯《芬尼根守靈夜》小說中他最喜歡的一句話，將這種新的粒子命名為夸克。

夸克存在嗎？

提出這種理論的並非蓋爾曼一人。1964 年，加州理工大學的學生喬治·茨威格 (Georg Zweig) 提出，強子由四種基本粒子組成，他將其稱作「艾斯」(Ace，撲克牌中的 A)。歐洲核子研究中心的《物理快報》拒絕了茨威格的論文，但同年卻發表了更資深的蓋爾曼的文章。二人的文章論述的思想大致相同。

蓋爾曼的論文得以發表，可能是因為他並沒有指出夸克真實存在，他只是提出了一種組織體系。但是，這種體系似乎並不能令人滿意，因為它要求夸克必須帶有分數電荷，比如 -1/3 和 +2/3。這在當時的理論看來是荒謬的，因為當時的理論只接受整數電荷。蓋爾曼

費米子			玻色子	
≈ 2.3 MeV/c² **U** 上夸克	≈ 1.275 GeV/c² **C** 粲夸克	≈ 173.07 GeV/c² **t** 頂夸克	0 **g** 膠子	≈ 126 GeV/c² **H** 希格斯玻色子
≈ 4.8 MeV/c² **d** 下夸克	≈ 95 MeV/c² **s** 奇夸克	≈ 4.18 GeV/c² **b** 底夸克	0 **γ** 光子	
0.511 MeV/c² **e** 電子	105.7 MeV/c² **μ** μ 子	1.777 GeV/c² **τ** τ 子	91.2 GeV/c² **Z** Z 玻色子	
<2.2 eV/c² **υe** 電子中微子	<0.17 MeV/c² **υμ** μ 子中微子	<15.5 MeV/c² **υτ** τ 子中微子	80.4 GeV/c² **W** W 玻色子	

標準模型根據基本粒子的性質將其排列在表格中。該模型預測的希格斯玻色子於 2012 年發現。

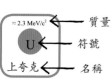

≈ 2.3 MeV/c² ← 質量
U ← 符號
上夸克 ← 名稱

○ 夸克
● 規範玻色子
○ 輕子
○ 希格斯玻色子

意識到，如果夸克一直隱藏在強子內部，分數電荷是沒有關係的。蓋爾曼的論文發表不久，紐約布魯克黑文國家實驗室就發現了由三個夸克組成的 Ω 粒子。這一發現證實了新的粒子模型。蓋爾曼堅稱，這一模型應該歸功於他和茨威格兩個人。

起初，蓋爾曼懷疑夸克可能永遠無法分離出來，不過他現在強調，雖然他開始認為夸克只存在於數學模型中，但從未排除夸克真實存在的可能性。1967-1973 年，史丹福大學直線加速器中心通過電子對質子的深度非彈性散射發現了夸克。

標準模型

標準模型是從蓋爾曼夸克模型發展而來的。在標準模型中，粒子分為費米子和玻色子。費米子是物質的基本組成成分，而玻色子是傳遞力的粒子。

費米子進一步分為兩類基本粒子，即夸克和輕子。夸克兩個一組或三個一組形成複合粒子「強子」。三個夸克組成的亞原子粒子稱為重子，包括質子和中子。一對正反夸克組成的粒子稱為介子，包括 π 介子和 k 介子。夸克共有 6 種，包括上夸克、下夸克、奇夸克、粲夸克、頂夸克和底夸克。夸克的最大特點是它們都帶有「色荷」，色荷可以使夸克通過強力相互作用。輕子不帶色荷，也不會受到強力的影響。輕子共有 6 種，包括電子、μ子、τ 子、電子中微子、μ 子中微子和 τ 子中微子。中微子不帶電，只通過弱力相互作用，所以極難發現。每種粒子都有相對應的反粒子。

標準模型從亞原子層面解釋了力的傳遞，力通過交換「規範玻色子」進行傳遞。每種力都有各自的規範玻色子，弱力通過 W+、W- 和 Z 玻色子進行傳遞，電磁力通過光子傳遞，而強核力通過膠子傳遞。

標準模型是一種魯棒理論，已經得到了實驗的證實，尤其是 2012 年歐洲核子研究中心希格斯玻色子的發現。希格斯玻色子可以賦予其他粒子以質量。然而，很多科學家認為該模型並不完美，其中還存在很多問題，比如無法將暗物質融入其中，無法用玻色子的相互作用解釋萬有引力。其他有待解決的問題還包括：為甚麼宇宙中物質（而非反物質）佔主導地位？為甚麼粒子分為三代？■

我們的工作就是一場令人愉悅的遊戲。

——默里·蓋爾曼

默里·蓋爾曼

默里·蓋爾曼生於美國曼哈頓，可謂一個神童，7 歲自學微積分，15 歲進入耶魯大學學習，1951 年獲得麻省理工學院博士學位，之後到加州理工大學與理查德·費曼一起研究量子數「奇異數」。日本物理學家西島和彥也提出了同樣的量子數，但他稱其為「η 電荷」。

蓋爾曼興趣十分廣泛，能夠流利地說大約 13 種語言。他很喜歡通過文字和晦澀難懂的引用展現自己的博學多才。可能正是蓋爾曼引發了給新粒子起有趣名字的潮流。1969 年，蓋爾曼因為發現夸克獲得諾貝爾獎。

主要作品

1962 年 《預測 Ω 粒子》
1964 年 《八重法：一個強作用對稱性的理論》

萬有理論

加布里埃萊・韋內齊亞諾（1942 年－）
Gabriele Veneziano

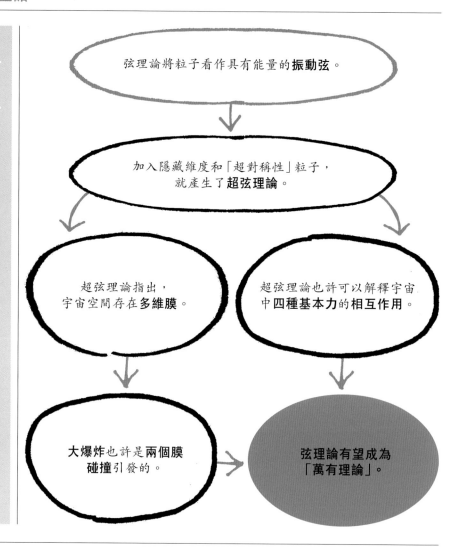

弦理論將粒子看作具有能量的**振動弦**。

加入隱藏維度和「超對稱性」粒子，就產生了**超弦理論**。

超弦理論指出，宇宙空間存在**多維膜**。

超弦理論也許可以解釋宇宙中**四種基本力**的相互作用。

大爆炸也許是**兩個膜碰撞**引發的。

弦理論有望成為「萬有理論」。

簡單地説，弦理論是一個非常卓越，但同時也具有爭議性的理論。弦理論認為，宇宙中的所有物質並不是由點狀粒子組成的，而是由具有能量的微小的「弦」構成的。該理論提出的結構雖然無法驗證，卻能解釋我們見到的所有現象。弦振動產生的波會引起自然界的量子化行為（比如電荷的離散性和自旋），小提琴產生的和聲也可以用該理論解釋。

弦理論的發展經歷了漫長而崎嶇的道路，至今仍有很多物理學家並不接受這種觀點。然而，弦理論的研究並未停止，其中最重要的原因是，它是目前唯一一個試圖將涵蓋電磁力、弱力和強力的量子力學與愛因斯坦的相對論統一起來的理論。

解釋強作用力

弦理論最初是作為解釋強作用力和強子行為的模型而出現的。原子核內的粒子因強作用力結合在一起；強子這種複合粒子也會受到強力的影響。

1960 年，美國物理學家傑弗里·丘（Geoffrey Chew）正在研究強子的性質。作為研究的一部分，丘提出了一種激進的新方法，他拋棄了將強子視為普通粒子的傳統看法，而是用 S 矩陣這種數學方法為強子的相互作用建立了模

參見：阿爾伯特・愛因斯坦 214~221 頁，埃爾溫・薛定諤 226~233 頁，喬治・勒梅特 242~245 頁，保羅・狄拉克 246~247 頁，理查德・費曼 272~273 頁，休・艾弗雷特三世 284~285 頁，謝爾頓・格拉肖 292~293 頁，默里・蓋爾曼 302~307 頁。

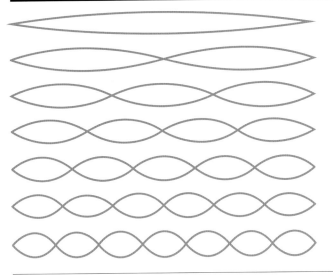

弦理論認為，弦可以處於不同的振動狀態，正如小提琴拉出的和聲一樣，這時我們就會觀察到量子化的性質。

型。意大利物理學家加布里埃萊・韋內齊亞諾 (Gabriele Veneziano) 研究丘的模型時發現，粒子似乎可以連成一條一維的線，這是我們現在所說的「弦」的第一個啟示。20 世紀 70 年代，物理學家繼續研究弦及弦的行為，但卻得出了異常複雜且違背常理的結果。比如，自旋

（類似於角動量）是粒子的一種性質，只能取一定的值。弦理論的最初版本只描述了玻色子（自旋為零或者正整數的粒子，一般作為量子作用力模型中的信使粒子），而沒有將費米子（自旋為半整數的粒子）引入框架內。這一理論還曾預言，速度超過光速的粒子是存在的，因

此這些粒子可以回到過去。

另外，這一理論極為複雜，至少要假設 26 維時空（而不是通常所說的四維，即三維空間加一維時間）才能奏效。額外維的概念早已有人提出：德國數學家西奧多・卡魯扎 (Theodor Kaluza) 曾試圖增加一個維度（第五維）實現電磁力與引力的統一。在數學上這並不是個問題，但問題是為甚麼我們感覺不到所有的維度呢？1926 年，瑞典物理學家奧斯卡・克萊因 (Oscar Klein) 解釋了在我們日常的宏觀世界中看不到這些額外維的原因。他指出，這些維度也許捲曲成一些量子般極細的圓。

20 世紀 70 年代中期，弦理論走向衰落，而量子色動力學則提供了一種更好的描述方法。該理論引入色荷的概念，用以解釋夸克之間

弦理論試圖將基本粒子看作微小的振動弦，而非點狀粒子，以此更深層次地描述大自然。

—— 愛德華・威滕

加布里埃萊・韋內齊亞諾

　　加布里埃萊・韋內齊亞諾 1942 年生於意大利的佛羅倫斯，一直在家鄉學習，而後在以色列的魏茨曼科學研究所獲得博士學位。韋內齊亞諾在歐洲核子研究中心工作一段時間後，於 1972 年回到魏茨曼科學研究所擔任物理學教授。1968 年在麻省理工學院期間，他偶然想到弦理論可以作為解釋強核力的模型，於是率先展開研究。從 1976 年開始，韋內齊亞諾主要在日內瓦歐洲

核子研究中心的理論部工作，並於 1994 年至 1997 年擔任主任一職。1991 年開始，他集中精力研究如何用弦理論及量子色動力學解釋大爆炸後產生的密度極大且溫度極高的狀態。

主要作品

1968 年　《為線性上升軌道構建交互對稱、具有雷吉行為的振幅》

通過強力產生的相互作用。其實在此之前，有些科學家已經開始抱怨弦理論從概念上講是有瑕疵的。隨着研究的深入，他們越來越發現弦理論似乎無法解釋強力。

超弦理論的崛起

很多科學家並沒有放棄對弦理論的研究，但他們需要解決其中的幾個問題，才能得到科學界更廣泛的認可。20 世紀 80 年代初期，超對稱的提出為弦理論帶來了突破。超對稱理論認為，粒子物理學標準模型（見 302 ～ 305 頁）中的所有已知粒子都有一個尚未發現的「超級同伴」，即每個費米子有一個玻色子與之配對，同樣，每個玻色子也都有一個費米子與之配對。如果

果真如此，那麼弦理論的很多突出問題會立刻消失，而用於描述弦的維度也會隨之減少到 10 個。這些粒子至今仍未檢測到，原因可能是它們獨立存在所需要的能量遠高於目前最強大的粒子加速器所能達到的能量。

很快，這一改進的「超對稱弦理論」被簡稱為「超弦理論」。然而，主要問題依然存在，尤其是出現了五種不同的超弦理論。越來越多的證據顯示，超弦不僅能夠形成二維的弦和一維的點，還能形成多維結構，統稱為「膜」。膜可以理解為在三維空間運動的二維膜，也可以理解為在四維空間運動的三維膜。

> 弦理論預測了多元宇宙的存在。宇宙彷彿是一個大麵包，而我們所處的世界只是其中的一片而已，其他的麵包片被移到了額外的時空維度中。
>
> —— 布賴恩・格林

M理論

1995 年，美國物理學家愛德華・威滕（Edward Witten）提出 M 理論，這一新模型解決了五種超弦理論並存的局面。威滕增加了一個額外維，構成 11 維時空，從而將五種超弦理論統一起來。M 理論的 11 個時空維度正好與當時流行的超引力模型的 11 維相契合。根據威滕的理論，額外的七個空間維度會被「緊化」，捲曲成類似於球面的微小結構，除非在極其微小的尺度上，否則都將展現出粒子特徵。

然而，M 理論的主要問題在於該理論的細節目前尚不可知。它只是預言存在一種具有某些特徵的理論，可以滿足已觀測到的或預測的標準。儘管目前仍有不足，M 理論給物理學和宇宙學的不同領域帶來了大量啓示。黑洞中心的奇點及大爆炸的最早階段都可以用弦理論來解釋。尼爾・圖羅克（Neil

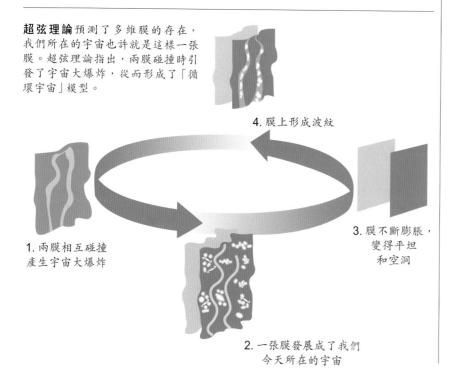

超弦理論預測了多維膜的存在，我們所在的宇宙也許就是這樣一張膜。超弦理論指出，兩膜碰撞時引發了宇宙大爆炸，從而形成了「循環宇宙」模型。

4. 膜上形成波紋

3. 膜不斷膨脹，變得平坦和空洞

1. 兩膜相互碰撞產生宇宙大爆炸

2. 一張膜發展成了我們今天所在的宇宙

Turok）和保羅・斯泰恩哈特（Paul Steinhardt）等宇宙學家提出的循環宇宙模型是 M 理論一個有趣推論。該模型指出，在 11 維時空中有很多獨立的膜，它們彼此間隔很小，以極為緩慢的速度相互靠近，經過億萬年甚至更久才會相遇，而我們所在的宇宙只是其中的一個膜。有人認為，膜與膜之間的碰撞，能夠釋放巨大的能量，並觸發新的大爆炸。

萬有理論

M 理論或可成為「萬有理論」，將描述電磁力、弱核力和強核力的量子場理論與描述引力的愛因斯坦廣義相對論統一起來。迄今為止，仍然無法用量子理論解釋引力。從本質上看，引力似乎與其他三種力存在根本的區別。這三種力可以作用於單個的粒子之間，但僅在較小的尺度上；而引力只在大量的粒子聚集在一起時才有顯著作用，但作用距離卻很長。對於引力的不尋常

> 如果弦理論是一個錯誤，那絕對不是一個微不足道的錯誤。它將是一個深層次錯誤，因此是值得的。
>
> ——李・施莫林

行為，有一種解釋是引力漏到了更高維度的空間裏，只有一小部分留在我們熟悉的宇宙中。

弦理論並不是萬有理論的唯一候選者。20 世紀 80 年代末，李・施莫林和卡洛・羅韋利提出了圈量子引力論。該理論指出，粒子的量子化性質並非源自弦的振動，而是因為時空本身量子化捲曲成一些半徑極細的圈。與弦理論相比，圈量子引力論及其後續理論有幾項突出的優勢，比如不再需要額外維，並且解決了幾個重要的宇宙學問題。

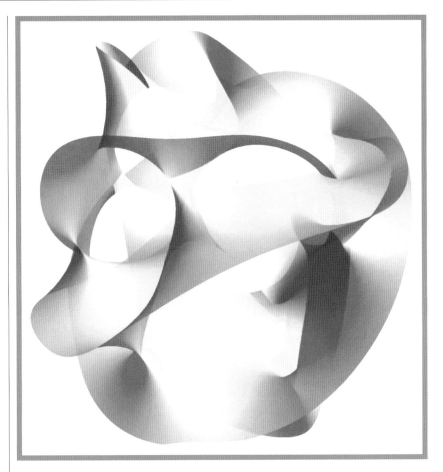

此圖是六維卡拉比-丘流形二維截面圖，有科學家稱弦理論的六個隱藏維度可能就是以這種形式呈現的。

然而，究竟是弦理論可以成為「萬有理論」，還是圈量子引力論更勝一籌，至今未有定論。■

黑洞蒸發

斯蒂芬・霍金 (1942 – 2018 年)
Stephen Hawking

背景介紹

科學分支
宇宙學

此前
1783 年 約翰・米歇爾提出，物體的引力可以強大到光都無法逃逸。

1930 年 蘇布拉馬尼揚・錢德拉塞卡爾提出，大於一定質量的恆星塌縮後可以形成黑洞。

1971 年 發現第一個可能為黑洞的天體，即天鵝座 X-1。

此後
2002 年 通過觀察在銀河系中心附近運行的恆星，發現巨大黑洞存在的可能。

2012 年 美國弦理論學家約瑟夫・波爾欽斯基指出，量子糾纏會在黑洞視界產生一面超熱的「火牆」。

2014 年 霍金宣布，他認為黑洞並不存在。

20 世紀 60 年代，幾位傑出的科學家開始熱衷黑洞的研究，英國物理學家斯蒂芬・霍金就是其中一位。他的博士論文研究的就是宇宙學中的奇點 (黑洞的所有質量都集中在時空中的這個點上)，並將黑洞的奇點與宇宙大爆炸的初始狀態聯繫起來。

1973 年左右，霍金的興趣轉向

我的目標很簡單，就是要完全理解宇宙，弄清楚它為甚麼是現在這個樣子，以及它究竟為甚麼存在。

—— 斯蒂芬・霍金

量子力學和萬有引力的微觀行為。他的一個重要發現是，黑洞雖然稱為黑洞，但它不僅能夠吞噬物質和能量，還能釋放輻射，這種輻射被稱為「霍金輻射」，是從黑洞的視界釋出的。視界是黑洞最外層的邊界，因為黑洞的引力十分強大，光都無法逃出視界。霍金認為，在旋轉黑洞中，強大的引力會產生屬於虛粒子的亞原子粒子-反粒子對。在視界上，其中一個亞原子粒子很可能被拉進黑洞，而剩下來的那個實際上會作為一個真正的粒子持續存在。對於一個遠距離的觀察者來說，視界釋放出了低溫熱輻射。久而久之，黑洞的能量會隨着輻射流失，其質量也會逐漸減小，最終蒸發殆盡。■

參見：約翰・米歇爾 88~89 頁，阿爾伯特・愛因斯坦 214~221 頁，蘇布拉馬尼揚・錢德拉塞卡爾 248 頁。

蓋亞假説：地球是一個有機體

詹姆斯・洛夫洛克 (1919 年－)
James Lovelock

20世紀 60 年代初，美國國家航空航天局（NASA）在加利福尼亞州的帕薩迪納市組建了一個團隊，以研究如何在火星上尋找生命。他們就此問題諮詢了英國環境科學家詹姆斯・洛夫洛克，洛夫洛克由此開始思考地球上的生命。

洛夫洛克很快發現了生命存在所必需的一系列特徵。地球上的所有生命都依賴於水，而地表溫度必須保持在 10－16℃，才能有足夠的液態水存在。這一溫度已經保持了 350 萬年。細胞需要一定的鹽度，鹽度超過 5% 一般難以存活，而海洋的鹽度一直保持在 3.4% 左右。大約 20 億年前大氣中出現了氧氣，從那時起大氣中的氧氣濃度一直保持在 20% 左右。如果濃度下降到 16% 以下，生物就會處於缺氧的狀態，而如果超過 25%，森林火災將永遠無法撲滅。

> 進化彷彿是一支雙人舞，而生物與物質環境就是兩個舞伴，蓋亞便誕生於這支舞蹈。
>
> ——詹姆斯・洛夫洛克

蓋亞假説

洛夫洛克提出整個地球是一個能夠自我調節的統一的生命體，他稱之為「蓋亞」。地球上的生物調節着地表的溫度、氧氣的濃度，以及海洋的化學組成，從而為生命創造最好的環境。然而，他警告說，人們對環境的影響可能會打破這一微妙的平衡。■

層層疊疊的雲

本華・曼德博（1924－2010 年）
Benoît Mandelbrot

背景介紹

科學分支
數學

此前

1917－1920 年 法國的皮埃爾・法圖和加斯頓・朱麗亞用複數建立了數學集合，複數由實部和虛部（-1 平方根的倍數）組成。該集合可以是「規則的」（法圖集），也可以是「混沌的」（朱麗亞集），為分形學奠定了基礎。

1926 年 英國數學家和氣象學家劉易斯・弗雷・理查森發表〈風有速度嗎？〉一文，開創了混沌系統的數學模型。

此後

現在 分形學成為複雜性科學的一部分，應用於海洋生物學、地震建模、人口研究，以及流體力學。

20 世紀 70 年代，比利時數學家本華・曼德博開始用電腦模擬自然界中的各種形狀。在此過程中，他創立了一個新的數學領域，即分形幾何學。到目前為止，分形幾何學已被用於多個領域。

分數維度

傳統幾何學採用整數維度，分形幾何學則採用分數維度，後者可以看作一種「粗糙度測量」。為了便於理解，我們可以想像用一根棍子測量英國的海岸線。棍子越長，測量出的海岸線就越短，因為很多細小的曲折都會被忽略掉。英國海岸線的分數維度是 1.28，維數表示的是棍子長度的縮短與海岸線測量值增加的關係。

分形幾何學的一個特點是自相似性，意思是在不同的放大比例下，形狀都是相似的。例如，在沒

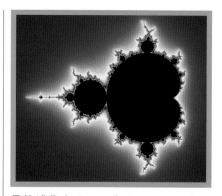

曼德博集合是一種在複平面上組成分形的點的集合，在任何一個尺度上都隱藏著無數個與其自身相似的圖形。上圖中的獨特形狀就是曼德博集合的完整圖像。

有外部線索的情況下，雲朵的分形性質讓我們無法得知它離我們有多遠，從任何距離看雲似乎都是一樣的。我們的身體有很多分形學的例子，比如肺支氣管樹的分形結構。正如混沌函數一樣，分形學對初始條件下的微小差異十分敏感，可以用於分析天氣等混沌系統。■

參見：羅伯特・菲茨羅伊 150~155 頁，愛德華・洛倫茲 296~297 頁。

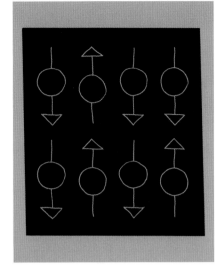

量子計算模型

尤里・馬寧（1937 年－）
Yuri Manin

參見：阿爾伯特・愛因斯坦 214~221 頁，埃爾溫・薛定諤 226~233 頁，
阿蘭・圖靈 252~253 頁，休・艾弗雷特三世 284~285 頁。

背景介紹

科學分支
計算機科學

此前
1935 年 阿爾伯特・愛因斯坦、鮑里斯・波多爾斯基和納森・羅森提出了愛波羅（ERP）悖論，首次描述了量子糾纏。

此後
1994 年 美國數學家彼得・肖爾提出了一種算法，可以通過量子計算機完成因數分解。

1998 年 根據休・艾弗雷特的量子力學多世界詮釋，理論學家想像出了一種處於疊加態的量子計算機，它同時既是打開的，又是關閉的。

2011 年 中國科學技術大學的一個研究團隊使用四個量子比特的量子陣列，成功計算出 143 的素因數。

量子信息處理是量子力學最新的一個研究領域，與傳統計算方法有着本質的不同。俄裔德國數學家尤里・馬寧是最早研究這一理論的一位領軍人。

比特是計算機中的信息載體，存在 0 和 1 兩種狀態。量子計算中信息的基本單位是量子比特，由「被捕獲」的亞原子粒子組成，也有兩種狀態。比如，電子的自旋方向可以向上，也可以向下，光子的偏振方向也有水平和垂直之分。不過，根據量子力學的波動方程，量子位可以處於一種疊加態，從而增加了可以承載的信息量。根據量子理論，還會發生量子比特「糾纏」，每增加一個量子比特，承載的信息量可以呈指數級增長。從理論上講，這種並行處理的方式可以產生驚人的計算能力。

理論展示

20 世紀 80 年代，科學家首次提出量子計算機的概念，但似乎只是一種理論上的設想。然而，目前科學家已經用幾個量子比特的陣列成功地完成了計算。從實用性上講，量子計算機必需可以處理數以百計，甚至數以千計的糾纏態量子比特，然而如此規模的計算還存在各種問題。試圖解決這些問題的研究目前還在進行中。■

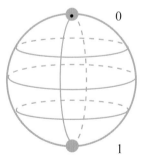

一個量子比特攜帶的信息可以用球面上的任意一點表示，可以是 0、1 或兩者的疊加。

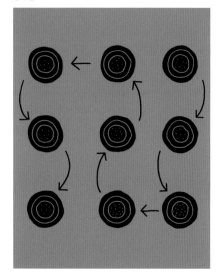

基因可以在物種間轉移

邁克爾・敘韋寧（1943 年－）
Michael Syvanen

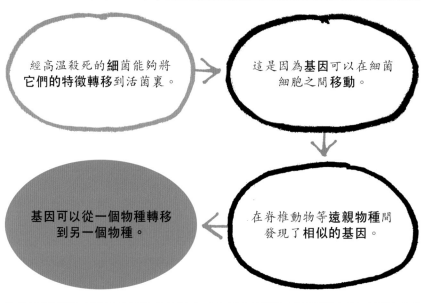

經高溫殺死的**細菌**能夠將**它們的特徵轉移**到活菌裏。

這是因為**基因**可以在細菌細胞之間**移動**。

在脊椎動物等**遠親物種**間發現了**相似的基因**。

基因可以從一個物種**轉移**到另一個物種。

生命通過生長、繁衍、進化不斷延續，基因從父代傳遞到子代，往往被看作是一個垂直的進程。然而，美國微生物學家邁克爾・敘韋寧 1985 年提出，除了垂直傳遞，基因還能在物種間進行水平傳遞。基因水平轉移與繁殖無關，但在生物進化過程中扮演着重要角色。

早在 1928 年，英國醫師弗雷德里克・格里菲斯在研究肺炎雙球菌時就發現，如果將無毒性細菌的活細胞與經高溫殺死的有毒菌種的殘骸混合，無毒細菌會變得十分危險。他將實驗結果歸因於一種轉型「化學因子」，這種因子從死亡細胞滲出，進入到活細胞。格里菲斯發現了最早證據，可以證明 DNA 不僅可以代與代之間垂直傳遞，還能在同代細胞間水平轉移。這比解開

參見：查爾斯‧達爾文 142~149 頁，托馬斯‧亨特‧摩爾根 224~225 頁，詹姆斯‧沃森和弗朗西斯‧克里克 276~283 頁，威廉‧弗倫奇‧安德森 322~323 頁。

> 基因在不同物種間的流動體現了基因變異的一種形式，而其中的意義還沒有被完全發掘。
>
> —— 邁克爾‧敘韋寧

DNA 結構之謎要早 25 年。

1946 年，美國生物學家喬舒亞‧萊德伯格和愛德華‧塔特姆證明，細菌交換遺傳物質是一種自然行為。1959 年，由秋葉朝一郎和落合國太郎領導的日本微生物研究團隊指出，DNA 水平轉移正是抗生素耐藥性在細菌間快速傳播的原因。

轉型微生物

細菌體內含有質粒，質粒是可以移動的小型環狀 DNA，細胞直接接觸時質粒可以攜帶 DNA 從一個細胞進入另一個細胞。有些細菌含有能夠抵抗某些抗生素的基因。DNA 進行複製時，這些基因也被複製，並且在 DNA 轉移時可以在大量細菌中傳播。萊德伯格的學生諾頓‧津德爾發現，基因水平轉移也會發生在病毒之間。病毒比細菌還小，並且能入侵包括細菌在內的活細胞。病毒能夠干擾宿主基因，並且會攜帶宿主基因在宿主間轉移。

基因科學的發展

自 20 世紀 80 年代中期開始，敘韋寧將基因水平轉移放在一個更大的背景下研究。他發現了細胞層面上基因控制胚胎發育的相似性，甚至在兩個遠親物種間也是如此。他把這一現象歸因於進化過程中基因在不同生物體間的轉移。他指出，基因控制生長發育這一點在不同物種間已經變得十分相似，因為這可以使基因交換的成功率最大化。

目前，科學家測定了越來越多的物種的基因組序列，並且重複檢測了化石記錄，有證據表明基因水平轉移不僅能在微生物間進行，也能在更複雜的生物間發生。達爾文的生物進化樹狀圖也許看起來會更像一張網，其中包含多個祖先，而非唯一的共同祖先。基因水平轉移對分類學、疾病、蟲害控制和基因工程等領域都可能具有重要意義，科學家正慢慢揭開它的面紗。■

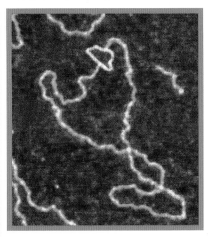

在這張顯微圖中，藍色的是 DNA 質粒，它們獨立於細胞的染色體，但卻能夠複製基因，並用於將新的基因插入生物體內。

邁克爾‧敘韋寧

邁克爾‧敘韋寧在專攻微生物學之前，曾在華盛頓大學和加州大學伯克利分校學習化學和生物化學。1975 年，他被授予哈佛醫學院微生物學和遺傳學教授一職，並致力於研究細菌的抗生素耐藥性和昆蟲的殺蟲劑耐藥性。基於研究發現，敘韋寧發表了基因水平轉移理論及其在生物適應和進化中的作用。

自 1987 年，敘韋寧開始在加利福尼亞大學戴維斯分校醫學院擔任醫學微生物學和免疫學教授。

主要作品

1985 年 《跨物種基因轉移：對一種新的進化理論的影響》

1994 年 《基因水平轉移：證據和可能的結果》

抗壓能力很強的「足球分子」

哈里 · 克羅托 (1939 － 2016 年)
Harry Kroto

背景介紹

科學分支
化學

此前
1966 年 英國化學家戴維 · 瓊斯預言，可以製出空心的碳分子。

1970 年 日本和英國的科學家分別預測了碳 -60（C_{60}）分子的存在。

此後
1988 年 在蠟燭的煤煙裏發現了 C_{60}。

1993 年 德國物理學家沃爾夫岡 · 克拉奇默和美國物理學家唐 · 霍夫曼發明了一種合成富勒烯的方法。

1999 年 奧地利物理學家馬庫斯 · 阿恩特和安東 · 塞林格證明，C_{60} 具有波的性質。

2010 年 在距地球 6500 光年的宇宙塵埃中發現了 C_{60} 的光譜。

我們製造了一種**分子**，它如此**堅韌**，如此有**彈性**……

……它在眾多的科技和醫療領域有着**廣泛的應用**。

它的形狀類似一個足球。

這個「足球」的抗壓能力很強。

在長達兩個多世紀的時間裏，科學家一直認為元素碳（C）只有三種存在形式，即三種同素異形體：鑽石、石墨和無定形碳，其中無定形碳是煤煙和木炭的主要成分。1985 年，英國化學家哈里 · 克羅托及其美國同事羅伯特 · 柯爾（Robert Curl）和理查德 · 斯莫利（Richard Smalley）的研究改變了這一傳統看法。這幾位化學家用激光使石墨氣化，產生了多種碳原子簇，形成的分子中含有偶數個碳原子。產生的碳原子簇中以 C_{60} 和 C_{70} 為主，這些分子之前從未被發現過。

這些科學家很快得出，C_{60} 具有很多顯著性質。他們發現，它的結構類似於足球，其中碳原子組成了一個空心的籠狀結構，每個碳原

參見：奧古斯特・凱庫勒 160~165 頁，萊納斯・鮑林 254~259 頁。

子與另外三個碳原子相連，最後形成的多面體每個面要麼是正五邊形，要麼是正六邊形。C_{70} 更像是一個橄欖球，比 C_{60} 多了一個碳原子環。

C_{60} 和 C_{70} 讓克羅托想起了美國建築師巴克敏斯特・富勒（Buckminster Fuller）設計的新式圓屋頂，所以他將這種化合物命名為巴克敏斯特富勒烯，也稱作巴基球，布克碳或富勒烯。

巴基球的性質

克羅托的團隊發現，C_{60} 的性質十分穩定，加熱到很高的溫度也不會分解。溫度達到 650℃ 時，C_{60} 會轉化成氣體。它沒有氣味，不溶於水，可溶於有機溶劑。巴基球也是目前發現的具有波粒二象性的最大的物體之一。1999 年，奧地利研究員讓 C_{60} 分子穿過縫隙，觀察到了波會產生的干涉圖像。

固態 C_{60} 如石墨一樣柔軟，但高度壓縮後會變成超級堅硬的鑽石。C_{60} 形如足球，可以承受很大的壓力。

純 C_{60} 可以用作半導體，也就是說，它的導電性在絕緣體和導體之間。但是，加入鈉、鉀等鹼金屬原子後，它會變成導體，在低溫的情況下甚至可以變成超導體，電流通過時不受任何阻力。

C_{60} 還可以通過一系列化學反應生成很多產物（即化學物質），這些物質的性質還有待進一步研究。

納米新世界

C_{60} 是我們最早研究的一種富勒烯分子，它的發現催生了一個全新的化學分支——富勒烯的研究。由圓柱形富勒烯組成的納米管，只有幾個納米寬，但長度卻可以達到幾毫米。它們是熱和電的良導體，化學性質不活潑，異常堅韌，在工程中有着非常廣泛的用途。

還有很多種富勒烯的性質有待研究，例如電氣性能、治療癌症和愛滋病等疾病的用途。最新的一種富勒烯材料是石墨烯，它是由碳原子構成的一種單層片狀結構，類似於單層的石墨。石墨烯擁有很多新奇的性質，是目前非常熱門的研究對象。∎

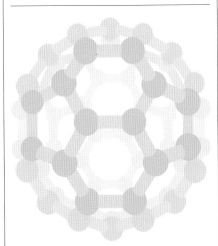

一個 C_{60} 分子中的每個碳原子與其他三個碳原子結合。每個 C_{60} 分子總有 32 個面，其中包括 12 個正五邊形和 20 個正六邊形，組成了一個獨特的足球形狀。

哈里・克羅托

哈里・克羅托全名哈羅德・沃爾特・克羅托齊納，1939 年出生於英格蘭劍橋郡。克羅托對麥卡諾玩具模型十分着迷，所以他選擇了化學專業，並於 1975 年成為薩塞克斯大學的教授。他熱衷於尋找太空中擁有碳碳鍵的化合物，比如 $H\text{-}C \equiv C\text{-}C \equiv C\text{-}C \equiv N$，並利用光譜學（研究物質與輻射能關係的科學）找到了證據。當時，德克薩斯州萊斯大學的查德・斯莫利和伯特・柯爾正在進行激光光譜學研究，克羅托聽說後加入了他們的團隊，並且共同發現了 C_{60}。2004 年起，克羅托開始在佛羅里達州立大學研究納米技術。

1995 年，克羅托建立了韋加科學信託，致力於製作用於教育和培訓的科學電影。這些電影在 www.vega.org.uk 可以免費觀看。

主要作品

1981 年 《星際分子的光譜》
1985 年 《60：巴克敏斯特富勒烯》（合著者：希思、奧勃良、柯爾和斯莫利）

在人體中插入基因來治癒疾病

威廉・弗倫奇・安德森（1936 年－）
William French Anderson

背景介紹

科學分支
生物學

此前

1984 年 美國研究員理查德・穆里根用病毒作為載體，將基因插入從老鼠身上取出的細胞中。

1985 年 威廉・弗倫奇・安德森和邁克爾・布萊澤指出，這一技術可以用於糾正細胞的缺陷。

1989 年 安德森完成了人類基因療法的首例安全試驗，向一位 52 歲的男士體內插入了無害的標記基因，並於次年完成了首例臨床試驗。

此後

1993 年 英國研究員宣布，利用基因療法成功治癒了動物的囊胞性纖維症。

2012 年 用基因療法治療人體囊胞性纖維症的多劑量實驗啟動。

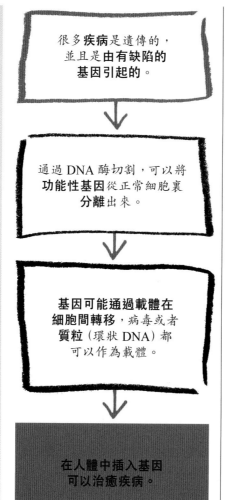

很多**疾病**是遺傳的，並且是**由有缺陷的基因**引起的。

通過 DNA 酶切割，可以將**功能性基因**從正常細胞裏**分離**出來。

基因可能通過載體在細胞間轉移，病毒或者**質粒**（環狀 DNA）都可以作為載體。

在人體中插入基因可以治癒疾病。

人類基因組涵蓋了人類的全部遺傳信息，共包括大約兩萬個基因。基因是生物的基本遺傳單位，但常常發生錯誤。當正常基因無法正確複製時，就會產生有缺陷的基因，而這種「錯誤」會從親代傳給子代。這些遺傳疾病的症狀取決於所涉及的基因。一個基因可以控制一種蛋白質的合成，生物體中含有很多種功能不同的蛋白質。如果基因存在錯誤，蛋白質的合成就會失敗。比如，血液凝固基因出現錯誤，人體就不再產生凝血蛋白，從而導致血友病。

遺傳病不能用傳統藥物治癒，長久以來只能盡量緩解症狀，減少患者的痛苦。20 世紀 70 年代，科學家開始考慮「基因療法」治病的可能性，也就是用「健康」的基因替代出錯的基因。

引入新基因

基因可以通過載體引入到人體的患病部位，載體是能夠攜帶基因

參見：格雷戈爾・孟德爾 166~171 頁，托馬斯・亨特・摩爾根 224~225 頁，克雷格・文特爾 324~325 頁，伊恩・維爾穆特 326 頁。

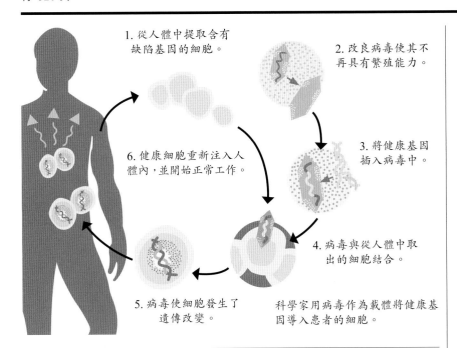

1. 從人體中提取含有缺陷基因的細胞。

2. 改良病毒使其不再具有繁殖能力。

3. 將健康基因插入病毒中。

6. 健康細胞重新注入人體內，並開始正常工作。

4. 病毒與從人體中取出的細胞結合。

5. 病毒使細胞發生了遺傳改變。

科學家用病毒作為載體將健康基因導入患者的細胞。

的粒子。研究人員研究了幾種可能作為載體的物質，包括病毒在內。我們通常認為，病毒只會引起疾病，而不能治療疾病。作為侵染循環的一部分，病毒會很自然地入侵

基因療法是符合倫理的，因為它與基本的行善原則相吻合：它能夠緩解人們的痛苦。

——威廉・弗倫奇・安德森

活細胞，但它們能否攜帶治療性基因呢？

20 世紀 80 年代，威廉・弗倫奇・安德森所在的一個美國科學家團隊成功使用病毒將基因插入實驗室培養的組織中。他們在患有基因免疫缺陷的動物身上進行實驗，目的是把治療性基因放入動物的骨髓裏，這樣骨髓就能製造健康的紅血球來治癒缺陷。實驗效果並不是很理想，不過將白血球作為靶向時效果會好一些。

1990 年，安德森開始了第一例臨床實驗，治療兩名患有氣泡男孩症這一免疫缺陷症的患者。患此病的人極易受到感染，一生都得生活在無菌的環境或「透明罩」內。

安德森的團隊從兩名病患者身上提取樣本細胞，用攜帶基因的病毒進行治療，然後將細胞重新放回患者體內。這一療法在兩年內重複了多次，並且很有效。然而，這一效果只是暫時的，患者身體產生的新細胞依然遺傳了有缺陷的基因。這也是基因療法有待解決的一個核心問題。

未來前景

基因療法在其他遺傳病上已經取得了顯著突破。1989 年，美國科學家找到了引起囊胞性纖維症的基因。患有此病時，有缺陷的細胞會生產黏液從而阻塞肺部和消化系統。發現致病基因不到五年的時間，科學家就研發出了用脂質粒作為載體運送健康基因的技術，並於 2014 年完成了首例臨床試驗。

目前，基因療法依然面臨着巨大挑戰。囊胞性纖維症只是由一個基因缺陷引起的，而很多與遺傳有關的疾病是由多個基因相互作用引起的，比如阿茲海默症、心臟病，以及糖尿病。這些疾病治療起來更加困難，而人們也在不斷探索安全有效的基因療法。■

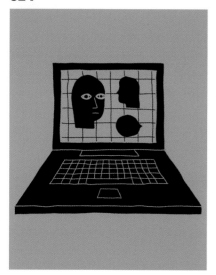

用電腦設計新生命

克雷格·文特爾（1946 年－）
Craig Venter

背景介紹

科學分支
生物學

此前

1866 年 格雷戈爾·孟德爾發現豌豆的遺傳性狀遵循一定的模式。

1902 年 美國生物學家、醫師沃爾特·薩頓指出，染色體是遺傳信息的載體。

1910－1911 年 托馬斯·摩爾根通過果蠅實驗證明了薩頓的理論。

1953 年 弗朗西斯·克里克和詹姆斯·沃森揭示了 DNA 是如何攜帶遺傳指令的。

1995 年 首次完成了一種細菌的基因組排序。

2000 年 人類基因組圖譜的繪製工作初步完成。

2007 年 克雷格·文特爾合成了人造染色體。

此後

2010 年 文特爾宣布第一個人造生命的誕生。

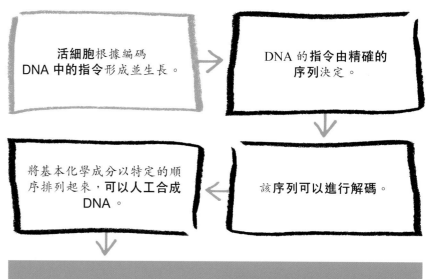

活細胞根據編碼 DNA 中的指令形成並生長。

DNA 的指令由精確的序列決定。

將基本化學成分以特定的順序排列起來，可以人工合成 DNA。

該序列可以進行解碼。

有一天，我們將可以用電腦設計新生命。

2010 年 5 月，由生物學家克雷格·文特爾帶領的一個美國科學家團隊創造出第一個人造生命，一個由基本化學物質合成的單細胞細菌。這證明我們對生命本質的認識又邁進了一步。創造生命的夢想已有很長的一段歷史。1771 年，路易吉·伽伐尼發現，電流會使已經解剖的青蛙的腿產生抽搐，這激發了小說家瑪麗·雪萊創作《弗蘭肯斯坦》的靈感。但是，科學家逐漸發現，生命更多地取決於細胞內部的化學反應，而非物理學上的一次「火花」。

到 20 世紀 50 年代中期，人們在一個分子中發現了生命的真正

參見：格雷戈爾·孟德爾 166~171 頁，托馬斯·亨特·摩爾根 224~225 頁，芭芭拉·麥克林托克 271 頁，詹姆斯·沃森與弗朗西斯·克里克 276~283 頁，邁克爾·敍韋寧 318~319 頁，威廉·弗倫奇·安德森 322~323 頁。

> **我們正在創造一個新的生命價值體系。**
>
> —— 克雷格·文特爾

奧秘。這個分子被稱作脫氧核糖核酸（DNA），存在於每個細胞核中。人們發現，由基本化學物質組成的 DNA 長鏈就是控制細胞工作的遺傳密碼。創造生命就是創造 DNA，也就是將 DNA 的基本組成單位核苷酸的順序排列正確。核苷酸只含有四種鹼基中的一種，但組合方式卻多種多樣。

製造DNA

每種生物的核苷酸序列都是不同的，並且是數百萬年進化的結果。隨機的排序只能代表無意義的化學「信息」，無法形成生命。為了創造生命，科學家必須從自然界的生物中複製序列。1990 年，利用新技術，人們已經可以通過一系列複雜方法測得這一序列，人類基因組項目也已啓動，開始對人類的所有基因進行排序。

1995 年，細菌成為第一個完成基因測序的生物體。三年後，文特爾由於無法忍受人類基因組項目的緩慢進展，離開項目組，組建了自己的私人公司「塞雷拉基因組公司」，希望更快完成人類基因組排序，並將數據公開。2007 年，他的團隊宣布已根據支原體的染色體成功製成了人造染色體。一條染色體就是一條完整的 DNA 鏈。2010 年，他的團隊將人造染色體插入了另外一個去除遺傳物質的細菌中，從而創造了一種新的生命體。

電腦製造的生命

即使像支原體這樣最簡單的生物，其基因組也是由數十萬的核苷酸排列組成的。這些核苷酸必須按照特定的順序人工合成在一起，這對於整個基因組來說是一項巨大的任務。這一過程可以在電腦技術的幫助下自動完成。現在的電腦可以解碼生命的遺傳藍圖，識別疾病的遺傳因素，甚至用於創造新的生命。■

支原體是一種沒有細胞壁的**原核細胞**。它們是目前已知的最小的生命形式，文特爾選擇支原體為對象，首次人工合成染色體。

克雷格·文特爾

克雷格·文特爾出生於美國猶他州鹽湖城，在校時學習成績並不好；越南戰爭期間徵召入伍，服務於一家戰地醫院，並對生物醫學產生了濃厚興趣。從加州大學聖地亞哥分校畢業後，文特爾於 1984 年加入美國國立衛生研究院。20 世紀 90 年代，他協助開發了人類基因組項目中定位基因的技術，並成為不斷發展的基因組研究領域中的一位先鋒。1992 年，文特爾離開國立衛生研究院，建立了一家非營利的基因組研究院。他發明了一種完整基因組的測序方法，開始時主要研究流感嗜血桿菌。後來，文特爾轉向人類基因組研究，並建立了一家營利性公司「塞雷拉基因組公司」，製造先進的測序儀。2006 年，他創立了非營利機構克雷格·文特爾研究所，致力於人造生命的研究。

主要作品

2001 年 《人類基因組序列》
2007 年 《解碼生命》

一條新的自然法則

伊恩·維爾穆特（1944 年一）
Ian Wilmut

背景介紹

科學分支
生物學

此前

1953 年 詹姆斯·沃森和弗朗西斯·克里克證明，DNA 的雙螺旋結構承載了遺傳密碼，並且可以進行複製。

1958 年 F. C. 斯圖爾特用已分化成熟的組織成功克隆胡蘿蔔。

1984 年 丹麥生物學家斯蒂恩·維拉德森發明了將胚細胞和去除遺傳物質的卵細胞融合在一起的方法。

此後

2001 年 一頭名叫諾亞的克隆印度野牛在美國降生了，這是第一個通過克隆繁殖的瀕危動物。

2008 年 實驗證明，用治療性克隆培育的組織可以治癒老鼠的帕金森症。

克隆是指繁殖出在遺傳上與供體完全相同的新個體技術，在自然界就有類似現象發生。比如草莓通過匍匐莖無性繁殖，其後代繼承了完全相同的基因。人工克隆卻很難實現，因為並非所有細胞都能長成完整的個體，第一例成功的多細胞生物克隆是由英國生物學家 F. C. 斯圖爾特完成的。他用一個成熟的單細胞培養出了一株胡蘿蔔。

克隆動物

全能細胞指能長成完整生物體的細胞。動物體內的全能細胞屈指可數，而受精卵和早期的胚胎細胞就是其中之二。到 20 世紀 80 年代，科學家已通過分離早期的胚胎細胞進行克隆，但過程很難實現。英國生物學家伊恩·維爾穆特另闢蹊徑，將體細胞的細胞核放入無核卵細胞中，使其成為全能細胞。

維爾穆特的團隊用綿羊的乳腺細胞作為細胞核供體，將形成的胚胎放入綿羊體內讓其正常發育。總計有 27729 個細胞發育成了胚胎，其中一隻被命名為「多利」的克隆羊降生於 1996 年，並且長到成年。農業、保護動植物和醫療方面的克隆研究一直在繼續，而有關倫理方面的爭論也從未停止。■

克隆人的壓力是巨大的，但我們沒有必要認為它會成為人類生活普遍或重要的一部分。

—— 伊恩·維爾穆特

參見：格雷戈爾·孟德爾 166~171 頁，托馬斯·亨特·摩爾根 224~225 頁，詹姆斯·沃森與弗朗西斯·克里克 276~283 頁。

太陽系外的世界

傑弗里・馬西（1954 年－）
Geoffrey Marcy

背景介紹

科學分支
天文學

此前
20 世紀 60 年代 天文學家希望通過測量恆星在運行軌道上的輕微晃動發現新的系外行星，但即使目前最強大的望遠鏡也無法觀察到恆星的這種晃動。

1992 年 波蘭天文學家亞歷山大・沃爾茲森發現了第一顆世界公認的系外行星，該行星正圍繞脈衝星（燃盡的恆星核）運轉。

此後
2009－2013 年 美國國家航空航天局的開普勒衛星通過觀察行星通過恆星正面時恆星光度的微小變化，發現了超過 3000 顆可能是系外行星的天體。根據開普勒衛星收集的數據，天文學家預測，銀河系大約有 110 億個像地球一樣的星球，圍繞着類似於太陽的恆星運行。

長久以來，天文學家一直在思考，行星可能圍繞太陽以外的恆星運轉，但直到近些年，技術障礙才得以解決。首先發現的是圍繞脈衝星運轉的行星，在行星的引力作用下，脈衝星的無線電信號會有輕微變化。1995 年，瑞士天文學家米歇爾・麥耶和迪迪埃・奎洛茲發現了距地球約 51 光年的飛馬座 51b，這顆系外行星的大小類似於木星，圍繞一顆類似太陽的恆星運轉。之後，天文學家發現了 1000 多顆系外行星，也稱「外星行星」。

行星獵人

在人類發現的前 100 個行星中，有 70 個是由在伯克利加州大學的天文學家傑弗里・馬西及其團隊發現的，這一記錄目前無人超越。

系外行星距離我們十分遙遠，只能通過間接方式證明它的存在。行星的引力會使寄主星的徑向速度發生變化 —— 也就是寄主星接近或離開地球的移動速度 —— 可透過測量寄主星光頻的頻移而得知。外星行星是否有生命存在，還有待進一步的考證。■

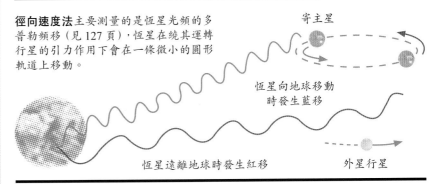

徑向速度法主要測量的是恆星光頻的多普勒頻移（見 127 頁），恆星在繞其運轉行星的引力作用下會在一條微小的圓形軌道上移動。

寄主星

恆星向地球移動時發生藍移

恆星遠離地球時發生紅移

外星行星

參見：尼古拉・哥白尼 34~39 頁，威廉・赫歇爾 86~87 頁，克里斯蒂安・多普勒 127 頁，埃德溫・哈勃 236~241 頁。

DIRECTORY

人名録

人 名 錄

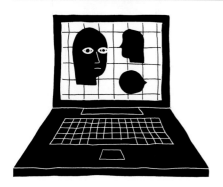

回溯科學史，我們可以發現科學最初只是一個人或幾個人的獨立研究，並且往往是一種類似宗教的追求。如今，科學已經發展成為一種對現代社會影響重大的實踐活動，很多科學項目從本質上說都需要人們的高度協作，所以很難選出某些人作為代表，事實上這樣做也有失公允。目前的研究領域多於史上任何時期，各學科間的界限也逐漸模糊。數學家為物理學提供解決方法，物理學家幫助解釋化學反應的本質，而化學家又參與探尋生命的奧秘，生物學家轉向了人工智能。在此，我們只擇取部分人物列出，他們的研究加深了我們對世界的了解。

畢達哥拉斯
約公元前 570 — 前 495 年

有關古希臘數學家畢達哥拉斯的生平，我們確知甚少，他本人未留下任何著作。畢達哥拉斯出生於希臘的薩摩斯島，但在公元前 518 年之前就離開故鄉，前往意大利南部的克羅托內。他在那裏建了一個秘密的哲學宗教社團，名為畢達哥拉斯學派。這個社團的內部人士互稱數學家，認為從最深層次講現實的本質就是數學。畢達哥拉斯認為，所有事物的關係都可以歸結為數，他建立的學派就是要找到這些關係。畢達哥拉斯為科學，尤其是數學，作出了巨大貢獻。他研究了振動弦與和聲的關係，還可能首次證明了畢達哥拉斯定理，即勾股定理。該定理表述如下，直角三角形斜邊的平方等於兩直角邊的平方之和。

參見：阿基米德 24~25 頁。

色諾芬尼
約公元前 570 — 前 475 年

古希臘哲學家、詩人色諾芬尼生於科洛封，一生漂泊各地。他興趣廣泛，在行走各地期間通過仔細觀察積累了豐厚的學識。他指出，來自太陽的能量可以使海水變熱最終形成雲，這種能量驅動着地球上的物理過程。色諾芬尼認為，天體起源於雲，星體是燃燒的雲，而月球由壓縮的雲組成。在內陸發現海洋生物化石後，色諾芬尼推論地球時而經歷洪水，時而經歷乾旱。他是第一個不借用神解釋自然現象的人，但是他的研究在他死後幾百年內都無人問津。

參見：恩培多克勒 21 頁，張衡 26~27 頁。

阿耶波多
公元 476 — 550 年

印度數學家、天文學家阿耶波多生活在華氏城，這裏是印度笈多王朝的文明中心。阿耶波多 23 歲時撰寫了一篇簡短的專著，對後來的伊斯蘭學者產生了重要影響。這本書名為《阿耶波多文集》，用詩體寫成，其中涵蓋代數、幾何、三角函數和天文學。書中描述了圓周率 π 的近似值為 3.1416，精確到了小數點後四位，地球周長為 39968 千米，與目前廣為接受的 40075 千米十分接近。阿耶波多還提出，因為地球自轉，所以可以看到星體的運動；行星沿橢圓形軌道運轉；但並沒有提出以太陽為中心的太陽系模型。

參見：尼古拉·哥白尼 34~39 頁，約翰尼斯·開普勒 40~41 頁。

婆羅摩笈多
598 — 670 年

印度數學家、天文學家婆羅摩笈多將零的概念引入數字系統

中，他將零定義為減去自身的數字。他還詳細描述了負數的代數法則。公元 628 年，婆羅摩笈多生活在瞿折羅-普臘蒂哈臘王朝的都城，在那裏完成了最重要的著作《婆羅摩修正體系》。這本書沒有使用任何數學符號，卻詳細描述了二次公式，即解決二次方程的方法。公元 8 世紀，這本書在巴格達被翻譯成阿拉伯語，對後來的阿拉伯科學家產生了重要影響。

參見：阿爾哈曾 28~29 頁。

賈比爾・伊本・哈揚
約 722 — 約 815 年

波斯煉金術士賈比爾・伊本・哈揚（又譯「吉伯」）是一位崇尚實踐和實驗的科學家。他詳細列出了製作合金、檢驗金屬以及分餾的方法。大約有 3000 種書被歸為賈比爾的名下，但很多書的完成時間可能在賈比爾去世之後。中世紀，賈比爾的著作在歐洲幾乎聞所未聞，但是歸於他名下的《金屬完善術概要》13 世紀被傳到歐洲，成為歐洲煉金術方面最著名的書籍，但其實這本書很有可能是方濟會修士塔蘭托的約翰所著。當時，使用著名前輩的名字著書的現象十分常見。

參見：約翰・道爾頓 112~113 頁。

伊本・西拿
約 722 — 約 815 年

波斯醫師伊本・西拿，亦稱阿維琴納，是一個神童，十歲時就能背誦整本《古蘭經》。伊本・西拿涉獵廣泛，包括數學、邏輯、天文學、物理學、煉金術和音樂。他完成了兩部重要著作：一本是《治療論》，被奉為科學的百科全書；另一本是《醫典》，17 世紀還作為大學教材被廣泛使用。伊本・西拿不僅列出了治療疾病之法，還記述了保持健康之道，並強調了運動、按摩、飲食和睡眠的重要性。他所處的年代政治動盪，研究常常因為被迫搬遷而中斷。

參見：路易・巴斯德 156~159 頁。

安布魯瓦茲・帕雷
約 1510 — 1590 年

安布魯瓦茲・帕雷在法國軍隊當了 30 年軍醫，在此期間，他發明了很多新技術，包括截肢後的動脈結紮術。他研究過解剖學，發明了假肢，還首次描述了幻覺肢這種疾病，此病患者肢體被截掉以後，仍能感覺到這個肢體繼續存在。他還用金、銀、瓷和玻璃製作義眼。帕雷研究了因暴力死亡之人的體內器官，撰寫了第一份合法的醫療報告，開啟了現代法醫病理學。帕雷的成就提升了外科醫生原本低下的社會地位，他本人還擔任過四任法國國王的御醫。1575 年，詳細論述帕雷醫療方法的《帕雷作品集》發表。

參見：羅伯特・胡克 54 頁。

威廉・哈維
1578 — 1657 年

英國醫師威廉・哈維是第一個精確描述血液循環的人，他指出血液快速地在全身流動，形成了一個由心臟提供動力的系統。此前，人們認為有兩個血液系統：靜脈攜帶着來自肝臟、養分充足的紫色血液，而動脈攜帶來自肺部、「賦予生命」的紅色血液。哈維通過無數次實驗證明了血液循環，還研究了不同生物的心跳。但是，他反對笛卡兒的機械論哲學，相信血液擁有自己的生命力。哈維的血液循環理論最初遭到反對，但在他去世之前已被廣為接受。17 世紀末，人們用新式顯微鏡觀察到連接動脈和靜脈的毛細血管。

參見：羅伯特・胡克 54 頁，安東尼・範・列文虎克 56~57 頁。

馬林・梅森
1588 — 1648 年

法國修道士馬林・梅森最著名的當屬質數研究，他指出如果 2n-1 是質數，那麼 n 肯定也是質數。他的研究涉獵廣泛，涵蓋很多科學領域，比如和聲學，他發現了控制弦振動頻率的規律。梅森住在巴黎，經常與勒內・笛卡兒合作，與伽利略通信，還將伽利略的著作譯成法文。他提倡實驗，稱其為打開科學大門的鑰匙，他還強

調精確數據的重要性，並批評當時很多科學家不夠嚴謹。1635 年，他建立了巴黎學院，這是一個民間的科學組織，在歐洲擁有 100 多名會員，後來發展為法國科學院。

參見：伽利略・伽利雷 42~43 頁。

勒內・笛卡兒
1596 – 1650 年

法國哲學家數學家、物理學家勒內・笛卡兒是 17 世紀科學革命的一位重要人物。他到訪過歐洲很多地方，與當時很多名人合作。他提倡對既有知識保持懷疑精神，從而幫助法國科學家擺脫了亞里士多德的非實證研究方法。笛卡兒在數學的基礎上提出了科學研究的四步法：對一切事物的正確性保持懷疑，除非它不證自明；簡化問題，將其分成幾部分；從易到難逐步解決這些問題；最後檢查所得結果。他還發明了笛卡兒坐標系，其中包括 x 軸、y 軸和 z 軸，用數字表示空間中的點。通過這種方法，可以用數字表示圖形，也可以用圖形表示數字，從而創立了解析幾何。

參見：伽利略・伽利雷 42~43 頁，弗朗西斯・培根 45 頁。

亨尼格・布蘭德
約 1630 – 約 1710 年

關於德國化學家亨尼格・布蘭德的早期生活，我們知之甚少，但我們知道他確實參加了「三十年戰爭」。離開軍隊後，布蘭德致力於煉金術的研究，尋找能夠將普通金屬變成金子的哲人石。1669 年，布蘭德通過加熱濃縮尿液的殘渣，製成了一種白色蠟狀物質。因為這種物質在黑暗中會發光，所以他稱其為「磷」（意為「持光者」）。磷的反應活性極高，自然界中沒有游離態的磷存在。布蘭德的發現標誌着第一次成功分離這種元素。布蘭德將製磷方法視作秘密，但 1680 年羅伯特・玻意耳也獨立發現了磷。

參見：羅伯特・玻意耳 46~49 頁。

戈特弗里德・威廉・萊布尼茨
1646 – 1716 年

戈特弗里德・威廉・萊布尼茨是德國人，曾在萊比錫大學學習法律。求學期間，萊布尼茨接觸到了笛卡兒、培根和伽利略的思想，從而對科學產生了濃厚興趣，並開始了整理人類所有知識的畢生追求。後來，他到巴黎跟隨克里斯蒂安・惠更斯學習數學，並在那裏開始研究微積分。微積分是一種計算變化率的數學方法，對後來的科學發展至關重要。他與艾薩克・牛頓同時創立了微積分，兩人彼此通信，而後發生爭吵。萊布尼茨積極推動科學研究，與歐洲 600 多位科學家通信，並在柏林、德累斯頓、維也納和聖彼得堡建立了研究院。

參見：克里斯蒂安・惠更斯 50~51 頁，艾薩克・牛頓 62~69 頁。

丹尼斯・帕潘
1647 – 1712 年

英國物理學家、發明家丹尼斯・帕潘生於法國，年輕時曾作為克里斯蒂安・惠更斯和羅伯特・玻意耳的助手，協助他們做空氣和壓力實驗。1679 年，帕潘發明了高壓鍋。他觀察到高壓鍋內的蒸氣試圖頂開鍋蓋，由此想到可以用蒸氣驅動氣缸內的活塞，於是率先設計了蒸汽機。帕潘本人並沒有製造蒸汽機，但 1709 年他做了一個槳輪，證明蒸汽輪船用短槳代替長槳更實用。

參見：羅伯特・玻意耳 46~49 頁，克里斯蒂安・惠更斯 50~51 頁，約瑟夫・布萊克 76~77 頁。

斯蒂芬・黑爾斯
1677 – 1761 年

英國神職人員斯蒂芬・黑爾斯做了一系列有關植物生理學的開創性實驗。他測量了植物蒸騰作用過程中葉子所散發的水蒸氣，發現正是蒸騰作用促使樹液從根部向上運輸，樹液從高壓的根部到達水蒸氣會發生蒸騰的低壓部位，將溶解其中的養分送達植物各處。1727 年，黑爾斯將其研究結果發表在《植物靜力學》一書中。此

外，他還做了很多動物實驗，常常以狗為實驗對象，並首次測量了血壓。黑爾斯還發明了集氣槽，這是一種在化學反應中收集生成氣體的實驗裝置。

參見：約瑟夫·普里斯特利 82~83 頁，揚·英根豪斯 85 頁。

丹尼爾·伯努利
1700 – 1782 年

丹尼爾·伯努利出生於一個顯赫的數學世家，他的伯父雅各布及父親約翰為創立微積分作出了重要貢獻。而他可能是家族中最具天賦的一員。1738 年，他發表了《流體動力學》一書，其中論述了流體的性質。他還提出了伯努利原理，指出流體流速增加，壓強變小，這一原理有助於我們理解機翼升力。伯努利意識到，流動的流體必須犧牲一部分壓強以獲得動能，這樣才不違反能量守恆定律。除了數學和物理學，伯努利還對天文學、生物學和海洋學有所涉獵。

參見：約瑟夫·布萊克 76~77 頁，亨利·卡文迪許 78~79 頁，約瑟夫·普里斯特利 82~83 頁，詹姆斯·焦耳 138 頁，路德維希·玻爾茲曼 139 頁。

喬治-路易·勒克萊爾，蒲豐伯爵
1707 – 1788 年

從 1749 年到生命的盡頭，法國貴族、自然學家蒲豐伯爵孜孜不倦地撰寫他的鴻篇巨著《自然通史》，目的是要整理自然史和地質學所有領域的知識。蒲豐伯爵去世 16 年後，這部百科全書最終由他的助手完成，共計 44 卷。蒲豐伯爵研究了地球的地質史，提出地球的年齡比之前假設的要長得多。他繪製了滅絕物種的圖表，提出人和猿擁有共同的祖先，比達爾文的進化論早一個世紀。

參見：卡爾·林奈 74~75 頁，詹姆斯·赫頓 96~101 頁，查爾斯·達爾文 142~149 頁

吉爾伯特·懷特
1720 – 1793 年

英國牧師吉爾伯特·懷特住在漢普郡的塞爾伯恩小鎮，他一生未娶，過着安靜的生活。1789 年，他發表了《塞爾伯恩史》一書，其中包含了他寫給朋友的信。在這些信中，懷特記錄了他對自然的系統觀察，並指出了生物間的相互關係。事實上，懷特可謂歷史上第一位生態學家。他意識到，所有生物都在我們現在所說的生態系統中扮演一定的角色，他寫道，蚯蚓「似乎是促進植被生長的偉大因素，沒有牠們，植物也能生長，但會很慢」。懷特發明的很多研究方法都對後來的生物學家影響重大，其中一種方法是在同一地點觀察多年，同時做好記錄。

參見：亞歷山大·馮·洪堡 130~135 頁，詹姆斯·洛夫洛克 315 頁。

尼塞福爾·涅普斯
1765 – 1833 年

現存最早的照片出自法國發明家尼塞福爾·涅普斯之手，拍攝時間為 1825 年，場景是他在聖盧德瓦雷納住所附近的建築。涅普斯多年來一直在做實驗，希望找到一種可以將圖像投射到照相機暗箱後面的方法。1816 年，他在一張塗有氯化銀的紙上製成了負像圖像，但是圖像一曝光就消失了。大約 1822 年，涅普斯發明了一種攝影術，他稱之為日光膠版術，使用的是塗有瀝青的玻璃板或金屬板。當置於陽光下照射時，瀝青會變硬，而玻璃板用薰衣草油沖洗時，只有硬化部分會保留下來。這種方法的曝光時間是 8 小時。涅普斯晚年時，與路易·達蓋爾合作，改進了這一過程。

參見：阿爾哈曾 28~29 頁。

安德烈·瑪麗·安培
1775 – 1836 年

1820 年，法國物理學家安德烈·瑪麗·安培聽說漢斯·克里斯蒂安·奧斯特偶然發現了電磁關係後，試圖用數學和物理理論解釋兩者之間的關係。在此過程中，他提出了安培定律，闡述了磁場與產生磁場的電流之間的數學關係。1827 年，安培發表了自己的研究成果。他的《電動力學現象的數

學理論》一書十分獨特，匯集了他的豐富經驗。他還在此書中將這個新的科學領域稱為電動力學。電流的標準單位安培就是以他的名字命名的。

參見：漢斯‧克里斯蒂安‧奧斯特 120 頁，邁克爾‧法拉第 121 頁。

路易‧達蓋爾
1787－1851 年

法國畫家、物理學家路易‧達蓋爾發明了第一種實用的攝影法。自 1826 年開始，達蓋爾就與尼塞福爾‧涅普斯一起研究日光膠版術，但是這種方法的曝光時間至少需要 8 小時。涅普斯 1833 年去世後，達蓋爾發明了一種攝影法，他讓影像呈現在鍍有碘化銀的平板上，然後至於汞蒸氣中，最後用鹽水定影。這種方法將照片的曝光時間縮短至 20 分鐘，照相首次變得方便可行。1839 年，達蓋爾詳細描述了自己的攝影法，並稱之為印版照相法。這種方法為他帶來了巨額財富。

參見：阿爾哈曾 28~29 頁。

奧古斯丁‧菲涅耳
1788－1827 年

法國工程師、物理學家奧古斯丁‧菲涅耳最著名的發明當屬菲涅耳透鏡，通過這種透鏡，可以在很遠的地方觀察到燈塔的光。菲涅耳研究光的性質，經常與托馬斯‧楊通信，還在托馬斯‧楊雙縫實驗的基礎上

做了進一步研究。他做了大量有關光學的理論研究，用一套公式描述了光從一種介質進入另一種介質時的折射與反射現象。菲涅耳的很多研究對光學都有重要影響，但直到死後才得到人們的認可。

參見：阿爾哈曾 28~29 頁，克里斯蒂安‧惠更斯 50~51 頁，托馬斯‧楊 110~111 頁。

查爾斯‧巴貝奇
1791－1871 年

英國數學家查爾斯‧巴貝奇設計了第一台機械式計算機。他發現當時印刷的數學用表中錯誤多得驚人，所以想設計一種可以自動計算數學用表的機器。1823 年，他聘用工程師約瑟夫‧克萊門特製造這種機器。巴貝奇的差分機如果做成，將是一台由黃銅齒輪組成的精密裝置，可是剛做好樣機時巴貝奇就耗盡了資金和精力。1991 年，倫敦科學博物館的科學家根據巴貝奇的說明書，用巴貝奇那個年代的技術建造了一台差分機。結果，這台機器確實可以運行，雖然一兩分鐘後會卡住。巴貝奇還設想了一台由蒸汽驅動的分析機。這台機器可以執行打孔卡上的指令，將數據存放在「堆棧」（即存儲庫），在「工場」（即運算室）進行運算，最後打印出結果。這也許是現代意義上的第一台計算機。巴貝奇的同胞阿達‧洛芙萊斯（詩人拜倫伯爵的女兒）為

這台機器寫了程序，因此被世人稱為史上第一位程式設計師。然而，分析機項目從未啟動。

參見：阿蘭‧圖靈 252~253 頁。

薩迪‧卡諾
1796－1832 年

薩迪‧卡諾是法國陸軍的一位軍官。1819 年，他選擇一種半退役的方式，拿一半的軍餉到巴黎投身於科學研究。卡諾希望法國可以在工業革命中趕超英國，於是開始設計並製造蒸汽機。1824 年，卡諾根據自己的研究發表了《關於火的動力》，這是他唯一的著作。書中指出，蒸汽機的效率主要取決於最熱和最涼的機器零部件之間的溫差。卡諾在熱動力學方面的開創性研究為後來德國的魯道夫‧克勞修斯及英國的開爾文勳爵的工作奠定了基礎，但卡諾在世時卻沒有得到多少關注。卡諾在一場霍亂中死去，年僅 36 歲。

參見：約瑟夫‧傅里葉 122 頁，詹姆斯‧焦耳 138 頁。

讓－丹尼爾‧科拉東
1802－1893 年

瑞士物理學家讓－丹尼爾‧科拉東證明，光通過全內反射可以全部保留在管中，在此過程中光沿曲線傳播，這是現代光纖的一個核心原理。科拉東在日內瓦湖上做了很多實驗，證明聲音在水中的傳播速度是在空氣中傳播速度的 5 倍。他設

計出一種方法讓聲音在水中傳播了 50 公里，並提出可以用這種方法實現英吉利海峽兩岸的通訊。他還研究了水的壓縮率，為水力學作出了重要貢獻。

參見：萊昂・傅科 136~137 頁。

尤斯圖斯・馮・李比希
1803－1873 年

尤斯圖斯・馮・李比希出生於德國達姆施塔特，他父親開了一家小化工廠，李比希小時候就曾在父親的實驗室做過化學實驗。長大後，李比希成為一位魅力四射的化學教授，他崇尚實驗的教學方法在當時產生了極大影響。李比希發現了氮在植物生長過程中的重要性，並且發明了工業化肥。他還很喜歡研究食品的化學性質，發明了加工牛肉膏的方法。他建立了李比希牛肉膏公司，後來開始生產牛奧牌（Oxo）高湯塊。

參見：弗里德里希・維勒 124~125 頁。

克勞德・伯納德
1813－1878 年

法國生理學家克勞德・伯納德是實驗醫學的一位先驅，也是第一位研究人體內部規律的科學家。他的研究為我們現在所說的「體內平衡」奠定了基礎。體內平衡是指當外部環境發生變化時體內環境保持穩定的性質。伯納德研究了胰腺和肝臟在消化過程中的作用，描述了

化學物先被分解為更簡單的物質，而後又組成人體組織所需的複雜分子。1865 年，伯納德發表了他的重要著作《實驗科學研究導論》。

參見：路易・巴斯德 156~159 頁。

威廉・湯姆孫
1824－1907 年

物理學家威廉・湯姆孫生於北愛爾蘭首都貝爾法斯特，22 歲成為格拉斯哥大學的自然科學教授，1892 年被封為貴族，對為開爾文男爵，其頭銜源自流經格拉斯哥大學的開爾文河。開爾文認為，物理變化從根本上說就是能量的變化。他的研究涉及物理學多個領域。開爾文提出了熱力學第二定律，並建立了新的溫度標度，即「絕對零度」。絕對零度是指分子運動停止的溫度，數值為 -273.15°C。以絕對零度作為計算起點的溫度就是以他的名字命名的。開爾文發明了鏡式電流計，用來接收微弱的電報信號。1866 年，在開爾文的指導下，大西洋海底電纜鋪設成功。他還改進了船員使用的指南針，發明了預測潮汐的機器。開爾文男爵常常招致是非，他反對達爾文的進化論，還發表過很多大膽的言論，比如他 1902 年曾預言「沒有哪架飛機能夠試飛成功」。結果，一年後萊特兄弟的第一架飛機試飛成功。不過，大多數人都認為開爾文曾說過「物理學不

會再有甚麼新發現了」，但這並沒有甚麼根據。

參見：詹姆斯・焦耳 138 頁，路德維希・玻爾茲曼 139 頁，歐內斯特・盧瑟福 206~213 頁。

約翰內斯・范德華
1837－1923 年

1873 年，荷蘭物理學家約翰內斯・范德華完成博士論文，這篇論文為熱力學作出了重大貢獻。文中指出，在分子層面液態和氣態之間存在着連續性。范德華指出，這兩種物質形態不僅會彼此混合，從根本上說還應該擁有一樣的性質。他假設分子間存在一種力，現在我們稱之為范德華力，這種力可以解釋化學物的性質，比如溶解度。

參見：詹姆斯・焦耳 138 頁，路德維希・玻爾茲曼 139 頁，奧古斯特・凱庫勒 160~165 頁，萊納斯・鮑林 254~259 頁。

愛德華・布朗利
1844－1940 年

巴黎天主教學院物理教授愛德華・布朗利是無線電報的一位先驅。1890 年，他發明了無線電接收器，即布朗利檢波器。該接收器由一個玻璃管組成，其中裝有兩個距離很近的電極，電極間充滿金屬粉末。當接受到無線電波時，金屬粉末會緊縮成塊，電阻減小後電流很容易通過。後來，布朗利的發明被意大利古列爾莫・馬

可尼用在了無線電通訊的實驗中，並於 1910 年之前一直被廣泛用於電報。而後，更敏感的檢測器面世，布朗利的發明才退出舞台。

參見：亞歷山德羅‧伏打 90~95 頁，邁克爾‧法拉第 121 頁。

伊凡‧巴甫洛夫
1849－1936 年

巴甫洛夫生於俄國，父親是一名東正教神父，但為了去聖彼得堡大學學習化學和生理學，巴甫洛夫放棄了原本繼承父業的計劃。巴甫洛夫發現，他每次走進房間，他的狗都會流口水，即使他手裏沒拿食物也是如此，於是開始研究這一現象。巴甫洛夫意識到，這一定是一種習得行為，並開始了長達 30 年的條件反射實驗。他做過一個實驗，每次餵狗前都先搖鈴，結果發現，經過一段時間的學習（訓練）後，狗一聽到響鈴就會流口水。雖然當今的生理學家認為巴甫洛夫的解釋過於簡單，但這項研究卻為行為研究奠定了基礎。

參見：康拉德‧勞倫茲 249 頁。

亨利‧莫瓦桑
1852－1907 年

1906 年，法國化學家亨利‧莫瓦桑因為成功製備元素氟獲得諾貝爾化學獎。莫瓦桑通過電解氟氫化鉀溶液製得氟。莫瓦桑將溶液冷卻至 -50℃，陰極出現純氫氣，陽極出現純氟

氣。莫瓦桑還發明了一種溫度可以達到 3500℃ 的電弧爐，他試圖用這個電弧爐合成人造鑽石。雖然他並沒有成功，但他提出的在極高的壓強和溫度下可以用碳製成鑽石這一理論後來證明是正確的。

參見：漢弗萊‧戴維 114 頁，利奧‧貝克蘭德 140~141 頁。

弗里茨‧哈伯
1868－1934 年

德國化學家弗里茨‧哈伯的人生可謂毀譽參半。值得稱讚的是，哈伯及其同事卡爾‧博施發明了用氫和大氣中的氮合成氨（NH_3）的方法。氨是人造肥料的重要成分，哈伯-博施法實現了人造肥料的工業生產，大幅提高了食物的產量。而備受譴責的是，他發明了塹壕戰使用的氯氣等致命性毒氣，並在一戰期間親自監督它們在戰場上的使用。1915 年，哈伯同為化學家的妻子克拉拉自殺，以反對哈伯在伊普爾使用氯氣。

參見：弗里德里希‧維勒 124~125 頁，奧古斯特‧凱庫勒 160~165 頁。

查爾斯‧湯姆遜‧里斯‧威爾遜
1869－1959 年

蘇格蘭氣象學家查爾斯‧湯姆遜‧里斯‧威爾遜對雲的研究情有獨鍾。為了研究雲，他發明了一種方法，在一個封閉的裝置內讓潮濕空氣不斷膨脹

達到飽和狀態，也就是達到形成雲所需的條件，這個裝置就是雲霧室。威爾遜發現，如果有灰塵顆粒存在，雲霧室中更容易形成雲。如果沒有灰塵顆粒，空氣濕度只有達到一個很高的點才會形成雲。威爾遜認為，水蒸氣以離子（帶電分子）為中心凝結成雲。為了驗證這一理論，威爾遜用射線照射雲霧室中的氣體，觀察空氣被電離後會不會形成雲。他發現，射線穿過後留下了一條由細微水滴組成的軌跡。威爾遜發明的雲霧室對核物理學的研究至關重要，他因此於 1927 年獲得諾貝爾物理學獎。1932 年，美國加州理工學院的安德森宣告利用雲霧室首次發現了正電子。

參見：保羅‧狄拉克 246~247 頁，查爾斯‧基林 294~295 頁。

歐仁‧布洛克
1878－1944 年

法國物理學家歐仁‧布洛克致力於光譜學研究，為阿爾伯特‧愛因斯坦用光量子理論解釋光電效應提供了支持性證據。第一次世界大戰期間，布洛克從事軍事通訊，發明了第一個用於無線電接收器的電子放大器。1940 年，正擔任巴黎大學物理學教授的布洛克因受到法國維希政權反猶太政策的迫害，職務被免。他逃到未被維希政府佔領的法國南部地區，但 1944 年被秘密國家警察抓到，關在奧斯威辛集中營，並在那裏遇害。

參見：阿爾伯特·愛因斯坦 214~221 頁。

馬克斯·玻恩
1882 – 1970 年

20 世紀 20 年代，德國物理學家、哥廷根大學實驗物理學教授馬克斯·玻恩與維爾納·海森堡、帕斯夸爾·約爾丹共同創立了矩陣力學。矩陣力學是表達量子力學的一種數學方式。在埃爾溫·薛定諤建立波函數描述量子力學的同時，玻恩率先提出了薛定諤方程的現實意義，認為它描述的是在時空某一點發現粒子的概率。1933 年，納粹開始罷免猶太人在學術界的職位，玻恩全家離開德國。他後來定居英國，1939 年加入英籍。1954 年，玻恩因為對量子力學的貢獻獲得諾貝爾物理學獎。

參見：埃爾溫·薛定諤 226~339 頁，維爾納·海森堡 234~235 頁，保羅·狄拉克 246~247 頁，J·羅伯特·奧本海默 260~265 頁。

尼爾斯·玻爾
1885 – 1962 年

作為量子力學早期的一位重要理論學家，尼爾斯·玻爾對量子力學的第一個重大貢獻就是完善了歐內斯特·盧瑟福的原子模型。玻爾 1913 年提出，電子在特定的量子軌道上繞原子核運轉。1927 年，玻爾與維爾納·海森堡對量子現象作出解釋，也就是我們所說的哥本哈根詮釋。這種詮釋的一個核心概念就是玻爾的互補原理。該原理指出，一種物理現象，比如光子或電子的運動，會因為實驗儀器與被測物理現象的相互作用而得出矛盾的結果。

參見：歐內斯特·盧瑟福 206~213 頁，埃爾溫·薛定諤 226~233 頁，維爾納·海森堡 234~235 頁，保羅·狄拉克 246~247 頁。

喬治·埃米爾·帕拉德
1912 – 2008 年

羅馬尼亞細胞生物學家喬治·埃米爾·帕拉德 1940 年畢業於布加勒斯特大學醫學系，二戰快結束時移民美國，並在紐約洛克菲勒醫學研究所完成了自己最重要的研究。帕拉德發明了新的組織製備技術，使得在電子顯微鏡下研究細胞結構成為可能，這大大加深了他對細胞組成的了解。他最傑出的成就是在 20 世紀 50 年代發現了核糖體，這種細胞器之前被認為是線粒體的一部分，但實際上是合成蛋白質的主要場所。在這裏，氨基酸按照一定的序列連接形成蛋白質。

參見：詹姆斯·沃森與弗朗西斯·克里克 276~283 頁，琳·馬古利斯 300~301 頁。

戴維·玻姆
1917 – 1992 年

美國理論物理學家戴維·玻姆提出了一種非正統的量子力學詮釋。他假設宇宙存在一種「隱秩序」，這種秩序比我們在現實世界所經歷的時間、空間和意識更為基礎。他寫道：「元素之間可能存在一種完全不同的基本關係，我們平時所說的時空概念以及單獨存在的粒子概念，都將作為源自更深層秩序的形式從中抽象得出。」玻姆一直在普林斯頓大學與阿爾伯特·愛因斯坦共事，直到 20 世紀 50 年代初，玻姆因堅持馬克思主義的政治觀點離開美國。他先來到巴西，後遷往倫敦，1961 年開始在倫敦大學伯克貝克學院擔任物理學教授。

參見：埃爾溫·薛定諤 226~339 頁，休·艾弗雷特三世 284~285 頁，加布里埃萊·韋內齊亞諾 308~313 頁。

弗雷德里克·桑格
1918 – 2013 年

截至目前，人類歷史上只有四位兩度獲得諾貝爾獎的科學家，而英國生物化學家弗雷德里克·桑格就是其中一位，他所獲得的獎項均為化學獎。1958 年，桑格因完整定序胰島素內的氨基酸序列首次獲得諾貝爾獎。桑格的胰島素研究證明每種蛋白質都有一定的氨基酸序列，為我們理解形成蛋白質的 DNA 編碼方式打開了大門。1980 年，桑格因 DNA 測序法再次獲得諾貝爾獎。桑格的研究團隊測定了人類線粒體的基因序列，線粒體擁有 37 個

基因，全部從母親那裏遺傳而來。因為桑格所取得的卓越成就，1993 年桑格研究院成立，地點位於英國劍橋郡，桑格的住所附近，是目前全球最領先的基因組研究中心之一。

參見：詹姆斯‧沃森與弗朗西斯‧克里克 276~283 頁，克雷格‧文特爾 324~325 頁。

馬文‧明斯基
1927 － 2016 年

美國數學家、認知科學家馬文‧明斯基是早期研究人工智能的一位先驅，1959 年在麻省理工學院與他人共同建立了人工智能實驗室，並在那裏度過了餘下的職業生涯。明斯基的主要研究方向是神經網絡，即可以通過經驗進行學習並不斷發育的人造「大腦」。20 世紀 70 年代，明斯基與同事西蒙‧派珀特提出了一種人工智能理論，即「心智社會」，用來研究智能如何產生於完全由非智能個體組成的系統。明斯基將人工智能定義為「研究可以讓機器做需要人類智能的事情的科學」。他還是電影《2001 太空漫遊》的顧問，並研究過外星人存在的可能性。

參見：阿蘭‧圖靈 252~253 頁，唐納德‧米基 286~291 頁。

馬丁‧卡普拉斯
1930 年 －

現代科學越來越多地使用電腦模擬結果。1974 年，理論化學家馬丁‧卡普拉斯及其同事亞利耶‧瓦謝爾建立了一個複雜視網膜分子的電腦模型，該視網膜遇光後形狀會發生改變，對眼睛的研究至關重要。馬丁‧卡普拉斯具有美國和奧地利雙重國籍，而亞利耶‧瓦謝爾具有美國和以色列雙重國籍。卡普拉斯和瓦謝爾利用經典力學和量子力學模擬視網膜分子中電子的運動。該模型大大提高了模擬複雜化學系統的電腦模型的複雜程度和精確度。2013 年，卡普拉斯和瓦謝爾與英國化學家邁克爾‧萊維特因在該領域的貢獻獲得諾貝爾化學獎。

參見：奧古斯特‧凱庫勒 160~152 頁，萊納斯‧鮑林 254~259 頁。

羅傑‧潘洛斯
1931 年 －

1969 年，英國數學家羅傑‧潘洛斯與物理學家斯蒂芬‧霍金合作，共同證明了黑洞中的物質可以坍縮為一個奇點。隨後，潘洛斯用數學方法描述了引力對黑洞周圍時空的影響。潘洛斯的研究領域十分廣泛，他根據大腦在亞原子層級上的量子力學效應，建立了一種意識理論。近些年，他又提出了一種循環宇宙理論，指出一個宇宙的熱寂（最終狀態）將成為另一個宇宙的大爆炸，如此循環反覆，無休無止。

參見：喬治‧勒梅特 242~245 頁，蘇布拉馬尼揚‧錢德拉塞卡 248 頁，斯蒂芬‧霍金 314 頁。

弗朗索瓦‧恩格勒
1932 年 －

2013 年，比利時物理學家弗朗索瓦‧恩格勒與彼得‧希格斯共同獲得諾貝爾物理學獎，獲獎理由是他們各自提出了希格斯場，基本粒子因為希格斯場獲得質量。1964 年，恩格勒與同事羅伯特‧布繞特首次提出，真空中可能存在一種場，可以賦予物質以質量。2012 年，歐洲核子研究中心發現了與希格斯場相關的希格斯玻色子，證實了恩格勒、布繞特和希格斯的預言，因此 2013 年諾貝爾獎頒發給恩格勒和希格斯。布繞特 2011 年去世，因為諾貝爾獎只獎勵在世的科學家，所以布繞特無緣獲獎。

參見：謝爾頓‧格拉肖 292~293 頁，彼得‧希格斯 298~299 頁，默里‧蓋爾曼 302~307 頁。

史蒂芬‧傑伊‧古爾德
1941 － 2002 年

美國古生物學家史蒂芬‧傑伊‧古爾德主要的研究方向是西印度羣島蝸牛的進化，除此之外，他還寫了很多有關進化論和其他科學領域的著作。1972 年，古爾德和他的同事奈爾斯‧埃爾德雷德提出了「間斷平衡」進化理論。該理論認為，新物種的進化並不像達爾

文指出的那樣經歷了持續、緩慢的過程，而是在較短的幾千年內快速爆發，此後便是漫長的穩定期。為了證明自己的理論，他們以化石記錄為例，而很多生物的進化模式恰恰符合他們的觀點。1982 年，古爾德創造了「預適應」一詞，用來描述某個性狀因為某種原因遺傳下來，後來又適應於其他功能。古爾德的研究拓寬了人們對自然選擇發生機制的理解。

參見：查爾斯·達爾文 142~149 頁，琳·馬古利斯 300~301 頁，邁克爾·敍韋寧 318~319 頁。

理查德·道金斯
1941 年 —

英國動物學家理查德·道金斯最出名的是撰寫了多部科普書籍，比如《自私的基因》(1976)。他對該領域最大的貢獻就是提出了「延伸的表現型」這一概念。生物的基因型是指基因編碼中所包含的所有指令的總和。它的表現型就是遺傳編碼的表現結果。生物體的單個基因可能只是為了合成不同的物質進行編碼，而表現型則應該視為這種合成的所有結果。舉個例子，白蟻丘可以看作是白蟻的一種延伸的表現型。達爾文認為，延伸的表現型是最大限度保證基因能夠遺傳給下一代的方式。

參見：查爾斯·達爾文 142~149 頁，琳·馬古利斯 300~301 頁，邁克爾·敍韋寧 318~319 頁。

喬瑟琳·貝爾
1943 年 —

1967 年，英國天文學家喬瑟琳·貝爾在劍橋大學做助理研究員，負責監測類星體（遠處的星系核）。在此過程中，她發現了一系列奇怪但規律的太空射電脈衝。貝爾的同事打趣地將這些脈衝稱為「小綠人」，並認為這可能是外星人從太空深處向地球發送的編碼信息。他們隨後發現脈衝來自快速旋轉的中子星，也就是脈衝星。1974 年，貝爾兩個年長的同事因發現脈衝星獲得諾貝爾物理學獎，但貝爾因為那時只是一名學生而錯失了獲獎機會。對此，弗雷德·霍伊爾等很多著名天文學家公開表示反對。

參見：埃德溫·哈勃 236~241 頁，弗雷德·霍伊爾 270 頁。

邁克爾·特納
1949 年 —

美國宇宙學家邁克爾·特納的研究主要集中於宇宙大爆炸之後發生了甚麼。特納認為，宇宙當前的結構，包括星系的存在以及物質與反物質的不對稱性，可以用量子力學中的波動來解釋。在大爆炸的瞬間，宇宙迅速發生膨脹，從而產生了波動。1998 年，特納創造了「暗能量」一詞，用來描述充滿空間的一種假設存在的能量，同時也用於解釋宇宙在各個方向上的加速擴張。

參見：埃德溫·哈勃 236~241 頁，喬治·勒梅特 242~245 頁，弗里茨·茲威基 250~251 頁。

蒂姆·伯納斯-李
1955 年 —

目前在世的科學家中，很少有哪位像英國電腦科學家蒂姆·伯納斯-李那樣對我們的日常生活產生了如此巨大的影響力。伯納斯-李是萬維網的發明者。1989 年，伯納斯-李正在歐洲核子研究中心工作，他希望建立一個網絡，通過互聯網實現文件的全球共享。一年後，他編寫了第一個客戶端和服務器，1991 年歐洲核子研究中心建立了第一個網站。今天，伯納斯-李仍不斷呼籲開放互聯網，使其免於政府的控制。

參見：阿蘭·圖靈 252~253 頁。

術 語 表

絕對零度 Absolute zero
熱力學的最低溫度，數值為 0 K，
即 -273.15°C。

加速度 Acceleration
速度的變化率。在力的作用下，物
理的方向或速率發生變化時，就會
產生加速度。

酸 Acid
一種化學物質，溶解於水時會產生
氫離子，並且能夠使石蕊溶液變
紅。

算法 Algorithm
在數學和電腦編程中用以計算的推
理步驟。

鹼 Alkali
能溶於水、中和酸的一種鹽基。

α粒子 Alpha particle
由兩個中子和兩個質子組成的粒
子，α 衰變時會釋放這種粒子。一
個 α 粒子等同於一個氦原子的原子
核。

氨基酸 Amino acids
含有胺基（NH_2）和羧基（COOH）
的一類有機化合物，蛋白質的基本
組成單位。不同蛋白質的氨基酸序
列是不相同的。

角動量 Angular momentum
描述物體旋轉的物理量，計算時需
要考慮物體的質量、形狀和旋轉速
度。

反粒子 Antiparticle
除電荷相反外，與正常粒子完全相

同的粒子。每種粒子都有相應的反
粒子。

原子 Atom
一種元素能保持其化學性質的最小
單位。人們曾經認為原子是最小的
物質組成單位，但目前已經發現了
很多亞原子粒子。

原子序數 Atomic number
數值上等於原子核的質子數，每種
元素的原子序數均不相同。

三磷酸腺苷 ATP
細胞內存儲和傳遞能量的一種化學
物質。

鹽基 Base
能與酸反應生成水和鹽的一種化學
物質。

β衰變 Beta decay
一種放射性衰變，衰變過程中原子
核會釋放出 β 粒子（電子或正電
子）。

大爆炸 Big Bang
一種宇宙起源理論，認為宇宙是由
一個奇點爆炸後膨脹產生的。

黑體 Black body
一個理想化的物體，能夠吸收外來
的全部電磁輻射。黑體根據自身
溫度釋放能量，所以不一定是黑色
的。

黑洞 Black hole
宇宙空間內的一種物體，密度超
高，光無法逃脫它的引力場。

玻色子 Bosons
在其他粒子中間傳遞作用力的亞原
子粒子。

膜 Brane
弦理論中，擁有 0 到 9 個維度不等
的一種物體。

細胞 Cell
能夠獨立生存的生物的最小組成單
位。細菌和原生生物等屬於單細胞
生物。

混沌系統 Chaotic system
初始狀態的微小變化後來會引起巨
大變化的系統。

染色體 Chromosome
由 DNA 和含有細胞遺傳信息的蛋
白質組成的結構。

支序分類學 Cladistics
根據最近的共同祖先對生物進行分
類的系統。

經典力學 Classical mechanics
亦稱牛頓力學，包括一套描述物體
在力的作用下做各種運動的定律。
對於運動速度遠小於光速的宏觀
物體，經典力學能夠得出精確的結
果。

色荷 Colour charge
夸克的一種性質，會受到強核力的
影響。

大陸漂移 Continental drift
指數百萬年間全球大陸的緩慢移
動。

共價鍵 Covalent bond
兩個原子通過共用電子對形成的化學鍵。

暗能量 Dark energy
與萬有引力作用方向相反、增加宇宙膨脹速度的一種力。暗能量佔據宇宙 3/4 的質能，但我們對之了解甚少。

暗物質 Dark matter
一種看不見的物質，只能通過暗物質對可見物質的引力作用檢測到它的存在。暗物質將星系緊緊束縛在一起。

衍射 Diffraction
波遇到障礙物時發生彎曲、通過小孔後發生擴散的物理現象。

脫氧核糖核酸 DNA
一種呈雙鏈結構的大分子，以染色體作為遺傳信息的載體。

多普勒效應 Doppler effect
波的頻率因波源和觀測者的相對運動而產生變化的現象。

生態學 Ecology
研究生物及其環境之間關係的科學。

電荷 Electric charge
亞原子粒子的一種性質，可以使其相互吸引或排斥。

電流 Electric current
電子或粒子的移動形成電流。

電磁力 Electromagnetic force
自然界的四種基本力之一，通過交換光子實現力的作用。

電磁輻射 Electromagnetic radiation
宇宙空間的一種能量，能產生同相震蕩且互相垂直的電場與磁場。光是一種電磁輻射。

電弱理論 Electroweak theory
將電磁力和弱核力統一起來的理論。

電子 Electron
一種帶有負電荷的亞原子粒子。

電解 Electrolysis
將電流通過某物質而使其發生的一種化學變化。

元素 Element
化學反應不能將其分解為其他物質的一種物質。

內共生 Endosymbiosis
生物之間的一種關係，其中一種生物寄居在另一種生物的體內或細胞內，從而形成一種互利關係。

能量 Energy
物體或系統做功的本領。能量有多種存在形式，比如動能（物體運動而具有的能量）和勢能（彈簧中儲存的能量）。能量既不會產生，也不會消失，只能從一種形式轉化為另一種形式。

糾纏 Entanglement
量子力學中粒子相互影響的現象。例如，兩個粒子不管相距多遠，一個粒子的變化都會影響另一個粒子。

熵 Entropy
指系統的混亂程度，某個系統的熵值等於它可能出現的排列方式的種類。

動物行為學 Ethology
研究動物行為的科學。

視界 Event horizon
黑洞周圍的一個邊界，是從黑洞中發出的光所能到達的最遠距離。發生在黑洞裏的事件不會被視界之外的人觀察到。

進化 Evolution
物種隨時間變化的過程。

外星行星 Exoplanet
圍繞除太陽外其他恆星運轉的行星。

費米子 Fermion
指電子或夸克等有質量的亞原子粒子。

場 Field
力在時空的分布，場中的每一點都對應一定的數值。以引力場為例，某一點的引力與該點到引力源的距離的平方成反比。

力 Force
使物體移動或改變物體形狀的拉力或推力。

分形 Fractal
一種幾何圖案，其中包括的相似圖形可以用不同的尺度表示。

γ 衰變 Gamma decay
一種放射性衰變，其中原子核會釋放出高能量、波長短的 γ 射線。

基因 gene
生物的基本遺傳單位，包含製造蛋白質等化學物質的指令。

廣義相對論 General relativity
愛因斯坦提出的一種描述時空的理論，引入了有加速度的參照系。廣義相對論將引力描述為時空因質量發生的彎曲，該理論的很多預言都已經得到證實。

地心說 Geocentrism
以地球為中心的宇宙模型。

萬有引力 Gravity
有質量的物體間的相互引力。沒有質量的光子也會受到引力的影響，廣義相對論將引力描述為時空的彎曲。

溫室氣體 Greenhouse gases
大氣中能吸收地面反射的能量、防止其輻射到太空的氣體，比如二氧化碳和甲烷。

熱寂 Heat death
宇宙終極狀態的一種假說。屆時太空中沒有溫差，一切都將停止在這個狀態。

日心說 Heliocentrism
以太陽為中心的宇宙模型。

希格斯玻色子 Higgs boson
與希格斯場有關的一種亞原子粒子，通過相互作用賦予物質以質量。

碳氫化合物 Hydrocarbon
一種化學物質，分子由碳和氫兩種元素以各種可能的方式組合而成。

離子 Ion
失去或得到一個或多個電子的帶電原子或原子團。

離子鍵 Ionic bond
兩個原子間的一種化合鍵，其中一個原子得電子一個失電子形成離子。兩個離子帶有相反電荷，從而相互吸引。

輕子 Leptons
不參與強相互作用的費米子、但會受到其他三種基本力影響的費米子。

磁力 Magnetism
磁體產生的引力或斥力。磁場或粒子的磁矩都可以產生磁力。

質量 Mass
物體的一種性質，物體加速所需要的力的大小與物體質量有關。

線粒體 Mitochondria
細胞中提供能量的結構。

分子 Molecule
保持物質化學性質的最小單位，由兩個或多個原子組成。

動量 Momentum
衡量物體由運動狀態變為靜止狀態所需要的力的單位，等於物體的質量和速度的乘積。

多元宇宙 Multiverse
一個理論上的宇宙集合，包括一切可能發生的事件。

自然選擇 Natural selection
將能夠提高生物繁殖機率的性狀傳遞給後代的過程。

中微子 Neutrino
質量小、不帶電的一種亞原子粒子。中微子通過物質時不會被發現。

中子 Neutron
不帶電的一種亞原子粒子，是原子核的一部分。一個中子由一個上夸克和兩個下夸克組成。

原子核 Nucleus
原子的核心部分，由質子和中子組成。原子的質量基本全部集中在原子核上。

光學 Optics
研究視力及光的行為的學科。

有機化學 Organic chemistry
研究含碳化合物的化學。

視差 Parallax
觀測者在兩個不同位置觀看同一物體的方向之差。

粒子 Particle
可以擁有速度、位置、質量和電荷的微小的物質顆粒。

泡利不相容原理
Pauli exclusion principle
量子力學的一個原理。該原理指出，兩個費米子 (有質量的粒子) 不可能處於時空的同一點上且擁有完全相同的量子狀態。

週期表 Periodic table
一個包含所有元素的表格，其中元素按照原子序數排列。

光電效應 Photoelectric effect
當光線照射在某些物質表面時，物質中有電子逸出的現象。

光子 Photon
能夠傳遞電磁力的光粒子。

光合作用 Photosynthesis
植物利用光能將二氧化碳和水轉化為有機物的過程。

圓周率Pi (π)
圓的周長與直徑的比值，大約為 22/7，即 3.14159。

π鍵 Pi bond
一種共價鍵，兩個或多個電子的軌道以「肩並肩」(側面) 的形式在原子間重疊。

板塊構造論 Plate tectonics
解釋大陸漂移和海底擴張的一種理論。

偏振光 Polarized light
振動面只限於某一固定方向的光波。

聚合物 Polymer
一種物質，其分子是一條由單體組成的長鏈。

正電子 Positron
電子的反粒子，質量與電子相同，但電荷為正。

壓力 Pressure
施加於物體的一種持續的力。氣體的壓力是由分子運動引起的。

質子 Proton
原子核內帶有正電荷的粒子，一個質子由兩個上夸克和一個下夸克組成。

量子電動力學
Quantum electrodynamics（QED）
用交換光子解釋亞原子粒子相互作用的一種理論。

量子力學 Quantum mechanics
用不連續的能量包（即量子）解釋亞原子粒子相互作用的一個物理學分支。

夸克 Quark
一種構成質子和中子的亞原子粒子。

輻射 Radiation
從放射源發射的電磁波或粒子束。

放射性衰變 Radioactive decay
不穩定的原子核釋放粒子或電磁輻射的過程。

紅移 Redshift
根據多普勒效應，星系遠離地球時發出的光波長增加，可見光由此向光譜的紅端移動。

折射 Refraction
電磁波從一種介質進入另一種介質時會發生彎曲的現象。

呼吸作用 Respiration
生物體吸收氧氣、並利用氧氣把養料分解成能量和二氧化碳的過程。

鹽 Salt
酸與鹼反應生成的化合物。

σ 鍵 Sigma bond
原子的電子軌道以「頭對頭」的形式重疊而成的共價鍵。

奇點 Singularity
時空裏沒有大小的一個點。

時空 Space-time
三維空間和一維時間形成的單一連續體。

狹義相對論 Special relativity
光速和物理學定律對於所有觀察者都是一樣的。狹義相對論推翻了絕對時間和絕對空間的可能性。

物種 Species
一羣相似的生物，可以進行繁殖並能產生有繁殖能力的後代。

自旋 Spin
亞原子粒子的一種性質，類似於角動量。

標準模型 Standard model
粒子物理學的理論框架，包含 12 種費米子，即 6 種夸克和 6 種輕子。

弦理論 String theory
物理學的一個理論框架，其中用一維的弦取代了點狀粒子。

強核力 Strong nuclear force
四種基本力之一，將夸克結合在一起組成中子和質子。

疊加 Superposition
量子力學的一個原理，在測量之前，電子等粒子同時處於所有可能的狀態。

熱動力學 Thermodynamics
研究熱與能量、功之間關係的物理學分支。

蒸騰作用 Transpiration
水蒸氣從植物葉子表面散失到大氣中的過程。

不確定原理 Uncertainty principle
量子力學的一條原理，指某些性質（比如動量）測量得越準，其他性質（比如位置）就越測不準，反之亦然。

均變論 Uniformitarianism
一種假設，認為物理學定律從古至今在宇宙的所有地方普遍適用。

化合價 Valency
一個原子能與其他原子構成化學鍵的數量。

速度 Velocity
描述物體運動速率和方向的物理量。

生命力學說 Vitalism
認為生命物質與非生命物質存在本質區別的一種學說。活力論認為，生命依靠一種特殊的「生命力」而存在，目前已被主流科學推翻。

波 Wave
一種穿越空間的振動，可以進行能量傳遞。

弱核力 Weak nuclear force
四種基本力之一，作用於原子核內，會引起 β 衰變。

索 引

致　謝

Dorling Kindersley and Tall Tree Ltd would like to thank Peter Frances, Marty Jopson, Janet Mohun, Stuart Neilson, and Rupa Rao for editorial assistance; Helen Peters for the index; and Priyanka Singh and Tanvi Sahu for assistance with illustrations. Directory written by Rob Colson. Additional artworks by Ben Ruocco.

PICTURE CREDITS